実務に役立つ
多変量解析の理論と実践

清水功次 著

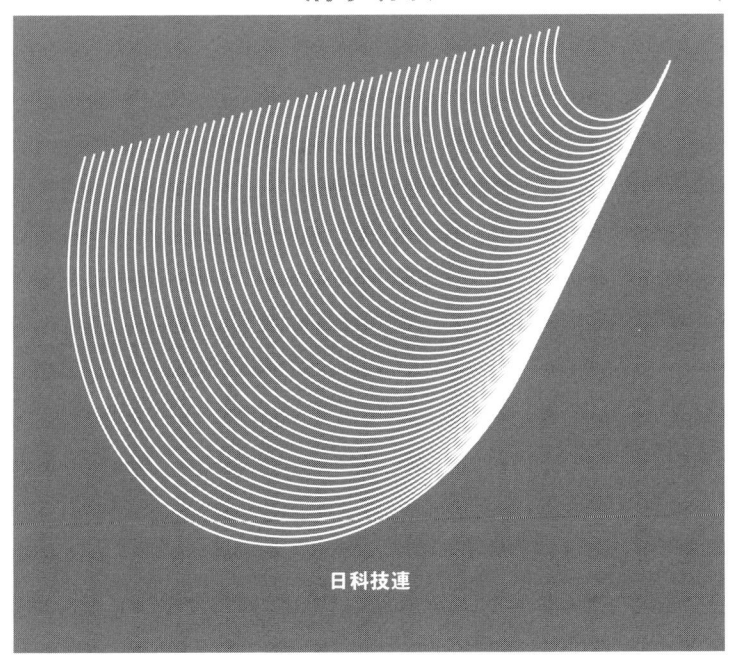

日科技連

まえがき

　今日では，インターネットなどの情報を通じ大量に発生するデータの分析および活用が話題になっている．市場情報や金融情報などさまざまなデータが分析される．

　分析の手法として，主として名義尺度を扱うデータマイニングが注目されている．しかし，すべての場合にデータマイニングが優れているかというと，そうではない．「データが少なくてマイニングの分析結果が安定しないとき」，「データ全体の構造を知りたいとき」，「データの構造が特殊でマイニングの処理が収束しないとき」には間隔尺度を扱う多変量解析の手法が，非常に役に立つ．

　そこで本書は，この多変量解析手法の考え方や内容をわかりやすく説明し，例題データの分析を通じて，多変量解析の理論と活用の仕方がわかる構成とした．

　本書の最大の狙いは，多変量解析を実務のどのような場面で用いればよいのかを理解していただくことである．また結果の見方と実務への活用方法を中心に，多変量解析の各手法を解説することである．

　本書の特徴は，次の5点である．

[1]　例題を通じて，多変量解析のどの手法をどのような場面で，どのように使えばよいか，また，解析結果をどのように読めばよいのかなど，多変量解析をどのように実務に活かしていけばよいのかを丁寧に説明してある．

[2]　多変量解析の各手法の冒頭で，「体系図および概要説明」と「活用のポイント」をまとめてあるので，各手法の位置づけと大まかな理解，各手法を活用する際の留意点がつかめる．

[3]　各手法を十分に活用する場合の重要な手法であるブートストラップ法などを取り上げている．

[4]　本文では，各手法の詳しい説明と図，数式を交えた解説法になっている．また，具体的な数値の計算例により，理論的な意味の裏づけがとれるよう

になっている．

[5]　各手法を補足する重要な統計指標の意味を理解するため，ミニ・スーパーマーケットの分析における計算例を取り上げている．

　以上により，多変量解析の理論の理解と実務への活用に，多角的な視点からアプローチする内容になっている．

　最後になりましたが，本書の原稿を丹念に読んでいただき，助言をくださいました日本科学技術研修所取締役数理事業部長　片山清志氏，本書の出版に際して，なみなみならぬお世話になりました，日科技連出版社取締役出版部長戸羽節文氏，編集担当の木村修氏に心から感謝を申し上げます．

2015年4月1日

清水　功次

●本書で扱う手法について

多変量解析を実務のどのような場面で使うかを3つの代表的な手法に分けて説明する．多変量解析の基本となるものは，各変量間をつかむ相関係数であり，多変量解析には，代表的な3つの手法，2つの変量の関係をつかむ手法，予測の手法，分類の手法がある．

［2つの変量の関係をつかむ手法］

分析の対象となる2つの要因間に直線の関係があるのかどうかを明らかにする手法が相関分析である．

本書での実務の活用例は，①売上高の大きさと店舗面積の関係，②売上高と広告の関係などの分析である．

［予測の手法］

1つの結果と複数の原因との関係より将来を知るもので回帰分析，重回帰分析がある．

(1) 回帰分析

回帰分析とは，分析の対象となる2つの要因がある場合，そのうちどちらが要因であり，また結果なのか，その因果関係を明らかにしてその延長線上で将来を予測する手法である．

なお，一般的に2つの要因のデータは，母集団からのサンプリングであるので，抽出した標本が少数で正規分布しないときには，リサンプリングの処理であるブートストラップ法により対処する．

実務での活用例は，①過去の気温とビールの売上数の関係より将来のビールの売上高の予測，②ミニ・スーパーのチラシ広告費の支出に対する売上高の予測である．

(2) 重回帰分析

重回帰分析とは，分析の対象となる3つ以上の要因があるとき，その中のどの要因が結果につながる要因で，結果とならない要因がどうかかわるのかを決定係数を通じて明らかにするものであり，その因果関係のモデル式を通じて予測を行う手法である．

実務での活用例は，①コンビニエンスストアの駐車台数，売場面積，酒・タバコ，単身世帯数などによる新規出店のための売上高の予測，②総合食料品店

● 本書で扱う手法について

のインストアベーカリー併設にともなう売上高の予測である．

[分類の手法]
　複数の要因の合成を通じてサンプルのふるい分けを行うものが主成分分析であり，分析対象となる複数の要因そのものを多次元上に布置し，サンプルのふるい分けを行うものがクラスター分析である．

(1)　主成分分析
　主成分分析とは，相互に関連する複数の要因の相関を合成変量として要約し，その中でも主要な成分を因子として発見しその因子に，もとづきサンプルを分類する手法である．
　本書での実務の活用例においては，ボランタリー・チェーン加盟店のデータを使用する．①食料品卸売業が主宰するボランタリー・チェーン加盟店のタイプをその構成要因である営業時間，1人当たり売上高，商圏内世帯数などの中から共通因子として見出し，その意味づけと主成分得点により各加盟店を分類する．②優良企業各社の指標である売上総利益率，総資本経常利益率，流動比率などの中から共通因子を見つけ出し，その意味づけと主成分得点により企業各社を分類する．

(2)　クラスター分析
　クラスター分析とは，複数の構成要因を軸に多次元上に各サンプルを布置させその距離を計算し，近いもの同士を相互に結びつけ，いくつかのクラスター（集落）に分類していく手法である．分類されたクラスターは固有技術に照らし合わせて解釈・分析する．
　本書での実務の活用例においては，K衣料店のデータを使用する．①K衣料品店はカジュアル紳士・婦人服を取り扱う店であり，K店の顧客カード・データより分類する．②財務データによる主成分分析の結果である優良企業の各社の主成分得点によるグループ別の分類である．

●Excelファイル，資料の提供サービスについて

　実務での活用例で使用したデータの(Excelファイル)，重要な理論式(PDF)，統計数値表(Excelファイル)，ロジスティック曲線のパラメータを計算するExcelソルバーの使い方は，日科技連出版社のホームページより入手できます．本書名をクリックしてダウンロードしてください．

　　　http://www.juse-p.co.jp/dl_index.html

　また，日科技連出版社ホームページの"ダウンロード"をクリックしてこのページに行くことができます．

　　　http://www.juse-p.co.jp/

[注意事項]
　Excelファイルは，Excel 2013により作成されたものです．著者，出版社のいずれも，Excelファイルを利用した際に生じた損害についての責任，サポート義務を負うものではありません．また，これらが任意の環境で動作することを保証するものではありません．

実務に役立つ
多変量解析の理論と実践
目　次

まえがき………iii

本書で扱う手法について………v

Excel ファイル，資料の提供サービスについて………vii

第1章　相関分析………1

1.1　相関分析の体系チャートの説明………1
1.2　相関分析の実務での活用例………2
1.3　相関分析の考え方………3
1.4　共分散………6
1.5　相関係数の公式………6
1.6　相関係数の検定………9
1.7　相関と回帰式の違い………12
1.8　母相関係数の信頼区間………14
1.9　例題1：チラシ広告費と売上高の相関分析………16

第2章　線形回帰分析………21

2.1　線形回帰分析の体系チャートの説明………21
2.2　回帰分析の実務での活用例………22
2.3　線形回帰分析とは………24
2.4　最小二乗法………25
2.5　最尤推定法………29
2.6　回帰式を構成する回帰係数と定数項………34

目次

2.7 残差………35
2.8 回帰式の分散分析とは………37
2.9 回帰残差とは………39
2.10 回帰式の標準誤差とは………41
2.11 回帰係数のt検定………41
2.12 回帰直線の信頼区間………43
2.13 ブートストラップ法………46
2.14 回帰分析のブートストラップ法………50
2.15 ジャックナイフ法………55
2.16 ジャックナイフ法の分析例………59
2.17 最小二乗法とブートストラップ法の関係………64
2.18 例題2：チラシ広告費と売上高の回帰分析………64

第3章 非線形回帰分析………79

3.1 予測とは………79
3.2 2次曲線の回帰分析………79
3.3 指数曲線の回帰分析………84
3.4 ロジスティック曲線の回帰分析………88

第4章 重回帰分析………95

4.1 重回帰分析の体系チャートの説明………95
4.2 重回帰分析の実務での活用例………97
4.3 重回帰分析とは………98
4.4 重回帰式における最小二乗法の適用………99
4.5 重回帰式のモデルと評価指標………100
4.6 説明変量の選択方法………102
4.7 多重共線性………110
4.8 リッジ回帰による多重共線性への対応………114
4.9 重回帰式のモデルの説明力の評価………118
4.10 残差分析………123
4.11 予測区間の推定値………124
4.12 ダミー変量………125
4.13 例題3：総合食料品店の売上高の予測………127

第5章 主成分分析………145

- 5.1 主成分分析の体系チャートの説明………145
- 5.2 主成分分析の実務での活用例………146
- 5.3 主成分分析とは………149
- 5.4 主成分分析の2変量等の理論………151
- 5.5 一般データからの主成分分析の計算………152
- 5.6 標準化データからの主成分分析の計算………162
- 5.7 主成分分析の多変量の理論………167
- 5.8 バイプロットの理論………169
- 5.9 例題4：優良企業の財務データによる主成分分析………173

第6章 クラスター分析………187

- 6.1 クラスター分析の体系チャートの説明………187
- 6.2 クラスター分析の実務の活用例………189
- 6.3 クラスター分析とは………190
- 6.4 クラスター分析の距離………190
- 6.5 階層的な方法による分類………192
- 6.6 クラスター分析の方法………194
- 6.7 樹形図………200
- 6.8 最短距離法のアルゴリズム………200
- 6.9 ウォード法のアルゴリズム………202
- 6.10 例題5：主成分得点のクラスター分析による検討………205

参考文献………213

索引………215

装丁・本文デザイン＝さおとめの事務所

第 1 章

相関分析

1.1 相関分析の体系チャートの説明

図 1.1 に相関分析の体系チャートを示す．相関分析の手法は，2 つの変量の統一指標を計算するものである．共分散は，2 つの変量の単位を含んだままでの統一指標の計算をしている．また，相関係数は，2 つの変量を標準化して統一指標の計算をしている．なお，変量と変数は同じ意味である．

① 相関データの採取は，原則的には 1 つの対象から対応のあるデータをとる．また，1 つの対象でなくとも対応のあるデータであればよい．
② 相関係数は，2 つの変量に付随する多くのデータを 1 つの数値として要約したもので，その数値をそのまま解釈するのには少し問題が生じる．その問題とは，一般的に相関係数の計算値が同じであっても，そのデータの

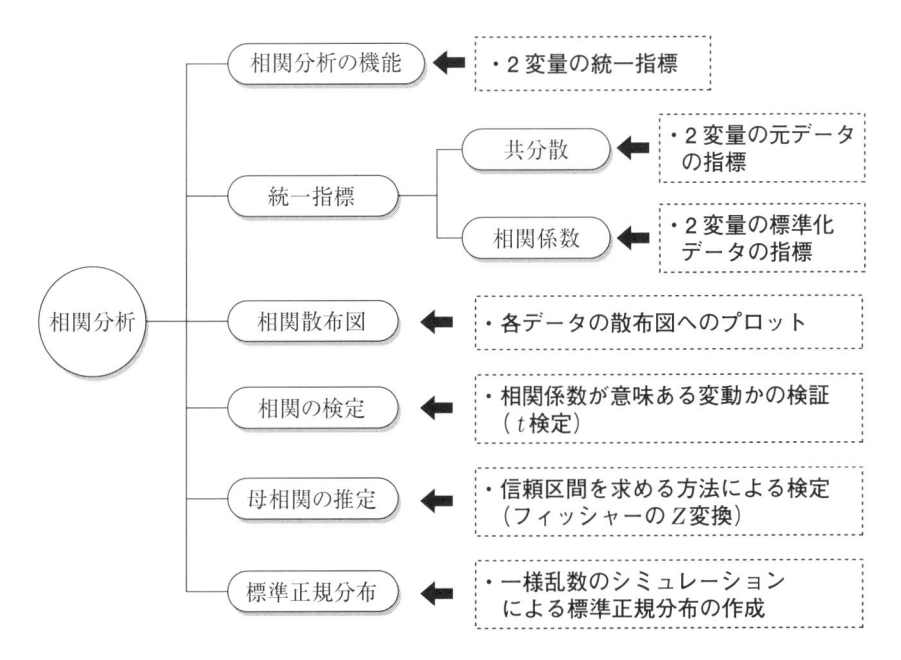

```
                    ┌─ 相関分析の機能 ← ・2 変量の統一指標
                    │
                    │                  ┌─ 共分散 ← ・2 変量の元データの指標
                    ├─ 統一指標 ──┤
                    │                  └─ 相関係数 ← ・2 変量の標準化データの指標
                    │
    相関分析 ──┤─ 相関散布図 ← ・各データの散布図へのプロット
                    │
                    ├─ 相関の検定 ← ・相関係数が意味ある変動かの検証（$t$ 検定）
                    │
                    ├─ 母相関の推定 ← ・信頼区間を求める方法による検定（フィッシャーの $Z$ 変換）
                    │
                    └─ 標準正規分布 ← ・一様乱数のシミュレーションによる標準正規分布の作成
```

図 1.1 相関分析の体系チャート

散布パターンが異なるなどである．したがって，2つの変量を散布図により視覚的に眺め，検討する必要がある．この散布図により外れ値の摘出，正の相関，負の相関，あるいは曲線相関なども確認できる．また，一般的に分析に支障のある外れ値を分析対象から外すことにより対応する．

③ 標本相関のデータは，あくまでサンプリングであり偶然のユレを含んでいるので，その統計的な信頼性を検証する必要がある．それが無相関のt検定である．しかし，母相関係数の信頼区間の推定値が0をまたぐようであれば信頼区間の中に$\rho = 0$が含まれているため無相関であることを否定できない．この考え方にもとづき母相関係数の信頼区間を推定するのがフィッシャーのZ変換である．

④ t分布の元になる正規分布（理論分布）を一様乱数のシミュレーションにより作成する．

1.2 相関分析の実務での活用例

実務での活用例には，①売上高と売場面積の関係，②自己資本比率と借入依存度の関係の分析などがある．ここでは売上高と売場面積の関係の分析を取り上げる．

表1.1に示した売上高の大きさと売場面積の関係についての分析をする．

コンビニエンスストアの10店舗の売場面積の大きさと売上高の関係についての相関散布図を描いてみると，図1.2のようになる．相関係数は$r = 0.945$でありrは約0.8以上なので相関ありと考えられる．売場面積の大きいお店ほど売上も高いことがわかる．

表1.1 売上高の大きさと売場面積

店舗 No.	1	2	3	4	5	6	7	8	9	10
売場面積(m^2)	45	35	35	32	40	35	40	30	32	35
売上高1カ月平均（万円）	1500	1200	1300	1000	1400	1200	1400	900	1100	1200

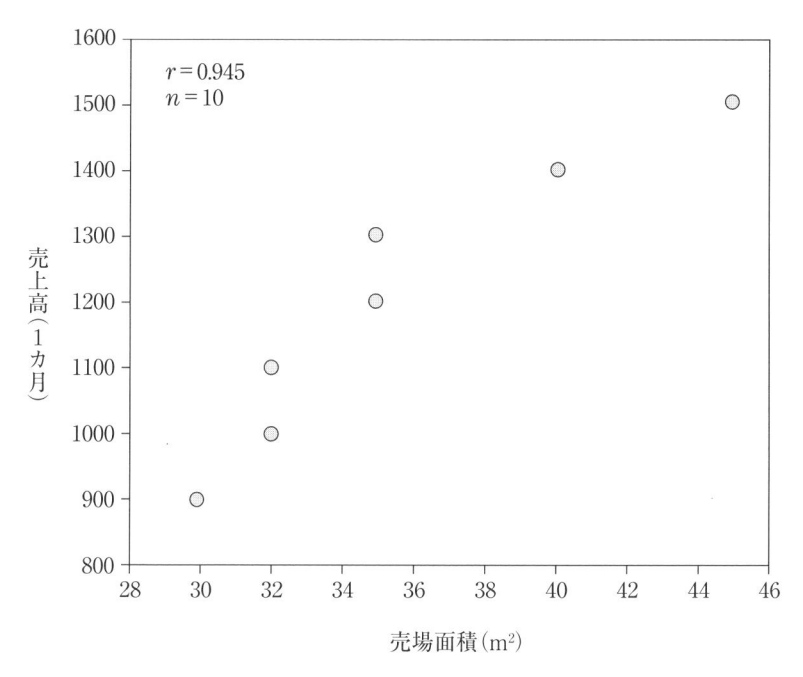

図1.2 売上高と売場面積の相関散布図

1.3 相関分析の考え方

1.3.1 相関係数とは

　単に相関係数(correlation coefficient)といえば，ピアソンの積率相関係数(Pearson product-moment correlation coefficient)を指す．ピアソンの積率相関係数とは，2つの変量(変数とも呼ぶ)がお互いに相い関わる(相関)という意味であり，2つの変量間の親近性や近隣性の度合いを調べるものである．なお，この指標は，2つの対になった変量 x と y の間の対等な近さ関係を1つの代表指標である相関係数 r_{xy} で表すものである．なお，相関の有意性を判定する目安はおおむね $r = 0.8$ 以上から明瞭であるが，相関係数の強さは標本誤差をともなっていることに注意する．なお，相関係数の特徴は次のようになる．

① 相関係数を求めるということは，ランダムサンプリングした2つの確率変量同士を関係づけるものであり，必ずしも原因変量 x を決めたら結果変量 y が決まる因果関係 $(x \to y)$ があるわけではない．

② 相関係数は，2つの変量 x と y が直接的に因果関係があるのか，あるい

は，もう一つ別の原因となる変量 z による作用が働いている（擬相関）のかは定かでない．そこは，統計以外の固有技術などを考慮して判断するしかない．

③ 相関係数は，2つの変量が正規分布することを前提としている．また，相関係数は，2つの変量 x と y の組合わせの一致度であり，双方の誤差が積の形で入り込む可能性があるので，その推定の幅は広くなる．

1.3.2 標本相関係数と母相関係数

標本相関係数 r（標本データ）は，分子の標本偏差積和 S_{xy} を分母の標本偏差平方和である $\sqrt{S_{xx}}\sqrt{S_{yy}}$ で割ったものであり，次式となる．

$$r = \frac{S_{xy}}{\sqrt{S_{xx}}\sqrt{S_{yy}}} = \frac{\sum_{i=1}^{n}(x_i-\overline{x})(y_i-\overline{y})}{\sqrt{\sum_{i=1}^{n}(x_i-\overline{x})^2}\sqrt{\sum_{i=1}^{n}(y_i-\overline{y})^2}} \tag{1.1}$$

なお，母相関係数 ρ（母集団データ）とは，分子の母偏差積和 σ_{xy} を分母の母偏差平方和の $\sqrt{\sigma_{xx}}\sqrt{\sigma_{yy}}$ で割ったものであり，次式となる．

$$\rho = \frac{\sigma_{xy}}{\sqrt{\sigma_{xx}}\sqrt{\sigma_{yy}}} \tag{1.2}$$

2つの上式の相関係数の計算結果は，$r=\hat{\rho}$ で一致する．なお，ここで説明するのは，標本相関係数 r である．

1.3.3 相関散布図

相関散布図（scatter diagram）とは，散布データを散布図（**図 1.3**）上に表示させ，2つの対になった変量間に，1つの直線的な傾向性があるかどうかを視覚的に検討するものであり，2つの変量の双方が連続的な比例の関係，あるいは，反比例の関係であれば，2つの変量間には相関があるという．

しかし，相関係数で，すべての相関の状況をとらえることはできない．外れ値や曲線相関も考えられる．

また，異なるデータが混入している可能性もあり，層別すれば相関がある場合もあるので，相関散布図により慎重に判断する．

さらに，相関散布図では，通常の因果関係を想定できる場合は，x 軸に原因，y 軸に結果をとって描くことができる．次に，**図 1.3** 右の数値より相関係数を

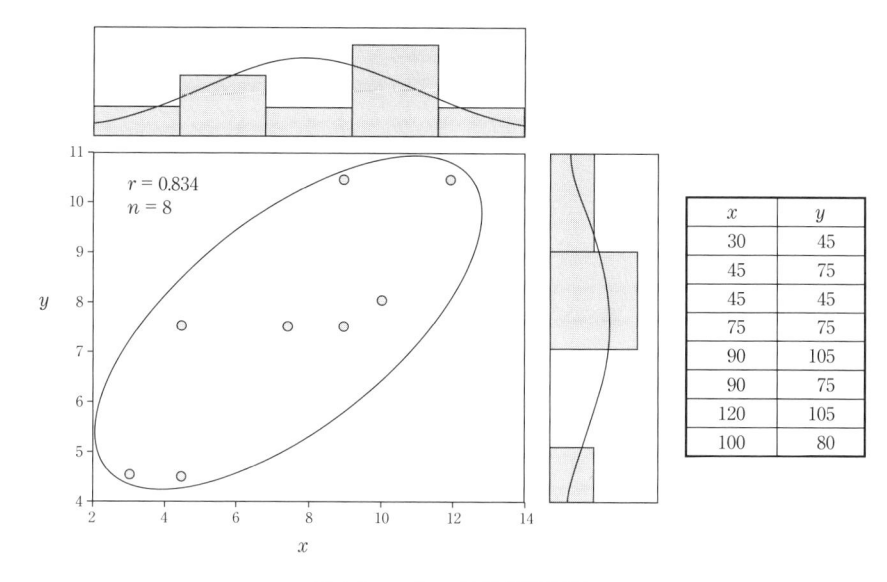

図 1.3　x と y の相関散布図

x	y
30	45
45	75
45	45
75	75
90	105
90	75
120	105
100	80

計算してみると $r = 0.834$ と正の相関があることがわかる．この x と y のデータより相関散布図を描いてみると図 1.3 左のようになる．なお，相関散布図の見方のポイントは，次のとおりである．

① 全体の形状は楕円であり，曲がりはないか，直線的な関係であるか．
② 外れ値はないか，あるいは，いくつかの層に分かれていないか．
③ 全体の形状が真円に近い形を示せば無相関である．
④ 相関関係は，正の相関か負の相関か，強いか，弱いか．

1.3.4　偏相関係数とは

偏相関係数 $r_{xy \cdot z}$ とは，他の変量の影響を除いた 2 つの変量だけの相関で，擬似相関（illusory correlation）を除去する指標であり，式 (1.3) となる．また，擬似相関とは，2 つの変量 x と y の間に直接関係 ($x \neq y$) がなくても，その背後にある共通な変量 z が 2 つの変量 ($x \Leftarrow z \Rightarrow y$) の双方に影響を及ぼし，あたかも 2 つの変量間で相関係数 r_{xy} が生じることであり，この場合には，背後にある共通の変動 z を探る必要がある．

$$r_{xy \cdot z} = \frac{r_{xy} - r_{yz} \cdot r_{xz}}{\sqrt{1 - r_{yz}^2} \sqrt{1 - r_{xz}^2}} \tag{1.3}$$

1.4　共分散

共分散(covariance)とは，x_i のデータが，y_i のデータに比例して大きいとき，あるいは，小さいときには，プラスの共分散となる．x_i のデータが，y_i のデータに反比例して大きいとき，あるいは，小さいときには，マイナスの共分散となる．x_i のデータが，y_i のデータに比例も反比例もしないときには，0 に近い共分散となる．なお，偏差積和 $S_{xy} = \sum_{i=1}^{n}(x_i-\overline{x})(y_i-\overline{y})$ を $n-1$ で割ったものが共分散(標本)であり，次式となる．

$$s_{xy} = \frac{1}{n-1}\sum_{i=1}^{n}(x_i-\overline{x})(y_i-\overline{y}) \tag{1.4}$$

共分散は，2つの変量の評価であり，その値は大きいほうが比例関係が強い．その理由は，1つの変量のばらつきは，小さいほうがよいが，共分散は，この式(1.4)より，2つの変量の一致度を表し，その積の面積の合計の平均である共分散 s_{xy} は，大きいほうがよい．

共分散と相関係数の関係は，次のようになる．共分散は，2つの変量のばらつきを，その一致度により1つの指標で絶対的に評価した統計量である．それに対して相関係数は，2つの異なる変量間の単位を，それぞれ標準化したものであり，ばらつきの相対的な比較評価ができる統計量であり，共分散 s_{xy} を標準化したものが相関係数 r ともいわれる．

1.5　相関係数の公式

1.5.1　相関係数の公式の意味

相関係数 r_{xy} は，偏差積和 S_{xy} を偏差平方和 x の $\sqrt{S_{xx}}$ と，偏差平方和 y の $\sqrt{S_{yy}}$ で標準化した指標であり，次式となる．

$$r_{xy} = \frac{S_{xy}}{\sqrt{S_{xx}}\sqrt{S_{yy}}} = \frac{\sum_{i=1}^{n}(x_i-\overline{x})(y_i-\overline{y})}{\sqrt{\sum_{i=1}^{n}(x_i-\overline{x})^2}\sqrt{\sum_{i=1}^{n}(y_i-\overline{y})^2}} = \frac{S_{xy}}{S_x S_y} \tag{1.5}$$

1.5.2 相関係数の公式の原理

図1.4より，2組の対になった変量 x_i と y_i の全体の重心 $(\bar{x}, \bar{y})$ を原点としたとき，ある座標軸上の点を P_0 とすると $(x_0-\bar{x})$ 座標と $(y_0-\bar{y})$ 座標の偏差積は，面積 $(x_0-\bar{x})\times(y_0-\bar{y})$ となる．

これらの2次元座標上にプロットされるすべての点 $P_i(x_i, y_i)$，$(i = 1, 2, \cdots, n)$ の x 座標および y 座標の面積の合計を計算により求めると偏差積和は，次式となる．

$$S_{xy} = \sum_{i=1}^{n} (x_i-\bar{x})(y_i-\bar{y}) \tag{1.6}$$

この求めた偏差積和 S_{xy} をそのデータ数 $n-1$ で割り平均化すると式(1.4)の共分散 S_{xy} となる．この面積が最大のときには，x 座標と y 座標を構成する面積は同じ大きさであり，2つの変量は一致する．

なお，この求めた偏差積和 S_{xy} を x 座標と y 座標のそれぞれの単位を取るべく，$\sqrt{偏差平方和}\ S_x$ と $\sqrt{偏差平方和}\ S_y$ で割り，標準化したものが相関係数 $r = \dfrac{S_{xy}}{S_x S_y}$ である．

この考え方は，2次元の情報を1次元の情報として近似的に縮約し1つの指

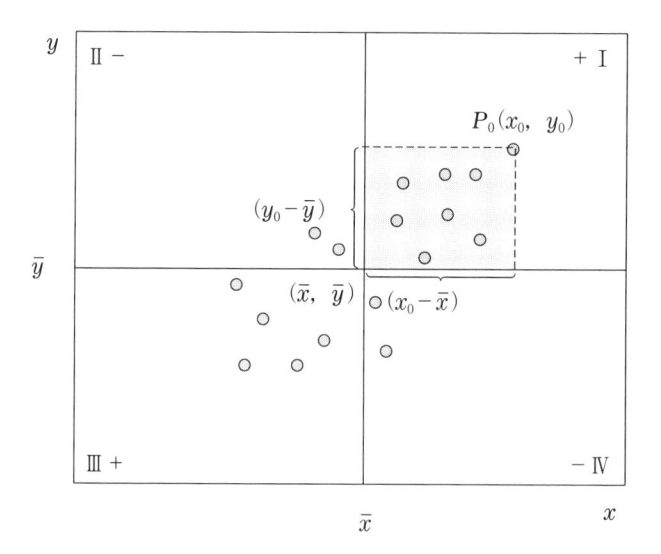

図1.4　相関係数の公式の原理

標で表すものであり，この指標の値の大きさが，$r = 1$ のときが相関係数は最大であり，$r = 0$ のときが相関係数は最小となる．

1.5.3 相関係数の公式の計算例

図 1.5 より正の相関があるときの計算例は次のとおりである．分子の偏差積和は，式(1.6)から $S_{xy} = \sum_{i=1}^{4}(x_i - \overline{x})(y_i - \overline{y})$ であるが，$\overline{x} = 0$, $\overline{y} = 0$ より $\sum_{i=1}^{4} x_i \cdot y_i = 42$ となる．

また，分母の $\sqrt{偏差平方和}$ は $\sqrt{\sum_{i=1}^{4}(x_i - \overline{x})^2} = \sqrt{58}$，$\sqrt{\sum_{i=1}^{4}(y_i - \overline{y})^2} = \sqrt{58}$ なので求める相関係数は 0.724 となる．

$$r = \frac{\sum_{i=1}^{4}(x_i - \overline{x})(y_i - \overline{y})}{\sqrt{\sum_{i=1}^{4}(x_i - \overline{x})^2}\sqrt{\sum_{i=1}^{4}(y_i - \overline{y})^2}} = \frac{42}{\sqrt{58} \times \sqrt{58}} = 0.724$$

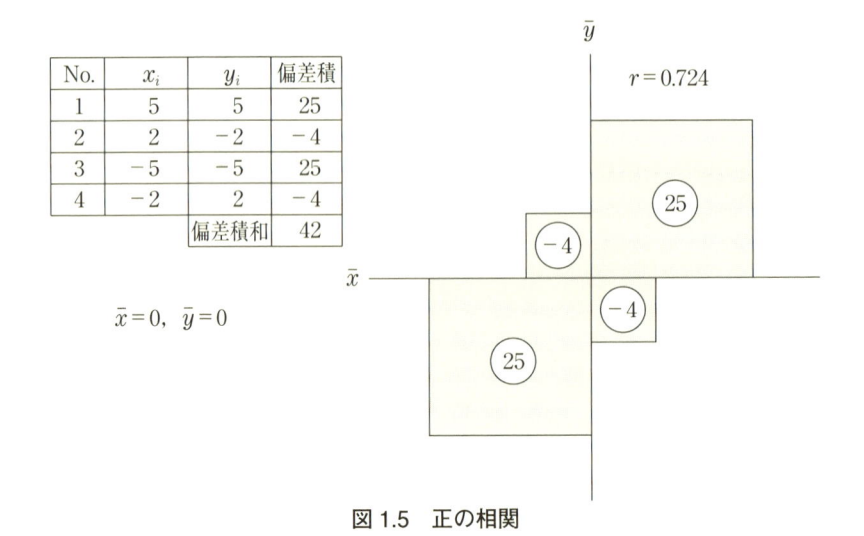

No.	x_i	y_i	偏差積
1	5	5	25
2	2	-2	-4
3	-5	-5	25
4	-2	2	-4
		偏差積和	42

$\overline{x} = 0$, $\overline{y} = 0$

図 1.5　正の相関

1.5.4　相関係数の解釈

相関係数の解釈は，r の値の大きさとその±の符号を見るが，相関係数の解

釈の妥当性は，その大きさを，r がおおむね 0.8 以上のとき明瞭に判別できる．ただし，相関係数の強さは標本誤差をともなっているので注意を要する．

なお，相関係数の強さは，直線の強さを表した指標であり，外れ値の影響を強く受ける傾向がある．また，曲線関係の程度は，表せないので，相関係数を求めると同時に，散布図を描いて確認することを勧める．なお，相関係数の強さの目安は次のようになる．

① 相関が強いは，$r = \pm 1$ であり，これは完全相関となる．2 つの変量 x と y の増加，あるいは減少の関係が一対一である．
② 相関が中くらいは，$r = \pm 0.7$ である．
③ 相関が弱いは，$r = \pm 0.4$ である．
④ 相関がほとんどないは，$r = \pm 0.2$ である．
⑤ 相関がまったくないは，$r = 0$ であり，これを無相関というが，2 つの変量 x と y がまったく関係ないことを示す．

相関係数は，数値だけ見ていても相関の強さやプロット点の散らばりは，よくわからないが相関散布図にするとよくわかる．

相関散布図とは，2 つの変量を x 座標と y 座標として，グラフ上へ同時にプロットしたものであり，その散布の状態が細い斜めの線形に近い楕円の状態であれば，相関があることを意味する．

1.6　相関係数の検定

一般的に，相関係数の判定基準は経験的である．例えば，相関係数 r の $-0.2 \sim +0.2$ は，少しだけ相関がありそうだとなるが，これは，データの変動部分を含んでいるので偶然の変動により生じることがある．

すなわち，実際には相関が生じなくとも数値的に，何がしかの相関が生じることがある．

したがって求めた相関係数は，データの偶然の変動なのか，あるいは意味ある変動なのかを統計的に検定をする必要がある．t 検定を用いた相関係数 r の有意性の検定は，母集団の相関係数 $\rho = 0$ とする標本相関係数の t 検定の式 (1.7) は，自由度 $\phi = n - 2$ の t 分布に従うことを利用しており，母集団の相関係数が 0 であるかどうかの帰無仮説 $H_0 : (\rho = 0)$ の検定に限って使用することができる．

相関分析により，目的変量 y と説明変量 x の相関関係で，その相関係数 r に統計的な有意差が確認できる場合，はじめて回帰分析へと進む．

1.6.1 無相関の検定
(1) 仮説の立案
帰無仮説 H_0：2つの変量 x と y には相関 ($\rho = 0$) がない．
対立仮説 H_1：2つの変量 x と y には相関 ($\rho \neq 0$) がある．

(2) t 検定の式の意味を考えてみる
相関関係は $r = \dfrac{S_{xy}}{\sqrt{S_{xx}}\sqrt{S_{yy}}}$ である．
t 検定の式の t 値は，相関係数 r，標準誤差 s_r を用いて，次式

$$t = \frac{r}{s_r} = \frac{r}{\sqrt{\dfrac{1-r^2}{n-2}}} = r\sqrt{\frac{n-2}{1-r^2}} \tag{1.7}$$

と表す．この式の分母の相関係数 r の標準誤差 $s_r = \sqrt{\dfrac{1-r^2}{n-2}}$ は，分子と分母を2乗すると，$\dfrac{1-r^2}{n-2}$ となる．分子の $1-r^2$ は，非決定係数（相関誤差）であり，その値を自由度 $\phi = n-2$ で割ったものとして理解できる．

t 検定を用いた相関係数 r の有意性の検定は，式(1.7)の t 値が自由度 $\phi = n-2$ の t 分布に従うことを利用している．

1.6.2 一様乱数のシミュレーションによる標準正規分布（理論分布）の作成

無相関の t 検定は，帰無仮説 H_0 が母相関係数 $\rho = 0$ かどうかを検定するものである．そこでいま，一様乱数のヒストグラムに使用したデータを2つに分け（乱数なので，どこで分けても同じなので，2つに分けて）相関散布図を描き，相関係数を求めてみると $r = 0.03$ となり，ほとんど無相関である（図 1.6, p.12）．

一様乱数のシミュレーションをすることで標準正規分布のヒストグラム作成にいたる計算は，次のようになる．

1.6 相関係数の検定

平均 μ, 分散 σ^2 の一様分布をする確率変数 $(x_1, x_2, x_3, \cdots, x_n)$ があるとき, 1標本の平均値 $\bar{x}_n$ による確率分布は, 標本数が大きくなるとき中心極限定理（母集団から抜きとった組合せ標本平均の標本数が十分に大きければ, 分布の形状いかんに関わらず正規分布する）により正規分布 $N\left(\mu, \dfrac{\sigma^2}{n}\right)$ に従う. さらに, この1標本の標本平均 $\bar{x}_n$ は, 標準化式 $Z_i = \dfrac{x_n - \mu}{\dfrac{\sigma}{\sqrt{n}}}$ により標準正規分布 $N(0, 1^2)$ になる.

一様分布（連続型）の平均と分散は区間 $[a, b]$, $E(x) = \dfrac{1}{2}(a+b)$, $V(x) = \dfrac{1}{12}(a-b)^2$ であるが, なお, 一様乱数の場合は, 区間 $[a, b] = [0, 1]$ となるので, 平均は $\mu = \dfrac{1}{2}(0+1) = \dfrac{1}{2}$, 分散は $\sigma^2 = \dfrac{1}{12}(0+1)^2 = \dfrac{1}{12}$ になる.

標準化式 $Z_i = \dfrac{x_n - \mu}{\dfrac{\sigma}{\sqrt{n}}}$ より, $Z_i = \dfrac{\bar{x}_n - \dfrac{1}{2}}{\sqrt{\dfrac{1}{12} \cdot \dfrac{1}{\sqrt{n}}}}$ は, 次式となる.

$$Z_i = \dfrac{\bar{x}_n - \dfrac{1}{2}}{\sqrt{\dfrac{1}{12 \times n}}} \tag{1.8}$$

いま, 1標本 ($n=12$) で800回 ($i=800$), 合計9600回のサンプリングを繰り返したときを想定し, 一様乱数を発生させシミュレーションを行ってみる. そうすると1回の試行で発生した12個の一様乱数は, 0.12, 0.45, 0.63, 0.34, 0.36, 0.13, 0.63, 0.40, 0.36, 0.96, 0.68, 0.72 となったが,

$$12\text{個の平均} = \dfrac{0.12+0.45+0.63+0.34+0.36+0.13+0.63+0.40+0.36+0.96+0.68+0.72}{12} \fallingdotseq 0.5$$

$\bar{x}_{12} \fallingdotseq 0.5$, $\mu = \dfrac{1}{2}$, $\sigma^2 = \dfrac{1}{12}$ より, $Z_1 = \dfrac{0.5 - \dfrac{1}{2}}{\sqrt{\dfrac{1}{12 \times 12}}} = 0$ になる.

第 1 章　相関分析

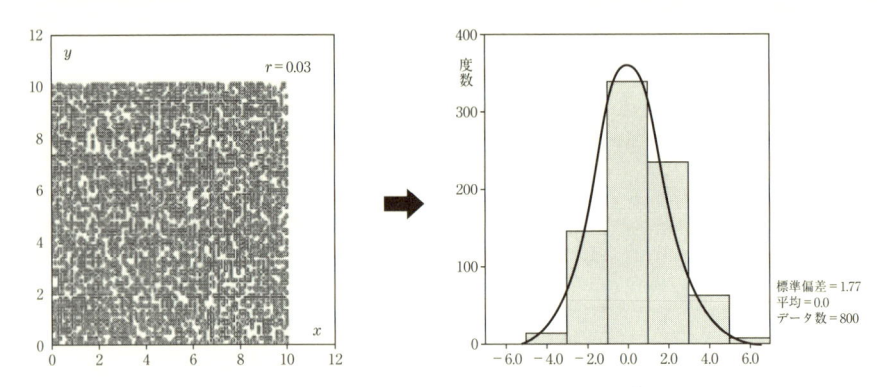

図 1.6　一様乱数の相関データより標準正規分布 $[N(0, 1^2)]$ のヒストグラム

したがって，1標本のデータより $\bar{x}_n (n=12)$ を計算し，標準化の式 (1.8) に当てはめた 800 個（標本数）の標準正規乱数は，0, 0, −2, −2, 0, −1, …, 1, 2 となるので，このデータによるヒストグラムを描くと，図 1.6 のようになる．

なお，t 分布と標準正規分布の関係は，t 分布が自由度 $\phi ≒ 60$ で標準正規分布 $N(0, 1^2)$ に近似するため，$n > 100$ 以上あれば，ほぼ標準正規分布とみなせる．

1.7　相関と回帰式の違い

相関においては，2 つの変量 x と y がともに偶然をともなう確率変量である．一方，回帰式は，$y = a + bx$ であり，目的変量 y（結果変量）は，確率変量でありランダムで規則性はないが，説明変量 x（原因変量）は，指定変量であり規則性がある．なお，相関と回帰の関係式を次に述べる．

図 1.7 は，2 つの回帰直線を組み合わせたもので，相関係数 r は，① y に対する x の回帰直線 $\hat{y} = bx + a$ (ただし，$a = 0$) は，式 (1.5) $r = \dfrac{S_{xy}}{S_x S_y}$ に，$\dfrac{S_y}{S_x}$ を掛けると $b = \dfrac{S_{xy}}{S_{xx}}$ となる．

② x に対する y の回帰直線 $\hat{x} = b'y + a'$ (ただし，$a' = 0$) は，式 (1.5) $r = \dfrac{S_{xy}}{S_x S_y}$ に，$\dfrac{S_x}{S_y}$ を掛けると $b' = \dfrac{S_{xy}}{S_{yy}}$ となる．

1.7 相関と回帰式の違い

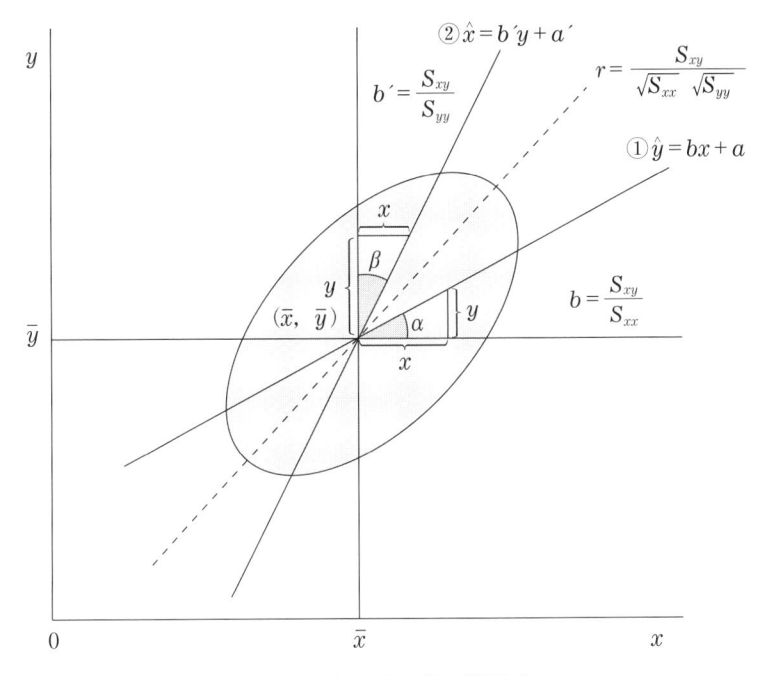

図 1.7 相関と回帰の関係式

①と②の2つの回帰方程式，$y = bx$ と $x = b'y$ の回帰係数の幾何平均は，$r = \sqrt{b \cdot b'} = \sqrt{\dfrac{S_{xy}^2}{S_{xx}S_{yy}}} = \dfrac{S_{xy}}{\sqrt{S_{xx}}\sqrt{S_{yy}}}$ であり，相関係数 r に一致する．したがって，求める相関係数 r は，次式のようになる．

$$r = \sqrt{b \cdot b'} = \frac{S_{xy}}{S_x S_y} \tag{1.9}$$

[例 1.1]　相関と回帰の関係を計算してみる

表 1.2(p.17)のチラシ広告費と売上高のデータに対して相関係数を計算してみる．① y に対する x の回帰直線 $\hat{y} = bx + a$ は，$\hat{y} = 35.371x + 106.402$ [$\tan^{-1}\alpha\,(35.371)$ radian $= 88.3°$（一般角変換）]となる．また，② x に対する y の回帰直線 $\hat{x} = b'y + a'$ は，$\hat{x} = 0.026y - 2.036$ [$\tan^{-1}\beta\,(0.026)$ radian $= 1.4°$（一般角変換）]となる．これより相関係数 r は 0.954 となる．

$$r = \sqrt{b \cdot b'} = \sqrt{\tan\alpha \cdot \tan\beta} = \sqrt{35.371 \times 0.026} \fallingdotseq 0.954$$

なお，回帰係数の傾き b と相関係数 r の関係は，次式となる．

$$b = r\frac{S_y}{S_x} = 0.954 \times \frac{309.017}{8.337} = 35.37 \tag{1.10}$$

この2つの関係は，回帰係数 b あるいは相関係数 r か，いずれか一方が0になるとき，他方も0になる．

1.8 母相関係数の信頼区間

1.8.1 母相関係数の信頼区間を求める意義

2変量の母相関係数の信頼区間を求めるとき，帰無仮説 H_0：$\rho = 0$ が信頼区間の中に含まれているかどうかを判定するものである．信頼区間の推定値がマイナス値～プラス値の範囲にあれば，信頼区間の中に $\hat{\rho} = 0$ が含まれるため帰無仮説 H_0 が棄却できず，無相関ではないと推定できる．この考え方にもとづき信頼区間を推定するものである．

1.8.2 母相関係数の信頼区間の理論

信頼区間を求めるとき，正規分布による信頼区間の考え方が必要になる．

しかし，2変量正規分布から n 組の標本を取り出し相関係数を計算すると，母相関係数 $\rho \fallingdotseq 0$ のときは，r 分布は正規分布に近づく．しかし，$\rho = \pm 1$ に近づくと r 分布の正規性が失われ統計的な取扱いが困難となる．これを是正する方法としてフィッシャー（R. A. Fisher）により考え出された Z 変換を使用する．

1.8.3 逆双曲線関数を用いる Z 変換の考え方

Z 変換 Z_r は，逆双曲線関数 $\tanh^{-1}$ を変換に用いるものであり，次式となる．

$$Z_r = \tanh^{-1}(r) = \frac{1}{2}\log_e\left(\frac{1+r}{1-r}\right) = \hat{\mu}_r \tag{1.11}$$

この上式の分子は，大きくなると増加する．反対に分母は，大きくなると減少する．

双方のギャップが大きくなるとき，log（対数）を使用すると，大きいものは小さく，小さいものを少し小さくする．この変換（**図 1.8**）により，$|r| = \pm 1$ の近くでは，なだらかな直線に近似することができる．

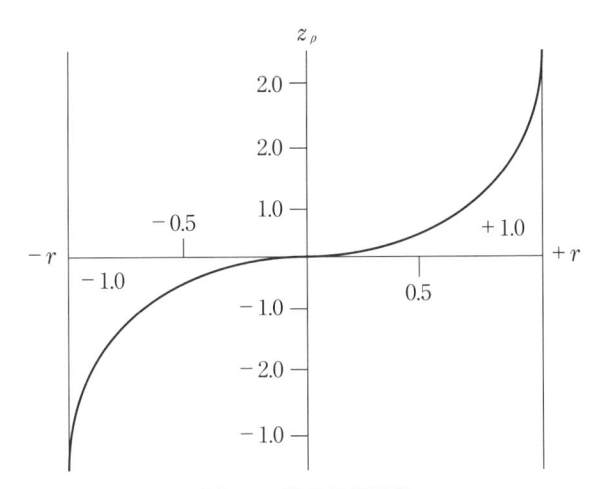

図 1.8　逆双曲線関数

1.8.4　信頼区間の公式

Z変換した値Z_rは，2つの代表値（平均，分散）に従い正規分布$N(\mu_z, V_z)$をする．

$$平均\ \mu_z = \frac{1}{2}\log_e\left(\frac{1+\rho}{1-\rho}\right)$$

$$分散\ V_z = \frac{1}{n-3} \quad \left[\sigma_z = \frac{1}{\sqrt{n-3}}\right]$$

なお，正規分布による信頼区間の公式は信頼係数z_αより$\mu_z \pm z_\alpha \cdot \sigma_z$である．したがって，母相関係数$\rho$の信頼区間は，$1-\alpha$の標準正規分布のための$z$変換の値を$z_\alpha$とすると$Z_\rho$の信頼区間は，次式

$$Z_\rho = Z_r \pm \frac{z_\alpha}{\sqrt{n-3}} \tag{1.12}$$

となるが，逆双曲線変換Z_ρを母相関係数ρに戻すには，双曲線変換$\tanh(\rho)$が

$$Z_r = \frac{1}{2}\log_e\left(\frac{1+\rho}{1-\rho}\right) = \tanh^{-1}(r)\ （逆変換）\Rightarrow r = \tanh(Z)\frac{e^{2Z}-1}{e^{2Z}+1}$$

必要になり，ρの信頼区間は，次式となる．

$$\rho = \tanh\left(Z_r \pm \frac{z_\alpha}{\sqrt{n-3}}\right) \tag{1.13}$$

1.9 例題1：チラシ広告費と売上高の相関分析

1.9.1 例題1の概要

ミニ・スーパーマーケットのチラシ広告費と売上高の間に相関があるかどうかを調べる．そのために，相関係数を求め，その有意性の検定および母相関係数の信頼区間から判断する．ミニ・スーパーのある年度の12カ月間のチラシ広告費と売上高(単位：万円)のデータ(表1.2)を用いて相関係数を求め，その有意性について検定してみた．

この分析の前に相関散布(図1.9)を作成して相関の有無を調べてみた．チラシ広告費と売上高の関係は楕円であり相関があるようである．

1.9.2 相関分析の実務での活用法と結果の見方

(1) 相関散布図の活用

相関係数が高く，t検定で有意差があったとしても相関の有無の確認は，まず，人間の視覚による相関散布図で行うのが決め手である．

(2) 相関散布図の結果の見方

相関散布図の見方は，グラフ上にプロットされた点の散らばり具合を観察するが，楕円(直線)状であり，正比例(正の相関)か，反比例(負の相関)か，あるいは真円(無相関)かであるかを確認する．外れ値はなく，正の相関がありそうである．

1.9.3 相関分析の実施

表1.2のデータをもとに，相関分析を行う．

(1) 仮説の立案

検定をするためには，相関係数が$\rho = 0$がどうかの仮説を立てる必要がある．

帰無仮説 H_0：チラシ広告費と売上高には相関($\rho = 0$)はない．
対立仮説 H_1：チラシ広告費と売上高には相関($\rho \neq 0$)がある．

1.9 例題1：チラシ広告費と売上高の相関分析

表 1.2 チラシ広告費と売上高データ

月度	チラシ広告費(万円)	売上高(万円)
1	8.5	450
2	6.6	350
3	7.0	300
4	6.3	320
5	6.0	310
6	5.5	330
7	13.0	550
8	12.3	560
9	9.3	450
10	5.9	330
11	8.3	360
12	6.1	320

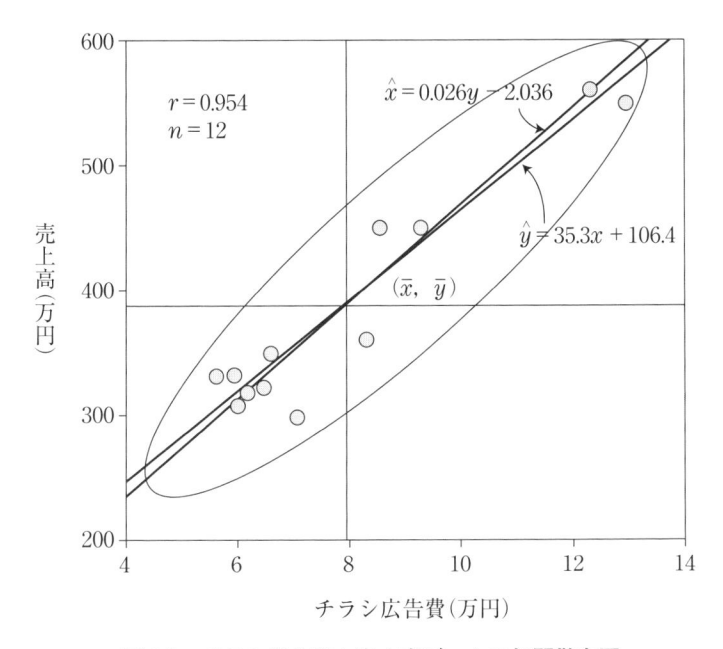

図 1.9 チラシ広告費と売上高データの相関散布図

(2) 相関係数の計算

相関係数 r を求めてみると 0.954 と高い.

$$r = \frac{S_{xy}}{\sqrt{S_{xx}}\sqrt{S_{yy}}} = 0.954$$

したがって,チラシ広告費と売上高の間には,正の相関があるように思える.

(3) 有意性の判定

t 検定を行ってみると t 値は 10.062 となる.

$$t = r\sqrt{\frac{n-2}{1-r^2}} \text{ は, } 0.954 \times \sqrt{\frac{12-2}{1-0.954^2}} = 10.062$$

t 分布が有意水準 5%($\alpha = 0.05$)と自由度 $\phi = 12 - 2 = 10$ から計算された,$t(\phi, \alpha) = t(10, 0.05) = 2.228$ と標本データから計算された $|t|$ 値 10.062 を比較すると,10.062 > 2.228 であるから,帰無仮説 H_0 を棄却し,対立仮説 H_1 を採択する.t 分布表の一部を**表 1.3** に示す.

すなわち,チラシ広告費は売上高のアップには効果(相関)があると判断できる.

なお,t 分布表については日科技連出版社のホームページから,筆者作成の統計数値表をダウンロードして参照されたい.

表 1.3　t 分布表

ϕ	$P=0.10$	$P=0.05$	$P=0.01$
1	6.314	12.706	63.657
2	2.920	4.303	9.925
3	2.353	3.182	5.841
4	2.132	2.776	4.604
5	2.015	2.571	4.032
6	1.943	2.447	3.707
7	1.895	2.365	3.499
8	1.860	2.306	3.355
9	1.833	2.262	3.250
10	1.812	2.228	3.169
11	1.796	2.201	3.106
12	1.782	2.179	3.055
13	1.771	2.160	3.012
14	1.761	2.145	2.977

(4) 母相関係数の信頼区間を求める方法による無相関の検定

相関係数 $r = 0.954$ を逆双曲線関数に入れ平均値 $Z_r(\hat{\mu}_z)$ を求めてみると，次のようになる．

$$Z_r = \tanh^{-1}(r) = \frac{1}{2}\log_e\left(\frac{1+r}{1-r}\right) = \frac{1}{2}\log_e\left(\frac{1+0.954}{1-0.954}\right) = 1.874$$

式(1.12)の信頼区間より，

$$Z_r - Z_{0.05} \cdot \frac{1}{\sqrt{n-3}} \leq Z_\rho \leq Z_r + Z_{0.05} \cdot \frac{1}{\sqrt{n-3}}$$ となり，さらに，

$$1.874 - 1.96 \times \frac{1}{\sqrt{12-3}} \leq Z_\rho \leq 1.874 + 1.96 \times \frac{1}{\sqrt{12-3}}$$ から，

$1.221 \leq Z_\rho \leq 2.527$ が計算される．

次に，逆双曲線関数による変換を双曲線関数による変換により，もとに戻すと，$\tanh(1.221) \leq Z_\rho \leq \tanh(2.527)$ は $0.839 \leq \rho \leq 0.987$ となる．

この結果，母相関係数 ρ の信頼区間には 0 が入らないので，帰無仮説 $H_0 : \rho = 0$ を棄却して，対立仮説 $H_1 : \rho \neq 0$ つまり，チラシ広告費と売上高には相関があることが定量的に確認された．

1.9.4 まとめ

(1) この分析結果から何が読み取れるか

チラシ広告と売上高の関係は，正の相関係数 $r = 0.954$ であり，散布図により確認すると，右上がりの直線になっており，外れ値は見当らない．また，t 検定でも相関ありが確認された．その結果，チラシ広告費の範囲内（月 5.5〜13.0 万円）では，売上高をあげるための手段としてチラシ広告が有効であることがわかる（回帰分析して定量的に予測することができる）．

(2) この分析の結果をどう活用して行けばよいか

企業の販売のプロモーション活動には，POP，価格政策，陳列方法，店舗改装などがあるが，直接的に顧客に働きかける広告が有効であるとわかったので，今後の売上高増加の手段として広告戦略を活用する．また，他のプロモーション活動についてもデータで確認する必要がある．

第2章

線形回帰分析

2.1 線形回帰分析の体系チャートの説明

図2.1に線形回帰分析の体系チャートを示す．回帰分析は，分析のよりどころとなる基準データがある場合のモデルの分析であり，分析対象となる結果（目的変数）と原因（説明変数）を直線（線形）の関係から1つのパラメータとしてつかみ，よりよいモデルとして説明する．一般に相関分析で統計的な有意性が認められたら回帰分析に進む．

① 回帰モデルのパラメータを求める代表的な方法が，最小二乗法であり，散布データの中心を通るように回帰直線を引き，パラメータを求める方法である．

② 回帰分析を評価する統計指標にもとづきモデルは改善される．その統計指標は，F検定およびt検定であり，統計的な信頼度を踏まえて最も重要な説明要因を選定している．

③ 回帰モデルが作成できれば，どのくらい効果があるのかは決定係数を調べる必要がある．決定係数は，データに対するモデルの寄与度（当てはまり具合）を示してくれる指標である．

④ 回帰分析の結果を評価する際，得られた統計指標は，あくまでも代表値であり，さまざまな落とし穴がある．そこで人間のすぐれた視覚を利用するものが残差分析である．残差の形状分析からは，データの中に潜む外れ値を発見できる．もう一つは，P–Pプロットであり，予測の区間推定に必要な正規性（正規確率紙の理論）を検討する．

⑤ 人間によるデータの見方には，常に恣意性があり，残差の中の重要な変動を見落とす可能性がある．これを防ぐのはテコ比を見ることであり，1サンプルごとの回帰モデルに与える悪影響を発見できる．

⑥ モデルが確定したら，そのモデルを用いて信頼区間をつけて予測を行う．

⑦ 少数の標本による回帰分析は，解析結果が不安定になることが多い．このような場合には，リサンプリング方式であるブートストラップ法やジャ

第 2 章　線形回帰分析

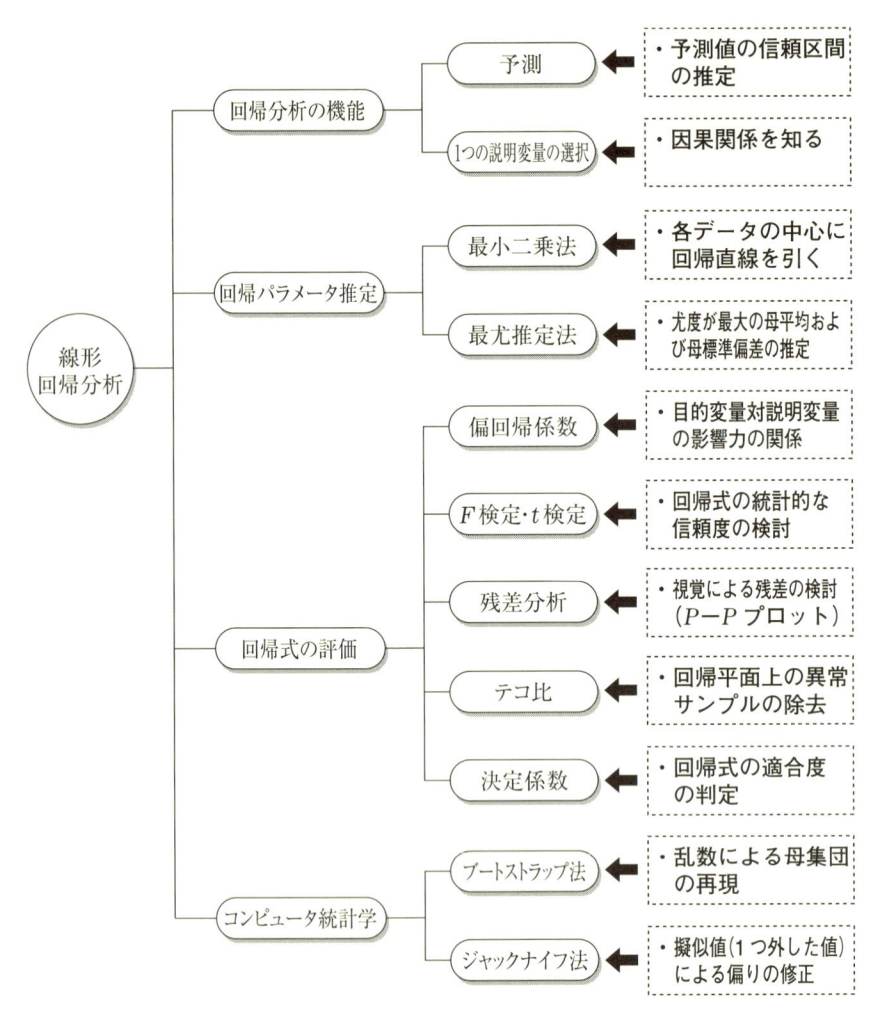

```
                              ┌─ 予測 ←─────── ・予測値の信頼区間
                              │                  の推定
          ┌─ 回帰分析の機能 ──┤
          │                   └─ 1つの説明変量の選択 ←── ・因果関係を知る
          │
          │                   ┌─ 最小二乗法 ←──── ・各データの中心に
          │                   │                      回帰直線を引く
          ├─ 回帰パラメータ推定┤
          │                   └─ 最尤推定法 ←──── ・尤度が最大の母平均およ
          │                                          び母標準偏差の推定
          │
          │                   ┌─ 偏回帰係数 ←──── ・目的変量対説明変量
   線形   │                   │                      の影響力の関係
   回帰分析┤                   │
          │                   ├─ F検定・t検定 ←── ・回帰式の統計的な
          │                   │                      信頼度の検討
          ├─ 回帰式の評価 ────┤
          │                   ├─ 残差分析 ←────── ・視覚による残差の検討
          │                   │                      （P−Pプロット）
          │                   │
          │                   ├─ テコ比 ←──────── ・回帰平面上の異常
          │                   │                      サンプルの除去
          │                   │
          │                   └─ 決定係数 ←────── ・回帰式の適合度
          │                                          の判定
          │
          │                   ┌─ ブートストラップ法 ←── ・乱数による母集団
          └─ コンピュータ統計学┤                            の再現
                              │
                              └─ ジャックナイフ法 ←─── ・擬似値(1つ外した値)
                                                          による偏りの修正
```

図 2.1　線形回帰分析の体系チャート

ックナイフ法が有効であり，これを用いて誤差の推定量を評価する．

2.2　回帰分析の実務での活用例

　実務での活用例として，ある店の過去の気温とビールの売上数のデータ表から売上高の予測を行う．

2.2　回帰分析の実務での活用例

表 2.1　気温とビールの売上数

8月の日付	気温	ビールの売上数(ケース数)	予測値	残　差
10	32	130	139.44	−9.44
11	28	120	110.27	9.73
12	25	95	88.40	6.60
13	31	110	132.15	−22.15
14	32	135	139.44	−4.44
15	33	150	146.73	3.27
16	29	85	117.56	−32.56
17	32	145	139.44	5.56
18	30	130	124.86	5.14
19	31	160	132.15	27.85
20	32	150	139.44	10.56

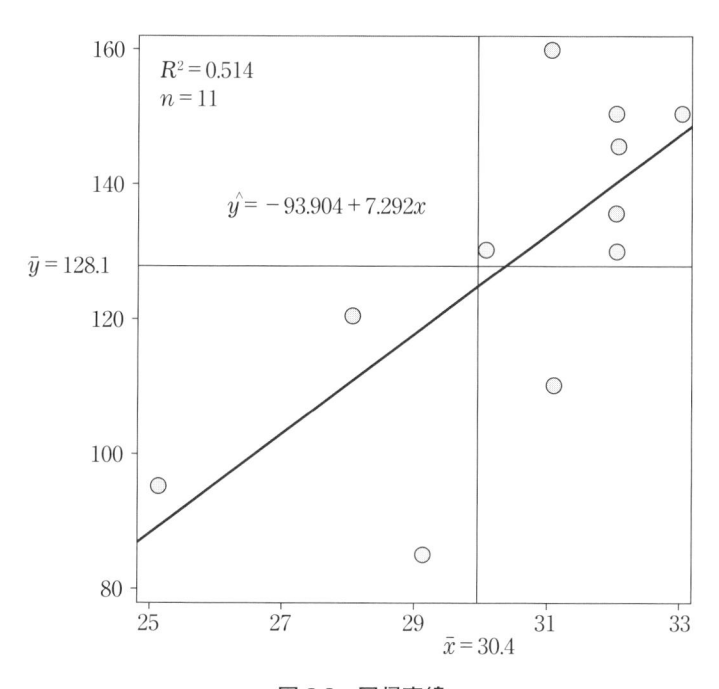

$R^2 = 0.514$
$n = 11$
$\hat{y} = -93.904 + 7.292x$
$\bar{y} = 128.1$
$\bar{x} = 30.4$

図 2.2　回帰直線

表 2.1 で気温とビールの売上数の関係を分析してみると，決定係数は $R^2 = 0.514$ であり，それほど高くない．気温が上昇するとビールの売上数も上がる正比例の関係にあるが，かなりばらつきもある(**図 2.2**)．

得られた回帰式は $\hat{y} = a(-93.904) + b(7.292)x$ であり，気温が 33 度のとき

23

の予測値は $\hat{y} = 146.732$ ケースとなるが，あくまで平均的な傾向であり，データを吟味する必要があるだろう．

2.3 線形回帰分析とは

線形回帰分析 (linear regression analysis) とは，結果の目的変量に対する原因の説明変量の関係を直線の方程式でつかみ，現在から将来を予測したり結果と原因における影響力の因果関係をつかむ分析方法である．

図 2.3 の回帰直線（線形）では，実現値のデータは，目的変量 y_i と説明変量 x_i である．回帰直線とは，2次元の平面上にプロットされた各データ点 (x_i, y_i), $(i = 1, 2, \cdots, n)$ の並びを，1本の直線で代表させることであり回帰直線 $\hat{y} = a + bx$ で示すことである．

この回帰係数のパラメータ a と b は，最小二乗法を用いて求められる．また，この回帰直線は，傾き b と定数項 a により構成されている．なお，実現値 y_i と予測値 $\hat{y}$ の差を残差 $e_i = y_i - \hat{y}$ という．

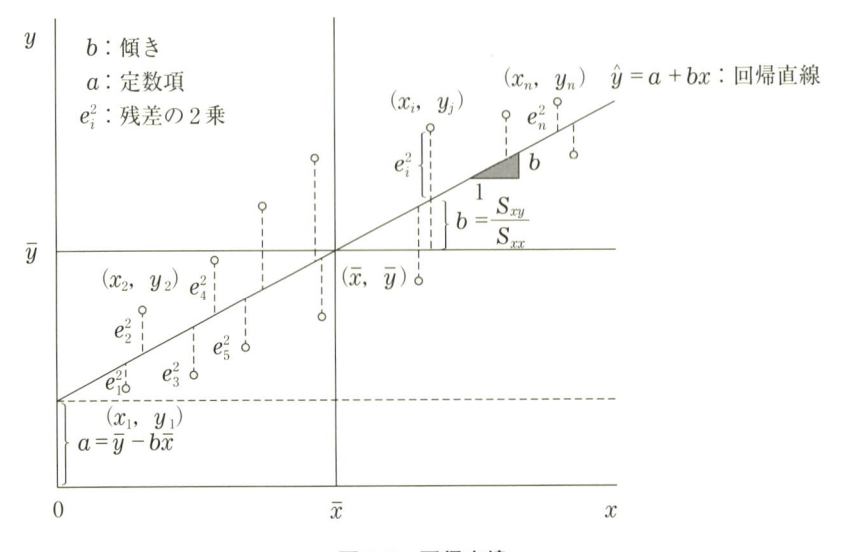

図 2.3　回帰直線

2.4 最小二乗法

2.4.1 最小二乗法とは

図 2.3 より最小二乗法(least squares method)とは，各データ点(x_1, y_1), (x_2, y_2), $\cdots$, (x_n, y_n)から回帰直線$\hat{y} = a + bx$に垂線を下ろし，その距離(残差)の二乗和が最小になるような，パラメータa, bを求めるのが最小二乗法である．

また，この方法は，実現値のデータ(x_i, y_i)に対して，回帰直線$\hat{y} = a + bx$を仮定し，残差の2乗をすべて加えた残差平方和S_eが最小，すなわち

$$S_e = \sum_{i=1}^{n} e_i^2 = \sum_{i=1}^{n} (y_i - \hat{y})^2 \to (\min)$$

となる未知のパラメータa, bを，次式

$$a = \bar{y} - b\bar{x}, \quad b = \frac{S_{xy}}{S_{xx}} = \frac{\sum_{i=1}^{n}(x_i - \bar{x})(y_i - \bar{y})}{\sum_{i=1}^{n}(x_i - \bar{x})^2}$$

により求めている．

2.4.2 2次関数による最小二乗法の理論

まず，実現値y_iから回帰直線$\hat{y} = a + bx_i$までの差の2乗$S_e = \sum_{i=1}^{n} \{y_i - (a + bx_i)\}^2$を考える．ここで2次関数の公式$(A - B)^2 = A^2 - 2AB + B^2$を用いて，$A = y_i$, $B = (a + bx_i)$として，2次関数を展開すると，次式

$$S_e = \sum_{i=1}^{n} y_i^2 - 2a \sum_{i=1}^{n} y_i - 2b \sum_{i=1}^{n} x_i y_i + na^2 + 2ab \sum_{i=1}^{n} x_i + b^2 \sum_{i=1}^{n} x_i^2 \quad (2.1)$$

となる．なお，この式(2.1)は，最小二乗法を展開するうえで基本となる式である．

2次関数$y = Ax^2 + Bx + C (A > 0)$展開公式の最小値は，$y = A\left(x + \dfrac{B}{2A}\right)^2 - \dfrac{B - 4AC}{4A} = 0$である．つまり，$y + \dfrac{B^2 - 4AC}{4A} = A\left(x + \dfrac{B}{2A}\right)^2$における

第2章 線形回帰分析

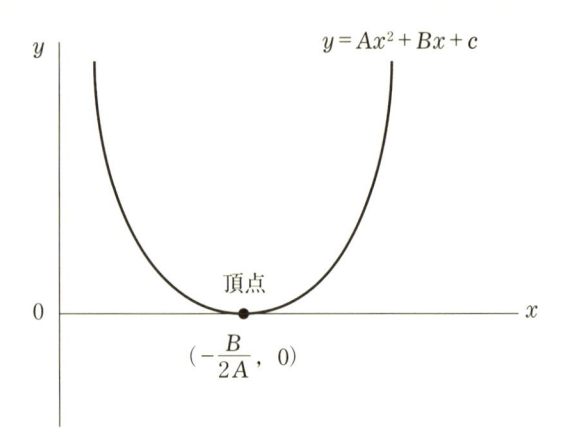

図2.4 2次関数の頂点の座標

$x = -\dfrac{B}{2A}$ の値のとき $y + \dfrac{B^2 - 4AC}{4A} = A\left(-\dfrac{B}{2A} + \dfrac{B}{2A}\right)^2$ は，$-\dfrac{B^2 - 4AC}{4A} = 0$ となる．y 座標が0は，2次関数U字型の頂点の解 x 座標の中心値を示す．また，x のとる値は $x = -\dfrac{B}{2A}$ より，大きくなっても小さくなっても y の値は0を中心に大きくなっている．すなわち $x = -\dfrac{B}{2A}$ のときの y の値が最小値となる．したがって $\left(x = -\dfrac{B}{2A},\ y = 0\right)$ が頂点の座標(**図2.4**)となる．

(1) 式(2.1)の中で係数 a を含んでいる部分を取り上げると，次式 $na^2 - 2a\sum_{i=1}^{n} y_i + 2ab\sum_{i=1}^{n} x_i$ となり，ここで $A = na^2$ とおく．それ以外を $B = -2a\sum_{i=1}^{n} y_i + 2ab\sum_{i=1}^{n} x_i$ とおき，最小値 $x = -\dfrac{B}{2A}$ を用いると，$x = (-1) \times \dfrac{-2a\sum_{i=1}^{n} y_i + 2ab\sum_{i=1}^{n} x_i}{2na^2}$ であり，次式が得られる．

$$x = \dfrac{\sum_{i=1}^{n} y_i - b\sum_{i=1}^{n} x_i}{na} \qquad (2.2)$$

(2) 式(2.1)の中で係数bを含んでいる部分を取り上げると，次式

$b^2 \sum_{i=1}^{n} x_i^2 - 2b \sum_{i=1}^{n} x_i y_i + 2ab \sum_{i=1}^{n} x_i$ となり，ここで$A = b^2 \sum_{i=1}^{n} x_i^2$ とおく．それ以外を$B = -2b \sum_{i=1}^{n} x_i y_i + 2ab \sum_{i=1}^{n} x_i$ とおき，最小値$x = -\dfrac{B}{2A}$を用いると，

$$x = (-1) \times \dfrac{-2b \sum_{i=1}^{n} x_i y_i + 2ab \sum_{i=1}^{n} x_i}{2b^2 \sum_{i=1}^{n} x_i^2}$$

であり，次式が得られる．

$$x = \dfrac{\sum_{i=1}^{n} x_i y_i - a \sum_{i=1}^{n} x_i}{b \sum_{i=1}^{n} x_i^2} \tag{2.3}$$

(3) 式(2.2)と式(2.3)よりxを求めると

この2つのxの方程式は同値($x = -\dfrac{B}{2A}$)であるので，次式となる．

$$x = \dfrac{\dfrac{\sum_{i=1}^{n} x_i y_i - a \sum_{i=1}^{n} x_i}{b \sum_{i=1}^{n} x_i^2}}{\dfrac{\sum_{i=1}^{n} y_i - b \sum_{i=1}^{n} x_i}{na}} = 1$$

次に，式(2.2)から$x = 1$より，$1 = \dfrac{\sum_{i=1}^{n} y_i - b \sum_{i=1}^{n} x_i}{na}$は，次式となる．

$$\sum_{i=1}^{n} y_i = na + b \sum_{i=1}^{n} x_i \tag{2.4}$$

また，式(2.3)を考えてみると$x = 1$より，$1 = \dfrac{\sum_{i=1}^{n} x_i y_i - a \sum_{i=1}^{n} x_i}{b \sum_{i=1}^{n} x_i^2}$は，次式と

なる.

$$\sum_{i=1}^{n} x_i y_i = a \sum_{i=1}^{n} x_i + b \sum_{i=1}^{n} x_i^2 \tag{2.5}$$

したがって式(2.4)と式(2.5)を要約した式(2.6)の①と②の連立方程式を解くと，未知のパラメータ a, b を求めることができる．なお，連立方程式を解く手順は，次のようになる.

$$\begin{cases} ① \quad \sum_{i=1}^{n} y_i = na + b \sum_{i=1}^{n} x_i \\ ② \quad \sum_{i=1}^{n} x_i y_i = b \sum_{i=1}^{n} x_i^2 + a \sum_{i=1}^{n} x_i \end{cases} \tag{2.6}$$

(4) この連立方程式の①，②より，パラメータ a を求める．

式(2.6)の①を $\sum x_i^2$ 倍し，②を $-\sum_{i=1}^{n} x_i$ 倍して①式－②式とすると，次式となる.

$$\sum_{i=1}^{n} x_i^2 \sum_{i=1}^{n} y_i - \sum_{i=1}^{n} x_i \sum_{i=1}^{n} x_i y_i = a \left\{ n \sum_{i=1}^{n} x_i^2 - \left(\sum_{i=1}^{n} x_i \right)^2 \right\}$$

この式よりパラメータ a を求め，次式が得られる.

$$a = \frac{\sum_{i=1}^{n} x_i^2 \sum_{i=1}^{n} y_i - \sum_{i=1}^{n} x_i \sum_{i=1}^{n} x_i y_i}{n \sum x_i^2 - \left(\sum x_i \right)^2} = \frac{\sum_{i=1}^{n} y_i}{n} - \frac{b \sum_{i=1}^{n} x_i}{n} = \overline{y} - b\overline{x} \tag{2.7}$$

また，式(2.6)の①より，$na = \sum_{i=1}^{n} y_i - b \sum_{i=1}^{n} x_i$ となり a を求めると，次式となる.

$$a = \frac{\sum_{i=1}^{n} y_i}{n} - \frac{b \sum_{i=1}^{n} x_i}{n} = \overline{y} - b\overline{x}$$

(5) 同じく，パラメータ b について求めてみる．

式(2.6)の②は $\sum_{i=1}^{n} x_i y_i = b \sum_{i=1}^{n} x_i^2 + a \sum_{i=1}^{n} x_i$ であり，前に求めた $a = \overline{y} - b\overline{x}$ を，この式の中に代入すると，$\sum_{i=1}^{n} x_i y_i = b \sum_{i=1}^{n} x_i^2 + (\overline{y} - b\overline{x}) \sum_{i=1}^{n} x_i$ となる.

この式について b の含まれている部分を，まとめてみると，

$$b\left(\sum x_i^2 - \sum x_i \bar{x}_i\right) = \sum_{i=1}^{n} x_i y_i - \sum_{i=1}^{n} x_i \bar{y} \quad \text{とする．}$$

この式の中の $\sum_{i=1}^{n} x_i \bar{x}$ は，$\dfrac{\left(\sum_{i=1}^{n} x_i\right)^2}{n}$ であるので b を求めてみると，次のようになる．

$$b = \frac{\displaystyle\sum_{i=1}^{n} x_i y_i - \frac{\displaystyle\sum_{i=1}^{n} x_i \sum_{i=1}^{n} y_i}{n}}{\displaystyle\sum_{i=1}^{n} x_i^2 - \frac{\left(\displaystyle\sum_{i=1}^{n} x_i\right)^2}{n}} = \frac{S_{xy}}{S_{xx}} \tag{2.8}$$

以上より，パラメータ a, b を求めた式を要約すると，次式が得られた．

$$a = \bar{y} - b\bar{x}$$

$$b = \frac{S_{xy}}{S_{xx}}$$

2.5 最尤推定法

2.5.1 回帰式の最尤推定法とは

回帰式の最尤推定法（MLE：maximum likelihood estimation）について説明する．

まず，正規分布の尤度関数 L（likelihood function）は，次式である．

$$L = f(y_1) \cdot f(y_2) \cdot \cdots \cdot f(y_n) = \prod_{i=1}^{n} \left[\frac{1}{\sqrt{2\pi}\sigma} \cdot \exp\left(-\frac{(y_i - \hat{y}_i)^2}{2\sigma^2}\right)\right]$$

この式は，正規分布の尤度関数に平均値 $\hat{y}_i = a + bx_i$ と分散 σ^2 代入したものである．

この式の右辺の指数部の（カッコ）の中は，各データ点 (x_i, y_i)，$(i=1, 2, \cdots, n)$ は，$y_i - (a + bx_i) = e_i$ の関係があり，この残差 e_i は，独立に正規分布する確率変量である．この尤度関数の exp の指数部である $\sum_{i=1}^{n}(y_i - \hat{y}_i)^2 \fallingdotseq 0$ の予測

値 $\hat{y}_i$ を求めるもので,最小二乗法の推定値 a, b を求めることと同値であるが,尤度関数 L が最大になるときの $\hat{y}_i = a + bx_i$ のパラメータ a, b を求めている.

なお,$\exp(0) = 1$ であり誤差 $\sum_{i=1}^{n} e_i$ が正規分布すると最大確率となる.

$$尤度関数 L = \prod_{i=1}^{n} \left[\frac{1}{\sqrt{2\pi}\sigma} \cdot \exp(0) \right]$$

は,最大確率密度を示す.

なお,最尤推定法は p.105,4.6.4 項「AIC 統計量」で活用している.

2.5.2 最小二乗法と回帰式の最尤推定法

最小二乗法は,分布の仮定がなく最良の推定量ではないが,誤差が独立で楕円の正規分布に従うときには,最小二乗法と回帰式の最尤推定法(MLE)は,一致する.なお,最尤法の留意点は,あらかじめ指定されたデータの中で観測されたデータの得られる確率を最大にするパラメータの推定法で,観測値をどのような分布にするかが大切である.なお,最小二乗法が最良の推定値になる誤差の仮定とは,次のようなものである.

① 予測値 $\hat{y}_i$ に対して誤差 e_i は,±0 で相殺される.
② 誤差分散 σ_e^2 は,一定である.
③ 誤差 $e_i \perp e_j$ は自己相関 ρ_e を持たず,お互いに独立である.
④ 誤差 e_i は,正規分布 $N(0, 1^2)$ に従う.

最尤推定法は,母平均と母標準偏差の推定値を求めるが,最小二乗法は回帰式のパラメータ(重み)を求める.

2.5.3 正規母集団の最尤推定量を求める理論

サンプリングによる標本が,考えられるすべての母集団を想定して,それぞれの出現する確率を求め,その確率が最も高くなるような母集団を特定する方法が最尤法である.

$$f(x ; \mu, \sigma^2) = \frac{1}{\sqrt{2\pi}\sigma} \exp\left(-\frac{(x-\mu)^2}{2\sigma^2}\right)$$

正規母集団 $f(x_i ; \theta)$ より,サンプル数 n の標本 $x_1, x_2, \cdots, x_n$ がサンプリングされたとき,このときの尤度関数は,

$$L(x_1, x_2, \cdots, x_n ; \theta) = \prod_{i=1}^{n} f(x_i ; \theta)$$

である．この尤度関数を最大にする推定値（$\hat{\theta} = \hat{\mu}$）を求めるのが最尤推定法である．この最大対数尤度（MLL：maximum log-likelihood）より求まるパラメータが最尤推定量 $\hat{\mu}$, $\hat{\sigma}^2$ であり，次式となる．

$$\frac{\partial \log L(\theta)}{\partial \theta} = \frac{\partial \log L(x_1, x_2, \cdots, x_n ; \theta)}{\partial \theta} = 0$$

最尤推定法は，①不偏性（unbiasedness）は，推定量の分布 $\hat{\theta}$ が真の θ の周りに高度に集中することが望ましい．②有効性（efficiency）は，分散 σ が小さいほうがよい．③一致性（consistency）は，n が十分に大きいとき $\hat{\mu} = \bar{x}$ に一致することなどを見い出す統計量（図 2.5）である．

なお，正規分布の尤度 L（likelihood）は，サンプリング標本の確率密度関数 $f(x_i ; \mu, \sigma^2)$ をすべて掛けたもので，次式となる．

$$L = \prod_{i=1}^{n} \left[\frac{1}{\sqrt{2\pi}\sigma} \cdot \exp\left(-\frac{(x_i - \mu)^2}{2\sigma^2}\right) \right]$$
$$= f(x_1 ; \mu, \sigma^2) \cdot f(x_2 ; \mu, \sigma^2), \cdots, f(x_n ; \mu, \sigma^2)$$

$f(x_i ; \mu, \sigma^2) = \dfrac{1}{\sqrt{2\pi}\sigma} \exp\left(-\dfrac{(x_i - \mu)^2}{2\sigma^2}\right)$ であり，$\dfrac{1}{\sqrt{2\pi}\sigma}$ を n 回掛けると $\left(\dfrac{1}{\sqrt{2\pi}\sigma}\right)^n$ となる．

また，指数の部分は $e^c e^d = e^{(c+d)}$ であり，$\dfrac{(x_1 - \mu)^2 + (x_2 - \mu)^2 + \cdots + (x_n - \mu)^2}{2\sigma^2}$

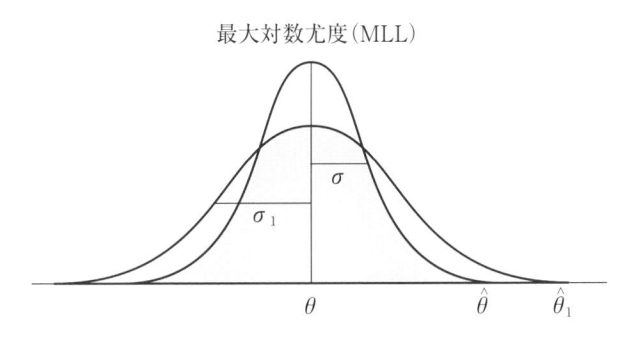

図 2.5 最尤推定量の性質

$$= \frac{\sum_{i=1}^{n}(x_i - \mu)^2}{2\sigma^2}$$ となるので，次式が得られる．

$$f(x_i \; ; \; \mu, \sigma^2) = \left(\frac{1}{\sqrt{2\pi}\sigma}\right)^n \exp\left(-\frac{\sum_{i=1}^{n}(x_i - \mu)^2}{2\sigma^2}\right) \tag{2.9}$$

$$= \left(\frac{1}{2\pi\sigma^2}\right)^{\frac{n}{2}} \exp\left(-\frac{\sum_{i=1}^{n}(x_i - \mu)^2}{2\sigma^2}\right)$$

この式(2.9)の上式の右辺を簡単にするため両辺の対数をとると対数尤度となる．

$$\log L = n\log \cdot \frac{1}{\sqrt{2\pi}\sigma} \exp\left(-\frac{\sum_{i=1}^{n}(x_i - \mu)^2}{2\sigma^2}\right)$$

次に，この式の μ を最小二乗法で推定してみて対数尤度を最大（正規分布の最大確率）にする μ 値のときの母平均の推定値 $\hat{\mu}$ と，母分散の推定値 σ^2 を求めてみる．

(1) 母平均値 μ の最尤推定値 $\hat{\mu}$ を求める．

$\log L$ を $\hat{\mu}$ について偏微分して 0 とおくと，

$$\frac{\partial \log L}{\partial \hat{\mu}} = n\log \cdot \frac{1}{\sqrt{2\pi}\sigma} \exp\left(-\frac{\sum_{i=1}^{n}(x_i - \hat{\mu})^2}{2\sigma^2}\right) = 0$$ となる．これは，下に開く放物線であり，最大値の接線は 0 である．

第 1 項の偏微分は $(n\log \cdot \frac{1}{\sqrt{2\pi}\sigma})' = 0$，第 2 項の $\sum_{i=1}^{n}$ の右上の部分の偏微分は $\{(x_i - \mu)^2\}' = 2(x_i - \mu) \cdot (-1)$ であり，次式のようになるが，

$$\frac{\partial \log L}{\partial \hat{\mu}} = -\frac{1}{2\sigma^2} \cdot 2\sum_{i=1}^{n}(x_i - \hat{\mu}) \cdot (-1) = \frac{\sum_{i=1}^{n}(x_i - \hat{\mu})}{\sigma^2} = 0$$ は，両辺を σ^2 倍すると，

$$\sum_{i=1}^{n}(x_i - \hat{\mu}) = \sum_{i=1}^{n}x_i - \sum_{i=1}^{n}\hat{\mu} = 0$$ は，次式となる．

$$\hat{\mu} = \overline{x} = \frac{1}{n}\sum_{i=1}^{n} x_i$$

(2) 母分散 σ^2 の最尤推定値 $\hat{\sigma}^2$ を求める.

いま，求めた $\hat{\mu}$ を $\overline{x}$ で置き換え式(2.9)の下式の右辺をベースに両辺に対数をとった $\log L$ を σ^2 について偏微分して 0 とおくと，次式を得る.

$$\frac{\partial \log L}{\partial \sigma^2} = \frac{n}{2}\log \cdot \frac{1}{2\pi\hat{\sigma}^2} - \frac{\sum_{i=1}^{n}(x_i - \overline{x})^2}{2\hat{\sigma}^2} = 0$$ は，下に開く放物線で最大値の接線は 0 である.

第 1 項の偏微分は，$\left(\frac{n}{2}\log \cdot \frac{1}{2\pi\hat{\sigma}^2}\right)' = -\frac{n}{2\hat{\sigma}^2}$ で，第 2 項の偏微分は，

$$\left(-\frac{\sum_{i=1}^{n}(x_i-\overline{x})^2}{2\hat{\sigma}^2}\right)' = \frac{1}{2\hat{\sigma}^4}\sum_{i=1}^{n}(x_i-\overline{x})^2$$ であり，偏微分をした両方の結果を組み合わせてみると，$-\frac{n}{2\hat{\sigma}^2} + \frac{1}{2\sigma^4}\sum_{i=1}^{n}(x_i-\overline{x})^2 = 0$ となるが

$$\frac{n}{2\hat{\sigma}^2} = \frac{\sum_{i=1}^{n}(x_i-\overline{x})^2}{2\hat{\sigma}^4}$$ は，$n = \frac{\sum_{i=1}^{n}(x_i-\overline{x})^2}{\hat{\sigma}^2}$ となり，次式が得られる.

$$\hat{\sigma}^2 = \frac{\sum_{i=1}^{n}(x_i-\overline{x})^2}{n} = s^2 = \frac{1}{n}\sum_{i=1}^{n}(x_i-\overline{x})^2$$

(3) 正規母集団の最大対数尤度を求めるのが最尤推定法である.

最尤推定量は，データが正規分布するときの最大確率であり，2 つのパラメータは，母平均値の推定値 $\hat{\mu}(\overline{x})$ と母標準偏差の推定値 $\hat{\sigma}^2(s^2)$ である.

① $\mu = \frac{1}{n}\sum_{i=1}^{n}x_i = \hat{\mu}$

② $\sigma^2 = \frac{1}{n}\sum_{i=1}^{n}(x_i-\overline{x})^2 = \hat{\sigma}^2$

なお，この方法で求められた母標準偏差の推定値 $\hat{\sigma}^2$ は，不偏推定量になっていないので，不偏分散に直すのには，上式②の係数の分母の n を $n-1$ にす

る必要がある．

2.6 回帰式を構成する回帰係数と定数項

2.6.1 回帰係数
(1) 回帰係数とは
① 回帰係数(regression cofficient)とは，最小二乗法で求めた方程式のパラメータ a, b のことで，目的変量(criterion variables)を説明変量(explanatory variables)で関係づけた回帰直線 $\hat{y} = a + bx$ の傾き b と定数項 a である．
② 回帰係数 b は，説明変量の偏差平方和 S_{xx} が1単位当たり変化したときの偏差積和 S_{xy} の説明力を示すものである．

$$b = \frac{S_{xy}}{S_{xx}} \tag{2.10}$$

(2) 回帰係数の傾きの意味
① 回帰係数($\beta \neq 0$)に傾きがある場合，これは偶然の誤差を踏まえ，目的変量に対する説明変量に影響力があることを表す．
② 回帰係数($\beta = 0$)に傾きがない場合，これは偶然の誤差だけで，目的変量に対する説明変量に影響力がないことを表す．
③ 回帰係数の大きさと説明変量の分散の関係については，分散が小さいと回帰係数は大きい．また，分散が大きいと回帰係数は小さい．

2.6.2 定数項
定数項(constant term)とは，$x = 0$ における y の値であり，切片と呼ばれている．ここで定数項(切片 B_0)がある値をもつかどうかを検定して確認することができる．

定数項 a は，傾きと説明変量の平均を掛けた $b \times \bar{x}$ で，目的変量の平均 $\bar{y}$ を説明できない残りである．

また，定数項 a は，傾き $b = 0$ がないときは，$a = \bar{y} - 0 \times \bar{x}$ により $a = \bar{y}$ となる．

すなわち，目的変量に対して説明変量の影響がまったくなく，偶然の誤差し

かない．データの散布状態が真円であり，回帰直線を2本以上引ける可能性がある．

$$a = \overline{y} - b\overline{x} \tag{2.11}$$

2.7 残差

2.7.1 残差とは

残差(residual)とは，最小二乗法で求めた回帰直線では説明できない実現値 $y_i(i=1, 2, \cdots, n)$ から予測値 $\hat{y}$ までの差をいう．

なお，残差平方和は，

$$S_e = \sum_{i=1}^{n}(y_i - \hat{y})^2 = \sum_{i=1}^{n}(y_i - \overline{y} + b\overline{x} - bx_i)^2 = \sum_{i=1}^{n}e_i^2 \fallingdotseq 0$$

として求められる．

残差を元の式で表すと，実現値 y_i = 回帰直線 $\hat{y}$ + 残差 e_i となり，その性質は，次のようになる．

① 残差は，1つの標本 y_i ごとに1つの残差 $e_i = y_i - (a + bx_i)$ が発生する．

② 回帰による変動 S_R は，あくまで重心線の平均 $\overline{x}$ と回帰直線 $\hat{y}$ の距離の比が均一を示すのに対して，残差による変動 S_e は，各データ点から回帰直線までの変動でありバラエティに富んでいる．

したがって，残差の状態を調べるのには，グラフによる視覚表示が便利かつ普通である．

また，残差の正規分布の状態を調べるのには，標準化残差のヒストグラムによる確認を行う必要がある．誤差と残差の関係では，誤差は，理論分布の仮定であり残差は回帰直線で説明できない誤りの差である．正規分布しているデータに最小二乗法より求めた回帰直線を引いたときの残差は誤差に一致する．

2.7.2 残差分析

散布図上に実現値と予測値の差をサンプル順にプロットし，人間の視覚により，そのパターンの有無などから回帰モデルの欠陥を見つけるものである．その視点は，残差が0を中心に＋，－の符号が同じか，あるいは＋，－の符号が連続的に並んでいるかなど傾向を調べ．また，残差が2山型の傾向を示せば層

別の必要があると考える．その他としては，残差のパターン自体が曲線である場合には，残差の中に何らかの癖がある可能性が考えられる．

2.7.3 標準化残差および残差 t 値

標準化した残差とは，残差 e_i を残差分散 $\sqrt{V_e}$ で割り，標準化残差 e_i^* としたものであり，次式となる．

$$e_i^* = \frac{e_i}{\sqrt{V_e}}$$

残差 t 値とは，標準化した残差であり，残差 e_i を $\sqrt{(1-L_{ii})V_e}$ で割ったものである．このとき，L_{ii} はテコ比といわれる．

$$残差\ t_i = \frac{e_i}{\sqrt{(1-L_{ii})V_e}} \qquad (i=1,\ 2,\ \cdots,\ n) \tag{2.12}$$

[例2.1] 表1.2のチラシ広告費と売上高より残差 t_1 値を計算してみる

表2.14(p.72)のデータ表について回帰分析し，得られた予測値と残差 e_1 = 42.944，テコ比 L_{11} = 0.089，残差分散 V_e = 774.008 から，1月度の残差 t_1 値は式(2.12)で計算してみると残差 t_1 = 1.675 になる．残差からデータの外れ値を検出する目安は，2.0 といわれているので，1月度の売上高との残差はやや大きいと判断できる．

$$残差\ t_i = \frac{e_i}{\sqrt{(1-L_{ii})V_e}} = \frac{42.944}{\sqrt{(1-0.089) \times 774.008}} = 1.675$$

2.7.4 回帰分析のテコ比と残差分散

テコ比(leverage)とは，各サンプルが予測値に対してどのくらい関与しているかの指標であり，重心から遠いところにあるサンプルは回帰係数に大きな影響を及ぼす．これを判断する尺度がテコ比である．あるサンプルが1単位変化するとき，そのサンプルの予測値が変化する量であり，テコ比は次式となる．

$$L_{ii} = \frac{1}{n} + \frac{(x_i - \bar{x})^2}{S_{xx}}$$

また，各サンプルの残差分散 $V(e_i)$ は，$1-L_{ii}$ に残差分散 V_e を掛けたもので，次式となる．

$$V(e_i) = (1-L_{ii})V_e = \left(1 - \frac{1}{n} - \frac{(x_i - \bar{x})^2}{S_{xx}}\right)V_e \tag{2.13}$$

テコ比が大きくなると各サンプルの残差分散 $V(e_i)$ は、小さくなる傾向を示すので、残差 t 値とテコ比の両方を検討するべきである。以下にテコ比と残差分散の関係の計算例を示す。

[例 2.2] 表 1.2(p.17)のチラシ広告費と売上高よりテコ比, 残差分散を計算してみる

表 2.14(p.72) の各サンプルのテコ比 L_{ii} が求められ、それを使って式(2.13)により各サンプルの残差分散 $V(e_i)$ が計算される。7 月度においては① $L_{77}(L_{ii})$ = 0.457 また, 7 月度の残差分散は
$$V(e_7) = (1 - 0.457) \times 774.008(V_e) = 420.286 \text{ となる}.$$
11 月度は② $L_{1111}(L_{ii})$ = 0.086, 残差分散は,
$$V(e_{11}) = (1 - 0.086) \times 774.008(V_e) = 707.443$$
となる。①と②の関係よりテコ比が大きくなると各月度の残差分散は小さくなる。また、テコ比でサンプルの影響を判断する目安は、$2.5 \times \frac{2}{n} = 2.5 \times$ (テコ比の平均) といわれており基準値であり、これを超えるテコ比, および式(2.12)の残差 t_i 値が 1.5 を超える月度は要注意である。

2.8 回帰式の分散分析とは

回帰式の分散分析(図 2.6)では、目的変数 y を 1 つの説明変数で、どのくらい説明できるかを見るものである。まず、分散比 F を求めてみる。

次に、標本数 n にもとづき有意水準 α を考慮し、標本から計算された F 値が F 分布の裾の位置を超えているかどうかを F 検定により判断することにする。

2.8.1 回帰式の分散分析を行う理由

一般的に、回帰分析に用いるのは標本データであるが、そこでは、母集団と標本との関係を考える必要がある。

例えば、母集団の回帰係数が ($\beta = 0$) であっても、母集団からサンプリングした標本データには、偶然のユレがあり標本データから求めた標本回帰係数は

第2章 線形回帰分析

図 2.6 回帰の分散分析

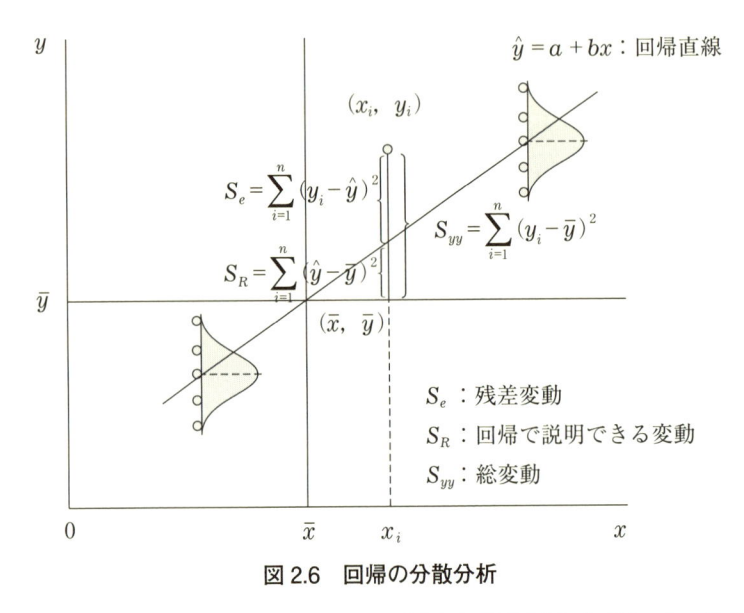

通常 $b \neq 0$ にはならない．したがって，標本が母集団を代表しているかどうかの検証が必要になる．

2.8.2 回帰式の分散分析
(1) 仮説の立案
帰無仮説 H_0：回帰直線に傾き ($\beta = 0$) はない．
対立仮説 H_1：回帰直線に傾き ($\beta \neq 0$) はある．

(2) 分散比 F の計算 (表 2.2)

回帰式の総変動 $S_{yy} = \sum_{i=1}^{n}(y_i - \bar{y})^2$ を，回帰により説明できる変動 $S_R = \sum_{i=1}^{n}(\hat{y} - \bar{y})^2$ と，回帰により説明できない偶然の残差変動 $S_e = \sum_{i=1}^{n}(y_i - \hat{y})^2$ に分けると，回帰式の総変動 S_{yy} は，次式となる．

$$S_{yy} = S_R + S_e$$

また，回帰式の自由度は，$\phi_{yy} = \phi_R + \phi_e$ である．

分散比 F の計算である式 (2.14) の構成は，まず，分子の回帰の分散 V_R は，回帰の変動 S_R をその自由度 $\phi_R = 1$ で割ったもので，次式となる．

表 2.2　回帰式の分散分析表

変動	平方和	自由度	分散	分散比
回帰の変動	S_R	$\phi_R = 1$	$V_R = \dfrac{S_R}{\phi_R}$	$F = \dfrac{V_R}{V_e}$
残差の変動	S_e	$\phi_e = n-2$	$V_e = \dfrac{S_e}{\phi_e}$	
総変動	S_{yy}	$\phi_{yy} = n-1$		

$$V_R = \frac{S_R}{\phi_R}$$

また，分母の残差の分散 V_e は，残差の変動 S_e をその自由度 $\phi_e = n-2$ で割ったもので，次式となる．

$$V_e = \frac{S_e}{\phi_e}$$

したがって，回帰の変動 V_R を残差の変動 V_e で割った分散比 F は，次式となる．

$$F = \frac{V_R}{V_e} \tag{2.14}$$

なお，残差変動の自由度 $\phi_e = n-2$ の -2 については，2 つの変量の平均値 $\bar{x}$ と $\bar{y}$ を使用しているから，その分を -2 としている．

表 2.2 の分散比 F は，与えられたデータに回帰直線を当てはめた場合に，母集団と標本との関係を通じた当てはまり具合を表すものである．

すなわち，回帰直線上からデータが多く離れていれば，残差の分散 V_e は次第に大きくなり，分散比 F は小さくなる．

また，回帰直線上，近傍にすべてのデータがあれば，残差の分散 V_e は小さく，分散比 F は大きくなる．分散比 F がある程度大きくなれば，標本データから求めた標本回帰係数 b が 0 になりにくくなる．

その結果，F 値が大きく，傾きは 0 でないと判断される．つまり，検定は有意差ありとなり，帰無仮説 H_0 は棄却され，対立仮説 H_1 が採択される．

2.9　回帰残差とは

回帰残差 s_e（図 2.7）は，各データから回帰直線までの散布データの残差の標

第2章 線形回帰分析

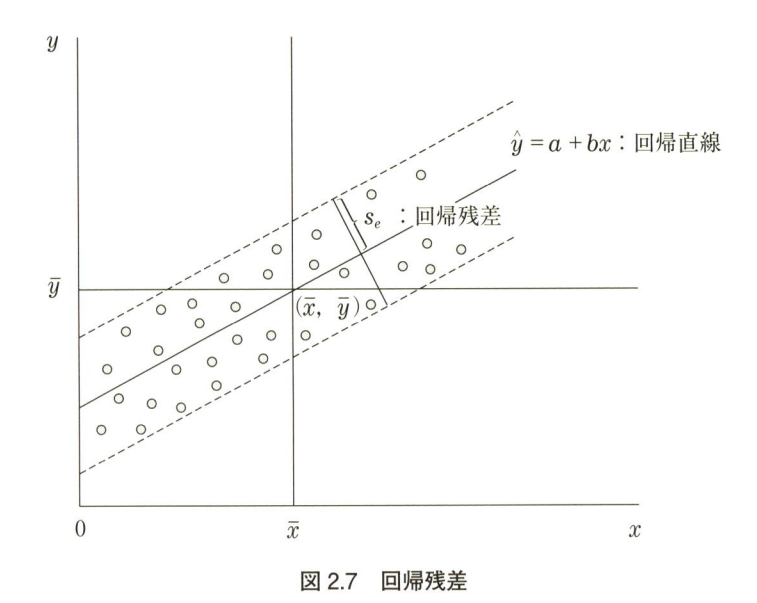

図 2.7 回帰残差

準偏差である．この標準偏差は，一般の標準偏差 s とは異なり，傾き b を考慮した回帰直線 $\hat{y}$ から y_i までの標準偏差である．この標準偏差を 2 乗したものを残差分散 s_e^2 という．

なお，回帰残差 s_e の特徴は，y 軸に対して x 軸のどの位置をとっても回帰直線からの標準偏差は一定であり，回帰直線 y を中心に $\pm 1\sigma$ の範囲の中に全体のおよそ 68% のデータが入る．

回帰残差 s_e は，実現値 y_i と予測値は $\hat{y}$ との差である残差平方和 $S_e = \sum_{i=1}^{n}(y_i - \hat{y})^2$ を，自由度 $\phi = n-2$ で割りルートをとったので，次式となる．

$$s_e = \sqrt{\frac{\sum_{i=1}^{n}(y_i - \hat{y})^2}{n-2}} \tag{2.15}$$

したがって，回帰残差 S_e は，回帰式の散らばりの標準偏差になる．

式 (2.15) より，残差分散 $s_e^2 = \left(\sqrt{\dfrac{S_e}{n-2}}\right)^2$ は，次式となる．

$$V_e = \frac{S_e}{n-2}$$

2.10 回帰式の標準誤差とは

回帰式の標準誤差(standard error)とは,回帰残差(標準偏差)s_e を x の偏差平方和 S_{xx} のルートをとった $\sqrt{S_{xx}}$ で割ったものが標準誤差 s_b である.その意味は,標準偏差 s_e の x 側 1 単位当たり説明力であり,次式となる.

$$s_b = \frac{s_e}{\sqrt{S_{xx}}} = \frac{\sqrt{\frac{(1-r^2)}{n-2}}S_y}{S_x} \tag{2.16}$$

この式の標準誤差 s_b の意味は

$\sqrt{\text{非決定係数}(n-2 \text{のサンプル当たりに換算})} \cdot S_y$ を S_x で割り,x 側 1 単位当たり説明力を求めている.なお,この標準誤差 s_b は,次の t 検定で使用する.

2.11 回帰係数の t 検定

2.11.1 回帰係数の t 検定の意味

回帰式で求めたものは,収集されたデータの範囲でたまたま算出された標本パラメータ a,b であり,母集団パラメータ $\hat{\alpha}$,$\hat{\beta}$ は,推定でしかわからない.そこで回帰係数を仮定して有意性の t 検定を行い,母集団と標本の関係を通じて,回帰係数 b に傾きがあるかどうかを検証している.

2.11.2 回帰係数の仮説

帰無仮説 H_0:回帰係数に傾きはない($\beta = 0$)とする.この回帰式は,偶然の誤差による変動だけであり,特に分析する価値はない(確かな関係性はない)とする.

それに対して,対立仮説 H_1:回帰係数に傾きはある($\beta \neq 0$)であり,この回帰式は,回帰で説明できる変動があり分析する価値がある.

2.11.3 t 検定の式

回帰係数の中には,実現値の変量による単位の影響が入るので t 値は,回帰係数 b を,標準誤差 $\frac{s_e}{\sqrt{S_{xx}}}$ で割り,標準化をする必要があり,次式となる.

$$t = \frac{b-\beta}{\frac{s_e}{\sqrt{S_{xx}}}} \Leftrightarrow \left[-t_{\alpha/2} < \frac{b-\beta}{\frac{s_e}{\sqrt{S_{xx}}}} < -t_{\alpha/2} \right] \tag{2.17}$$

この式の分子は $b-\beta$ であるが，母回帰式の中心 β は必ず 0 になるから $b-0$ となり $t = \dfrac{b}{\frac{s_e}{\sqrt{S_{xx}}}}$ となる．また，この式の分母は標準誤差 $s_b = \dfrac{s_e}{\sqrt{S_{xx}}}$ であり，t 値は，次式となる．

$$t = \frac{b}{s_b} \tag{2.18}$$

なお，標準誤差 s_b は，標準偏差 s_e の x 側 1 単位当たり（$\sqrt{\text{偏差平方和 } S_{xx}}$）の標準化であり，その値で傾き b を割ると t 値は，次式となる．

$$t = \frac{b\sqrt{S_{xx}}}{s_e}$$

また，式(2.18)の分母の標準誤差 s_b は，小さいほうが推定の幅が狭く信頼度が高い．この t 値は，自由度 $\phi = n-2$ の t 分布に従う．

2.11.4 t 検定による有意性の判定

t 検定の判定は，回帰直線の傾きがあるかどうかであるが，判断する際は，偶然のばらつきの誤差を踏まえて検証する必要がある．

t 分布表の有意性の判定基準は，t 値 = 2 である．これは t 分布表の有意水準 α を = 0.05 で自由度 $\phi = n-2$ とすると，$\phi > 3$ 以上の値をとるとき t 値は自由度 ϕ に関係なく t 値 $\fallingdotseq$ 2 になるからである．t 分布の両側検定では，その裾が $\dfrac{\alpha}{2}$ = 0.25 のとき，t 分布表の絶対値が 2 以上のときが外れ値となる．

2.11.5 t 検定と F 検定の関係

定数項を求める $a = \bar{y} - b\bar{x}$ を，$\hat{y} = a + bx$ に代入すると $\hat{y} = \bar{y} + b(x - \bar{x})$ となり，$\hat{y} - \bar{y} = b(x - \bar{x})$ の両辺を 2 乗し $\sum_{i=1}^{n}$ を導入すると $\sum_{i=1}^{n}(\hat{y}_i - \bar{y})^2 = b^2 \sum_{i=1}^{n}(x_i - \bar{x})^2$ となる．

$$F = \frac{\sum_{i=1}^{n}(\hat{y}_i - \overline{y})^2}{s_e^2 = \left(\sqrt{\frac{S_e}{n-2}}\right)^2} = \frac{b^2 \sum_{i=1}^{n}(x_i - \overline{x})^2}{s_e^2}$$ であるが，ここで $t = \dfrac{b - \beta}{\dfrac{s_e}{\sqrt{S_{xx}}}}$ は

($\beta = 0$)であり $\sqrt{S_{xx}} = \left\{\sum_{i=1}^{n}(x_i - \overline{x})^2\right\}^{1/2}$ より，$t = \dfrac{b\left\{\sum_{i=1}^{n}(x_i - \overline{x})^2\right\}^{1/2}}{s_e}$ を考えると

$F = t^2$ となり，一致する．すなわち，

$$F = \left[\frac{b\left\{\sum_{i=1}^{n}(x_i - \overline{x})^2\right\}^{1/2}}{s_e}\right]^2 = t^2$$

となる．

次に，2.18.3項(p.65)の F 値の計算例と2.18.4項(p.69)の t 値の計算例より，その比較結果を示すと $t = \dfrac{b}{s_b} = 10.108$ であり，$F = \dfrac{V_R}{V_e} = 102.157$ は $t^2 = 102.157$ となり一致する．なお，t 検定は両側検定であるが，F 検定は片側検定である．

2.12 回帰直線の信頼区間

2.12.1 回帰直線の信頼区間における誤差の仮定
① 予測値 $\hat{y}$ にも回帰残差(誤差)が含まれる．
② 回帰式のパラメータである傾き b，定数項 a にも誤差が含まれる．

2.12.2 回帰直線の信頼区間における誤差の合成の考え方
① 回帰直線上にすべてのデータが乗る場合は，誤差がないと考えられ，1本の回帰直線で表せる．しかし，一般的には誤差があるので，すべてのデータを1本の回帰直線では表せない．

したがって，回帰直線を2本以上が引ける可能性があるので，求めた回帰直線に誤差の範囲をつけて予測する必要がある．
② 回帰係数の誤差には，回帰係数のパラメータの傾き b の誤差と，定数項 a の誤差および回帰残差が合成される．すなわち，傾き b の誤差と定

数項 a の誤差と回帰残差との合成を図るが，そのとき信頼係数 $t(\phi, \alpha)$ を用いて，どのくらいの広さにするかを決めている．

2.12.3 回帰式と信頼区間
① 回帰直線の信頼区間には，99％と95％があるが，それは有意水準 α ％により決まる．$95\% = 100 - 5(\alpha)\%$ と $99\% = 100 - 1(\alpha)\%$ では，99％のほうが信頼区間は広くなる．
② 目的変量のばらつきが小さいほど，回帰平面からの残差が小さくなるので，信頼区間は狭くなる．
③ 一般的に，データ数 n が多ければ多いほど回帰平面は安定しているので信頼区間は狭くなる．

2.12.4 各データ点の回帰直線における信頼区間の推定の考え方
回帰直線から各データ点までの残差の標準偏差である回帰残差 s_e は，どこをとっても一定であるので，推定に違いの幅をつける必要がある．

この推定の幅をつける考え方は，データが2次元正規分布（**図 2.8**）に従うと考えると，データの重心 $|x_i - \bar{x}| = 0$ の近くは，散布度が広いので推定の幅は広くする必要はない．

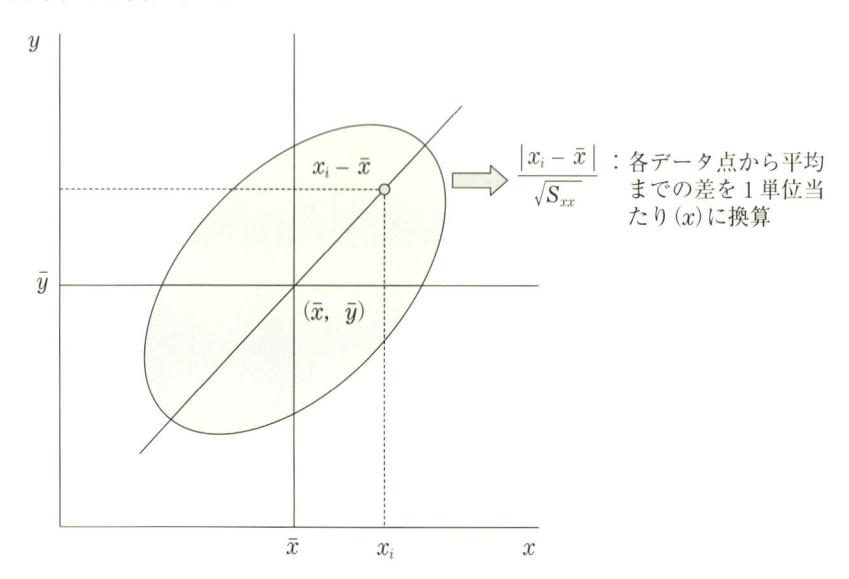

図 2.8 信頼区間における各データ点の考え方

2.12 回帰直線の信頼区間

　しかし，正規分布の重心から $|x_i-\overline{x}|>0$ 側に離れるのに従い，その散布度は狭くなるので推定の幅を広くする必要がある．

　したがって，そうするには図 2.8 の式のように $|x_i-\overline{x}|$ の導入を行う．なぜ $|x_i-\overline{x}|$ かというと，回帰直線から各データ点までの散布状態は，回帰残差 s_e で表せるからである．この回帰残差 s_e には，各データ点の情報は入っていない．しかし，$|x_i-\overline{x}|$ は個々に異なる散布点のデータの情報が入っている．

　また，各データ点 x_i から平均 $\overline{x}$ までの差 $|x_i-\overline{x}|$ を分子にし，分母は，偏差平方和 S_{xx} をルートをつけた $\sqrt{S_{xx}}$ で割り，1 単位当たり (x) に換算している．

　回帰直線 $\hat{y}_i = a + bx_i$ の信頼区間における各データ点および誤差の導入をすると，予測値 $\hat{y}_i$ は，信頼係数 $t(\phi,\ \alpha)$，回帰残差 s_e サンプル i の説明変量 x_i，説明変量の偏差平方和 S_{xx}，データ数 n より，次式となる．

$$\hat{y}_i^u = \hat{y}_i \pm t(\phi,\ \alpha) \cdot s_e \sqrt{\frac{\sum_{i=1}^{1}(x_i-\overline{x})^2}{S_{xx}} + \frac{1}{n} + 1} \tag{2.19}$$

$$\hat{y}_l^u = \hat{y}_i \pm t(\phi,\ \alpha) \cdot s_e \sqrt{\frac{S}{S_{xx}} + \frac{1}{n} + 1} \quad :予測と信頼区間$$

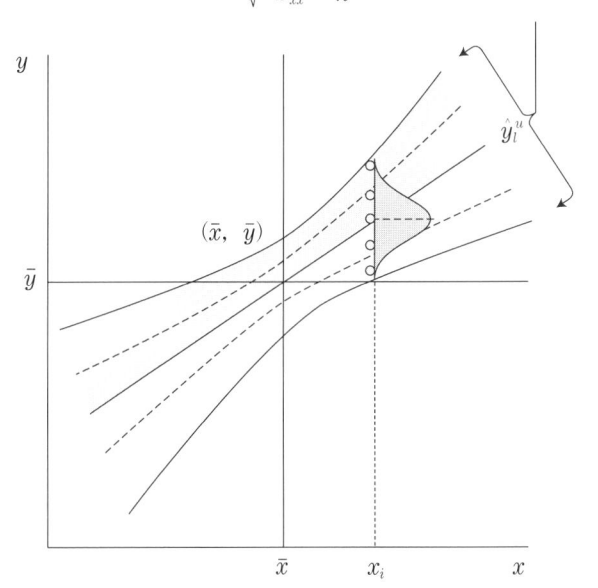

図 2.9　各データ点における信頼区間の推定

第 2 章　線形回帰分析

この式の右辺の $S = \sum_{i=1}^{1}(x_i-\overline{x})^2$ は，$\sqrt{\sum_{i=1}^{1}(x_i-\overline{x})^2}$ より $|x_i-\overline{x}|$ である．

なお，図 2.9 より信頼区間の推定の公式は，1 標本の推定値 $\hat{y}_i$ であり，信頼係数は $t(\phi,\alpha)$ であり，傾き b の誤差は回帰残差 $s_e \dfrac{1}{\sqrt{S_{xx}}}|x_i-\overline{x}|$，（各データ点 x_i から平均 $\overline{x}$ までの差），定数項 a の誤差は，回帰残差 $s_e \dfrac{1}{\sqrt{n}}$ となり，次式を得る．

$$\hat{y}_i{}^u = \hat{y}_i \pm t(\phi,\alpha) \cdot s_e \frac{|x_i-\overline{x}|}{\sqrt{S_{xx}}} + s_e \frac{1}{\sqrt{n}} + s_e \tag{2.20}$$

2.13　ブートストラップ法

2.13.1　ブートストラップ法の由来

　ブートストラップ法 (bootstrap method) の由来は，ブートストラップとは，靴の紐を引っ張って自分自身を持ち上げる．すなわち自力再生の意味がある．スタンフォード大学の統計学者エフロン (B. Efron) がコンピュータの確率シミュレーションの考え方を用いて統計量の分散と偏りを推定したことに始まる．

　現在使われている統計手法はデータが正規分布に従うという仮定があり，数学的に分析が可能な統計手法である．これに対してブートストラップ法は，コンピュータを使用し，標本データの信頼性や正確性，誤差の程度などを評価する方法で，コンピュータ統計 (computer statistics) といわれている．

2.13.2　ブートストラップ法の考え方

　母集団から 1 組の標本を取り出した場合，標本データは，一般的には，正規分布の形には従わない．しかし，数学的に処理するのには正規分布と見なさざるを得ない．

　その理由は，正規分布は 2 つのパラメータの平均と標準偏差の情報さえわかれば統計処理が容易だからである．これは従来の統計手法の欠点であり，母集団から抜き取った標本には限られた情報しかない．また，抜きとった標本分布が非正規分布であったとすると確率処理ができないので，母集団全体の特徴を完全に推測することは難しく，推測の誤差は避けられない．

誤差の評価は，数学的には難しいのでコンピュータの大量反復処理によるシミュレーションで評価する．すなわちブートストラップ法は，抽出した1組の標本から，コンピュータにより乱数(random numbers)を発生させ，ありとあらゆる組合わせの標本を復元抽出し，モンテカルロ近似などを用いて多数のブートストラップ標本を作り，標本ごとの平均値を集計した正規分布を作る．すべての標本平均値の平均は期待値 $\hat{\mu} \doteqdot E(\bar{x})$ となる．この関係は，統計ではわかっているので，この性質を利用して標本を擬似的に作り出して，母集団の推定を行うものである．

2.13.3　パラメトリックとノンパラメトリックのブートストラップ法

ブートストラップ法の標本を作り出すには2つの方法がある．パラメトリックとノンパラメトリックによるブートストラップ法である．

パラメトリックのブートストラップ法は，データ分布の仮定が既知の場合である．それに対して，ノンパラメトリックのブートストラップ法は，データ分布の仮定が未知の場合である．しかしながら，母集団のデータ分布の特性は実際にはわからないことが多い．そのため，双方の分析を行って比較してみる必要がある．ここでは，ノンパラメトリックのブートストラップ法を取り上げている．

2.13.4　ブートストラップ標本の作成

ブートストラップ標本の作成のプロセスを図2.10に示す．
① 1組の標本データを母集団から取り出す．
② 母集団の情報がまったくわからないとき，母集団と仮定される経験分布関数(データ分布の形が未知であるので $i \times 1/n$，$(i = 1, 2, \cdots, n)$ にする $1/n$ の均等分)を作る．

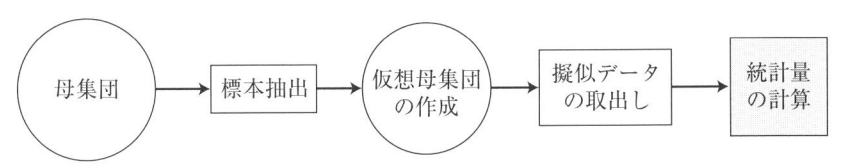

母集団 → 標本抽出 → 仮想母集団の作成 → 擬似データの取出し → 統計量の計算

＜1組の標本のサンプリング＞　＜経験分布関数＞　＜復元抽出＞　＜データ分析＞

図2.10　ブートストラップ標本の作成のプロセス

③ 1組の標本データからの復元抽出を行う．すなわち，乱数発生によるシミュレーションで複数の擬似値のデータの組合せを作る．
④ 統計量の計算は，標準誤差や偏り，およびブートストラップ標本分布である．

2.13.5 ブートストラップ法とモンテカルロ近似について

ブートストラップ法は，母集団からの標本サンプリングにおける偏りを，モンテカルロ近似（乱数のシミュレーション）により正規分布を作り出し再評価している．

ノンパラメトリックのブートストラップ法の発想は一様乱数を用いるが，出現しやすい標本は，ランダムな抜き取りを実施すると，多く出るものはやはり多く出るし，少ないものはやはり少なく出るという考え方にもとづく，中心極限定理（母集団からのランダムサンプリングの標本の平均 $\bar{x}$ が，標本数が大きくなるにつれて母集団平均の $\hat{\mu}$ に近づき正規分布をする）の考え方を利用している．なお，パラメトリックのブートストラップ法は，データ分布の形がわかっているので，その裾野に直接，正規乱数を発生させている．

なお，一様乱数のシミュレーションによる標準正規分布の作成については1.6.2項（p.10）を参照されたい．

2.13.6 乗算型合同法による一様乱数の発生

乱数とは，デタラメの数であり，ある事象の出現確率が規則性を持たないことである．コンピュータによって発生させる乱数は長い周期の規則性が現れるが，その中の一部を取り出すと擬似的に乱数が得られる．

乗算型合同法（multiplicative congruence method）とは，乱数の発生に割算の余り MOD（modulo）を使う方法であり，レーマー（Lehmer）により提唱された方法である．

$$x_n = ax_{n-1} (\text{MOD } m)$$

この方法は，①初期値：$x_0 = 1$ とする．②任意の定数：$a = 12$ であり，③ $p = 5$：$m = 10^5(10^p) + 1 = 100001$，$x_1 = \text{MOD}(a \times x_0/m) = 12$，$x_2 = \text{MOD}(a \times x_1/m) = 144$，$x_3 = \text{MOD}(a \times x_1 \times x_2/m) = 1728$ を $x_i(i=0, 1, 2, \cdots, n)$ までを計算する．④乱数列は，1，12，144，1728，…，となる．そして，この乱数列の前に小数点をつけると区間 [0, 1] の一様乱数列 0.000001，

0.000012，0.000144 などとなる．

　この方法の留意点は，乱数列に周期が現れてくる，周期が現れると乱数の本質である無規則性が失われるので，周期が長くなるように，a と $m = 10^p + 1$ (10進コンピュータ)を調整する．

2.13.7　ノンパラメトリックのブートストラップ法による回帰係数などを求める手順

① 目的変量 y と説明変量 x の既知のモデルを明確にするものであり，回帰直線は，$y_i = a + bx_i + \varepsilon_i$，$(i = 1, 2, \cdots, n)$ である．また，このモデルは，誤差項 ε_1，ε_2，$\cdots$，ε_n がお互いに独立で未知の確率分布 $E(\varepsilon_1 = 0)$ に従う．

② 母集団から抽出した標本から最小二乗法により1回目の回帰直線 $y_i = ax_i + b$ を求める．そうすると，残差 $\varepsilon_i = y_i - (a + bx_i)$，$(i = 1, 2, \cdots, n)$ が発生する．

③ この残差 ε_i にもとづき，回帰直線より求めた n 個の残差を，一様分布を想定し $i \times 1/n$，$(i = 1, 2, \cdots, n)$ にする $1/n$ 等分した経験分布関数(ランダム変量の累積)，F_n(0～1の確率を付与)を作る．コンピュータにより，一様乱数を発生させ，経験分布関数の各確率に対応する区分を引く．マッチしたところの残差を一様乱数に付随する部分として扱う．

　その操作を n 回繰り返し残差の推定量 e_1^*，e_2^*，$\cdots$，e_n^* を得る．そして，定数項 a，傾き b，説明変量 x_i より回帰式を復元すべく目的変量 y_i^* を推定する．

$$y_i^* = a + bx_i + e_i^* \quad (i = 1, 2, \cdots, n)$$

④ この復元した回帰式の目的変量の推定値 y_i^* と説明変量 x_i より，最小二乗法式(2.21)により定数項 a_j^* および傾き b_j^* を求める．

$$\min(a_j^*, b_j^*) \to \sum_{i=1}^{n} \{y_i^* - (a + bx_i)\}^2 \tag{2.21}$$

これを $j = 1$ より a_1^*，b_1^* とおき，B 回繰り返すことにより B 個の回帰直線 $y_j^* = a_j^* + b_j^* x_i$，$(j = 1, 2, \cdots, B)$ より，(a_1^*, b_1^*), (a_2^*, b_2^*), $\cdots$, (a_B^*, b_B^*) を得ることができる．

　この作成された定数項 a_j^* と傾き b_j^* の分布が正規分布をすれば，その平均値は最も頻度の高いところであるから，このブートストラップ標本から推定された B 個の回帰係数 $\hat{a} \fallingdotseq \overline{a}^*$，$\hat{b} \fallingdotseq \overline{b}^*$ の最頻値(高い山)となり，平均の残差を

もとに作成した回帰直線が最も良い推定値になる．
⑤ 回帰係数の推定値である定数項 $se(\hat{a}^*)$ と傾き $se(\hat{b}^*)$ 標準誤差は，次式

$$se(\hat{a}) = \sqrt{\frac{1}{B-1}\sum_{i=1}^{B}(a_i^* - \overline{a}^*)^2}, \quad \overline{a}^* = \frac{1}{B}\sum_{i=1}^{B}a_i^* \tag{2.22}$$

$$se(\hat{b}) = \sqrt{\frac{1}{B-1}\sum_{i=1}^{B}(b_i^* - \overline{b}^*)^2}, \quad \overline{b}^* = \frac{1}{B}\sum_{i=1}^{B}b_i^* \tag{2.23}$$

により推定される．

この回帰係数による回帰直線は，誤差の中心を通るもので $\hat{y} = \hat{a} + \hat{b}x + \varepsilon'$ が求まる．

2.13.8 ブートストラップ法とジャックナイフ法 (p.55) の違い

① ジャックナイフ指定値は，判断に用いるサンプルを除いた残りの $n-1$ 個のサンプルから判別関数を求め，最初に取り除いたサンプルを判断する．そのため取り除くサンプルは1つずつなので2つ以上の外れ値が入った場合にはアウトであり，1つのデータを外すだけで外れ値を見つけることはできない．

② 取り扱ったサンプルに外れ値がまったくなければ，1つのサンプルを外す必要はなく，外せばその分だけ推定の信頼度は落ちる．

③ ブートストラップ法は，無限母集団的な考え方であり，復元抽出で標準誤差の評価が中心である．これに対してジャックナイフ法は，有限母集団的な考え方であり，擬似値とジャックナイフ推定値が評価の中心となる．

2.14 回帰分析のブートストラップ法

表 1.2 (p.17) のチラシ広告費と売上高のデータを使ってこの関係をブートストラップ法により分析してみる．

(1) 1回目の回帰直線 $n = 12$ を求めると，定数項 $a = 106.401$，傾き $b = 35.371$ より，次式となる．

$$y = a + bx = 106.401 + 35.371x \tag{2.24}$$

(2) ブートストラップ法による回帰分析により図 2.11 が得られる．

2.14 回帰分析のブートストラップ法

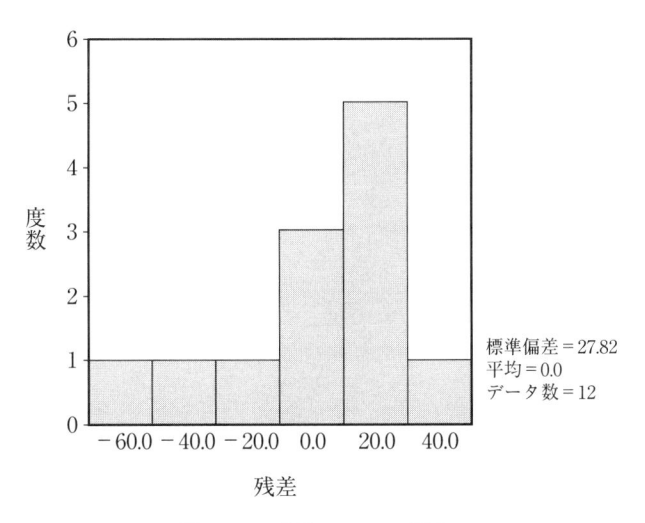

図 2.11 残差のヒストグラム

標準偏差 = 27.82
平均 = 0.0
データ数 = 12

(3) 残差(表 2.4, p.52)と($i = 1, 2, \cdots, 12$), ($1/12 = 0.08$, $2/12 = 0.17$, $\cdots$, $12/12 = 1.00$)により経験分布関数を導き出し, 図 2.12, 表 2.3 を作る.

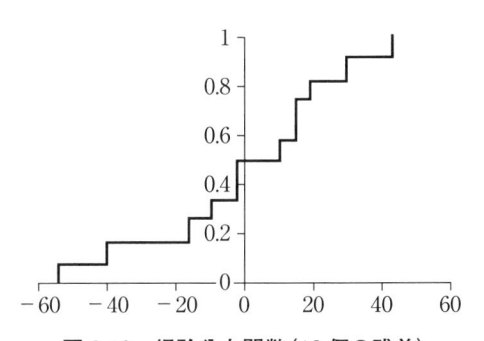

図 2.12 経験分布関数(12 個の残差)

表 2.3 経験分布関数(12 個の残差)

残差	−54.0	−40.0	−16.2	−9.2	−8.6	−2.2	10.1	14.6	14.9	18.5	29.1	42.9
$i \times 1/12$ の確率付与	0.08	0.17	0.25	0.33	0.42	0.50	0.58	0.67	0.75	0.83	0.92	1.00

第 2 章　線形回帰分析

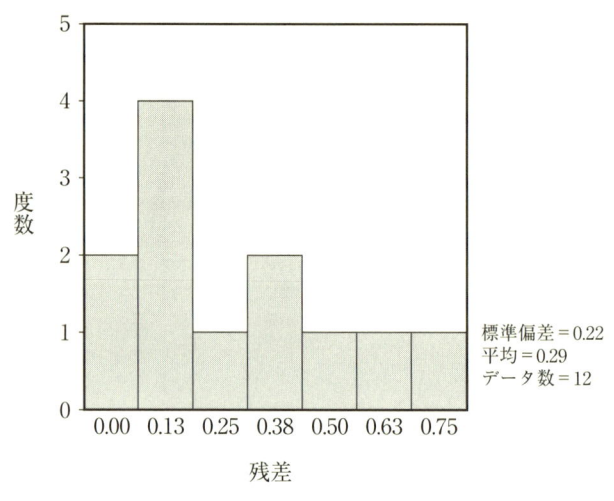

図 2.13　一様乱数のヒストグラム

(4)　一様乱数(図 2.13)の発生と残差(昇順に並び替え)，$1/n$ の確率を付与した経験分布関数 F_n との関係から(表 2.4)の区間のデータを得る．なお，図 2.13 においてはデータ数が 12 と少ないため，ヒストグラムに偏りが見えるが，データ数が多くなれば偏りは見えなくなる．

表 2.4　経験分布関数(上段)と一様乱数(下段)の対応表

No.	1	2	3	4	5	6	7	8	9	10	11	12
残差	−54.0	−40.0	−16.2	−9.2	−8.6	−2.2	10.1	14.6	14.9	18.5	29.1	42.9
$i \times 1/12$ の確率付与	0.08	0.17	0.25	0.33	0.42	0.50	0.58	0.67	0.75	0.83	0.92	1.00

↕ ＜対応＞

No.	1	2	3	4	5	6	7	8	9	10	11	12
一様乱数の発生	0.14	0.43	0.61	0.29	0.16	0.70	0.35	0.45	0.05	0.10	0.14	0.04
残差の区間データ	−54.0	−2.2	14.6	−9.2	−54.0	14.9	−8.6	−2.2	−54.0	−54.0	−54.0	−54.0

(5)　例えば，No.1 の一様乱数 0.14 は，$i \times 1/12$ の確率付与の間にマッチする残差は，−54.0 となる．同様に，No.2 の 0.43 の残差は −2.2，…，No.12 の 0.04 残差は −54.0 となる．

(6)　1 回目の回帰直線，式(2.24)より，$y_i = 106.401 + 35.371 x_i$ に残差の区

2.14 回帰分析のブートストラップ法

間データを挿入すると(**表 2.5**),12 個の新売上高(擬似値),$\hat{y}_1, \hat{y}_2, \cdots,$ $\hat{y}_{12}$ ができる.

$$\hat{y}_1 = 106.401 + 35.371 \times 8.5 + (-54) = 353.1$$
$$\hat{y}_2 = 106.401 + 35.371 \times 6.6 + (-2.2) = 337.7$$
$$\vdots \quad \vdots \quad \vdots \quad \vdots \quad \vdots \quad \vdots$$
$$\hat{y}_{12} = 106.401 + 35.371 \times 6.1 + (-54.0) = 268.2$$

表 2.5 ブートストラップ標本($i = 1$)

No.	1	2	3	4	5	6	7	8	9	10	11	12
チラシ広告	8.5	6.6	7.0	6.3	6.0	5.5	13.0	12.3	9.3	5.9	8.3	6.1
新売上高	353.1	337.7	368.6	320	264.6	315.8	557.6	539.3	381.4	261.1	346	268.2

(7) 新売上高とチラシ広告より求めた回帰直線は,次式となる.
$$y_1^* = a_1^*(69.408) + b_1^*(36.713)x_1$$

以上の分析処理の過程(2)〜(7)を $B = 1000$ 回繰り返す.

これは経験分布関数(一様分布)から回ごとにブートストラップ標本(擬似値)を求めるものであるが,この回ごとの回帰直線の定数項 a_j,傾き b_j,は最小二乗法による代表値(平均値)であり,中心極限定理(central limit theorem)により平均値の分布は正規分布(非標準化)する.したがって,求めた複数のパラメータ a_i^*, b_i^* の $\overline{a}^*$, $\overline{b}^*$ の平均を用いて,ブートストラップ法による標準誤差を求める,定数項 $se(\hat{a})$,傾き $se(\hat{b})$ を求めている.

(8) 統計量の計算は,次のようになる.

平均値の計算は,次のようになる.
$$\overline{a}^* = \frac{1}{B}\sum_{i=1}^{B} a_i^* = 105.21, \quad \overline{b}^* = \frac{1}{B}\sum_{i=1}^{B} b_i^* = 35.36$$

定数項 $\hat{a}$,傾き $\hat{b}$ の標準誤差の計算は,次のとおりである.
$$se(\hat{a}) = \sqrt{\frac{1}{B-1}\sum_{i=1}^{B}(a_i^* - \overline{a}^*)^2} = 27.438, \quad se(\hat{b}) = \sqrt{\frac{1}{B-1}\sum_{i=1}^{B}(b_i^* - \overline{b}^*)^2} = 3.861$$

(9) ブートストラップ標本分布を作成(信頼区間の推定)する.

第2章　線形回帰分析

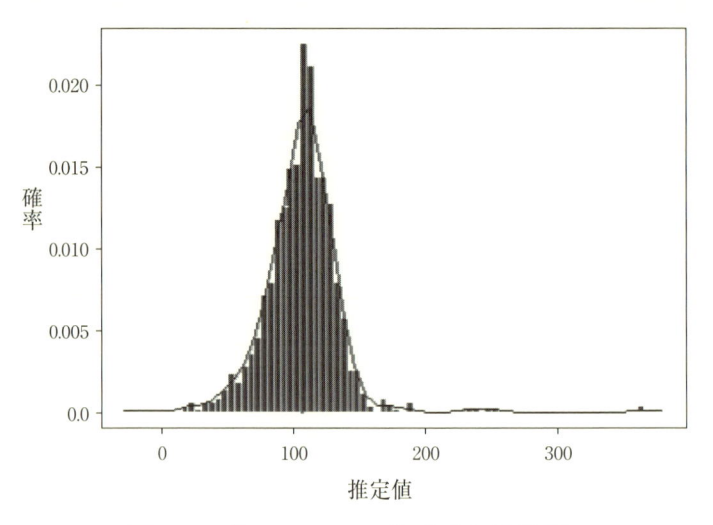

図2.14　ブートストラップ標本分布（定数項）

図2.14に定数項 $\hat{a}$ の信頼度のパーセンタイル：2.5%（58.9）〜 97.5%（142.5）を示す．

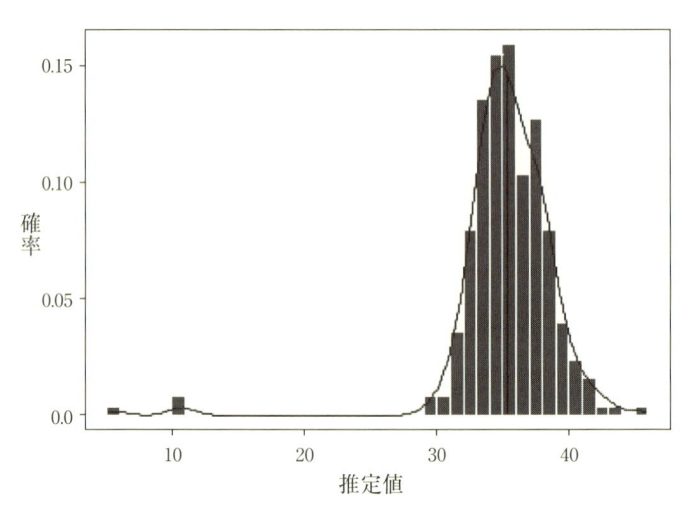

図2.15　ブートストラップ標本分布（傾き）

図2.15の傾き $\hat{b}$ の信頼度のパーセンタイル：2.5%（29.9）〜 97.5%（40.4）である．

表 2.6　ブートストラップ統計量

回帰係数	実現値	偏り	平均値	標準誤差
$\hat{a}$	106.4	-1.195	105.2	27.438
$\hat{b}$	35.4	-0.015	35.4	3.861

表 2.6 には回帰係数 $\hat{a}$ の実現値(106.4)を示すが,平均値(105.21)－偏り(-1.195)で求められる.また,回帰係数 $\hat{b}$ の実現値(35.4)は,平均値(35.36)－偏り(-0.015)で求められる.

2.15　ジャックナイフ法

2.15.1　ジャックナイフ法とは

ジャックナイフ法(Jackknife method)とは,必ず 1 つのサンプルを除いて,サンプル数分だけデータ処理を繰り返すことにより,推定量の安定性を評価する方法である.

この手法は,擬似値(標本を 1 つ外した)を使うもので,その推定量は,1 つの外れ値に左右されないのでロバストであり,外れ値の発見にも役立つ.なお,ジャックナイフ法は,クエノイル(Quenouille)により提唱され,テューキー(Tukey)が発展させたものである.

このジャックナイフ法は,擬似値(paseudovalues)およびジャックナイフ推定値からなる.

また,この手法は,統計量に含まれる誤差の程度を見積もってくれるだけでなく,標本統計量の偏りも自動的に補正してくれる.

2.15.2　ジャックナイフ法とブートストラップ法の違い

ジャックナイフ法は,ブートストラップ法に比べて計算量が著しく少なくて済むが,柔軟性や信頼性で少し劣る.また,適用できる推定量の範囲がブートストラップ法に比べて狭い.特に標本中央値の標本誤差の推定には向かない.ジャックナイフ法は,必ず 1 つのデータを除いて計算する順序統計量であるので,正確な中央値(メディアン)を求めることができない.それに対してブートストラップ法は,標本誤差の評価はできるが,1 つ外した擬似値により外れ値の検出ができない.すなわちジャックナイフ法とブートストラップ法には,そ

れぞれ長所と短所がある.

2.15.3 ジャックナイフ法の概要

データ分布の形状がわかっていれば，平均，分散といったパラメータは簡単に推定できるが，わかっていない場合には，ジャックナイフ法を用いて偏り(bias)を打ち消し，平均の推定値を集めた誤差の分布を作って評価する.

なお，母集団と標本との関係で，データ分布の形状がわからないと仮定すると，標本統計量 $\hat{\theta}$ から母集団の特性を推定するとき，母集団 θ と標本 $\hat{\theta}$ との関係値は必ずしも一致しない.

標本から計算した統計量である分散は，実際より大きい値か，あるいは小さい値かの，いずれかの傾向値となる．これは，推定値 $\hat{\theta}$ には分散に加えて偏りが存在するからである.

この偏りを補正するのがジャックナイフ法である．したがって，ノンパラメトリック統計量(データの仮定が未知)を使って評価するのには，平均二乗誤差(MSE：mean suquared error)を用いて評価する必要があり，次式となる.

$$MSE(\hat{\theta}) = 分散(s_e^*)^2 + 偏り \alpha \tag{2.25}$$

この式(2.25)の平均二乗誤差を構成する分散 $(s_e^*)^2$ は，偶然のばらつきであるので対処の施しようがないが，偏り α は打ち消す必要がある．すなわち，データ分布の形状が未知でありながら，偏りを打ち消し，分散(偶然のばらつき)だけにした統計量 $(s_e^*)^2$ のルートをとり，標準誤差 s_e^* として対処する必要がある．これがジャックナイフ法である.

なお，このノンパラメトリック推定の目的は，潜在的な基礎分布に対して①小さい分散 $(s_e^*)^2$，②偏り $|\alpha|$ の絶対値の小さいことがロバスト推定量の基本条件となる.

2.15.4 ジャックナイフ法の考え方

ジャックナイフ法は，最初から1つのサンプルを外し，残りの複数の標本 $n-1$ (1つ外した)で平均値を求める．これをすべての標本の組合わせについて行う．1つの標本を外すことによって残りの標本の平均値は，真の平均値(未知)より大きかったり小さかったりするが，全体として，1つ外したすべての標本の平均をとると均一化されて，全データの真(未知)の値に近い平均値と一致するというのが，ジャックナイフ法の考え方である.

2.15.5 ジャックナイフ法における推定誤差の意味

統計で代表性を表すものの一つは平均値であるが，その平均値の限界は推定誤差により知ることができる．統計で扱う正規分布は，データの形状がわかるので，平均値とばらつきの誤差の関係がつかめ，誤差を数式により計算することができる．

しかし，複雑でデータ分布の形状がわからないような場合には，パラメータの中心を求めることができず，誤差の推定ができない．そこで活躍するのがジャックナイフ法である．

2.15.6 擬似値とは

例えば，すべてのデータを $x_1, x_2, \cdots, x_{15}$ とするとき，1つのデータを外したときの値は，$x_1^* = 15 \times \bar{x} - 14 \times \bar{x}(1)$ であり n 個の x_i^* が求まる．この x_1^* は，すべてのデータの値 $15 \times \bar{x}$ と，x_1 のデータを1つ外した平均値 $14 \times \bar{x}(1)$ により再現計算される値であり擬似値 x_i^* と呼んでいる．

なお，すべてのデータの組合せについて擬似値 x_i^* を求めてみると，次式となる．

$$x_i^* = n\bar{x} - (n-1)\bar{x}(i), \quad (i=1, 2, 3, \cdots, n) \tag{2.26}$$

2.15.7 擬似値の平均を求めてみる

擬似値 x_i^* を合計して n で割ると擬似値の平均を求めることができる．この擬似値の平均値 $\bar{x}^*$ は，ジャックナイフ法により偏りを修正した値であり，ジャックナイフ推定量と呼ばれ，次式となる．

$$\bar{x}^* = \frac{\sum_{i=1}^{n} x_i^*}{n} \tag{2.27}$$

2.15.8 擬似値の標準誤差を求めみる

擬似値の標準誤差 s_e^* は，擬似値の標準偏差 s^* の $1/\sqrt{n}$ であり，次式となる．

$$s_e^* = \frac{s^*}{\sqrt{n}} = \sqrt{\frac{\sum_{i=1}^{n}(x_i^* - \bar{x}^*)^2}{n-1}} \cdot \frac{1}{\sqrt{n}} \tag{2.28}$$

2.15.9 擬似値の特徴

① 擬似値は平均値の場合には完全に再現できるが，平均値以外の統計量（標準偏差，相関係数など）である場合は，完全に再現することはできない．
② 擬似値は，1つのデータを外す$n-1$により外れ値がとれる．
③ 擬似値は，自由度$n-1$の平均値の差のt分布をする．

2.15.10 偏りを打ち消す理論

一般的には，標本からの分散の期待値$E(V_n)$は，真の分散θと理論的に一致する．つまり，$E(V_n) = \theta$となる．

しかし，データの採取の仕方により，この分散の期待値は$E(V_n) = \theta + \dfrac{\alpha(偏り)}{n}$となり，偏りが発生する．この偏りを打ち消す手法がジャックナイフ法である．このジャックナイフ法は，偏り消去の擬似値$\overline{V}_n^* = nE(V_n) - (n-1)E(V_{n-1})$を求める公式により，母集団の特性である分散のみを残し，偏りを補正する．

次に，この偏りを打ち消す理論を述べる．未知の偏りαを消して真の分散の期待値$E(V_n)$を求めるのは，次のようになる．

標本からの期待値の分散のn倍，つまり①$nE(V_n) = n(\theta + \dfrac{\alpha}{n}) = n\theta + \alpha$と，同じく1つ外した期待値の分散の$(n-1)$倍，つまり②$(n-1)E(V_{n-1}) = (n-1) \cdot (\theta + \dfrac{\alpha}{n-1}) = (n-1)\theta + \alpha$から，①式－②式で偏り$\alpha$を消去する．

$\overline{V}_n^* = nE(V_n) - (n-1)E(V_{n-1})$より，$\overline{V}_n^* = n\theta + \alpha - [(n-1)\theta + \alpha]$は，$\overline{V}_n^* = n\theta - (n-1)\theta$であり，次式$\overline{V}_n^* = n\theta - n\theta + \theta = \theta$となるが，ここで①$n$，②$n-1$は，期待値$E$の確率に関係しないので期待値$E$の中に入れると，次式となる．

$$E[nE(V_n) - (n-1)E(V_{n-1})] = \theta \tag{2.29}$$

補足説明として，期待値はサンプルを1つ外そうが外すまいが期待値Eであるが，偏りはサンプル数の多い少ないに影響されるので$1/n-1$倍する．

2.16 ジャックナイフ法の分析例

2.16.1 ［例2.3］ 平均値をジャックナイフ法で求める

母集団から抽出した標本データ：20, 30, 40, 50, 60, 70, 80, 90につき，ジャックナイフ推定値（平均），表2.7，表2.8を求めてみる．

表2.7 擬似値の計算表（平均）

No.	データ	$\bar{x}(i)$	$n\bar{x}-(n-1)\bar{x}(i)$	$\bar{x}$	n
1	20	60.000	20.000	55.000	8
2	30	58.751	30.000	55.000	8
3	40	57.143	40.000	55.000	8
4	50	55.714	50.000	55.000	8
5	60	54.286	60.000	55.000	8
6	70	52.857	70.000	55.000	8
7	80	51.429	80.000	55.000	8
8	90	50.000	90.000	55.000	8
平均	55		55.000		

表2.8 データを1つ外した場合の平均値の計算表

No.	データ	データ	データ	データ	データ	データ	データ	データ
1	30	20	20	20	20	20	20	20
2	40	40	30	30	30	30	30	30
3	50	50	50	40	40	40	40	40
4	60	60	60	60	50	50	50	50
5	70	70	70	70	70	60	60	60
6	80	80	80	80	80	80	70	70
7	90	90	90	90	90	90	90	80
$x(i)$	60.000	58.571	57.143	55.714	54.286	52.857	51.429	50.000

擬似値よりジャックナイフの推定値を求めてみる．

擬似値の平均値は $\bar{x}^* = \dfrac{\sum_{i=1}^{n} x_i^*}{n} = 55.0$ である．

擬似値の標準誤差 s_e^* を求めてみると，擬似値の標準偏差 s^* を $\sqrt{n}$ で割ったものである．

$$s^* = \sqrt{\frac{\sum_{i=1}^{n}(x_i^*-\bar{x}^*)^2}{n-1}} = 24.495, \quad s_e^* = \frac{s^*}{\sqrt{n}} = \frac{24.495}{\sqrt{7}} = 8.66$$

ジャックナイフ統計量および標本分布(図2.16)の信頼度を求めてみる.

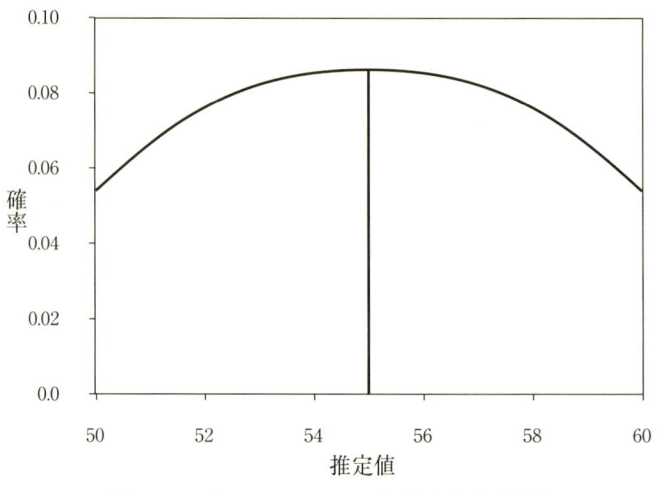

図2.16 ジャックナイフの標本分布(平均値)

信頼度のパーセンタイル:2.5%(50.25)〜97.5%(59.75)を示す.また,ジャックナイフ統計量の実現値,平均値,偏りを求めてみる.

表2.9 ジャックナイフ統計量

現実値	偏り	平均値	標準誤差
55.0	0.000	55.0	8.660

表2.9の平均値のジャックナイフ統計量の実現値(55)は,平均値(55)−偏り(0)で求められるが,平均値の平均値であるから偏りはない.

2.16.2 [例2.4] 相関分析のジャックナイフ法

表1.2(p.17)のチラシ広告費と売上高の相関係数を計算してみると,相関係数は$r = 0.954$である.このデータから擬似値$nr - (n-1)r(i)$,表2.10を求めジャックナイフの分析を行ってみる.

2.16 ジャックナイフ法の分析例

表2.10 擬似値の計算表(相関)

月度	チラシ広告費	売上高(万円)	$r(i)$	$nr-(n-1)r(i)$	r	n
1	8.5	450	0.964	0.844	0.954	12
2	6.6	350	0.954	0.954	0.954	12
3	7.0	300	0.969	0.789	0.954	12
4	6.3	320	0.953	0.965	0.954	12
5	6.0	310	0.952	0.976	0.954	12
6	5.5	330	0.958	0.910	0.954	12
7	13.0	550	0.937	1.141	0.954	12
8	12.3	560	0.934	1.174	0.954	12
9	9.3	450	0.953	0.965	0.954	12
10	5.9	330	0.954	0.954	0.954	12
11	8.3	360	0.964	0.844	0.954	12
12	6.1	320	0.952	0.976	0.954	12
平均	8.15			0.954		

ジャックナイフ統計量および標本分布(図2.17)の信頼度を求めてみる.

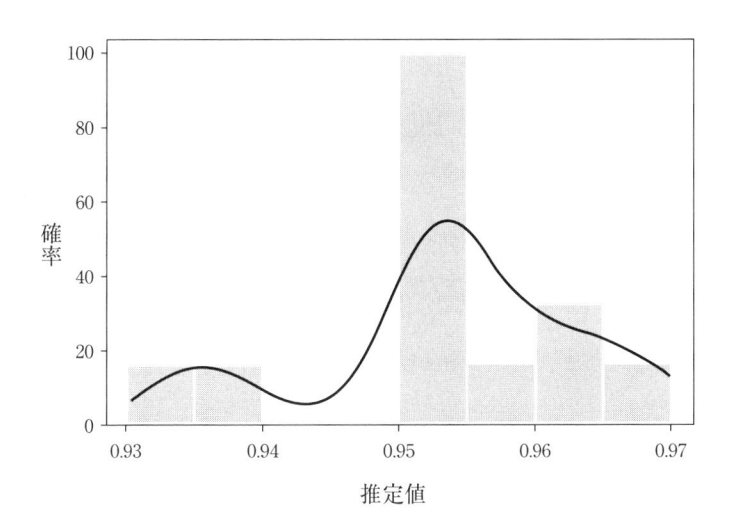

図2.17 ジャックナイフ標本分布(相関)

信頼度のパーセンタイル:2.5%(0.934)〜97.5%(0.967)を示す.

実現値のジャックナイフ統計量(擬似値の平均値),ジャックナイフ標本分布の平均値,偏りを求める.

第2章 線形回帰分析

表 2.11 ジャックナイフ統計量

実現値	偏り	平均値	標準誤差
0.954	−0.0008	0.953	0.032

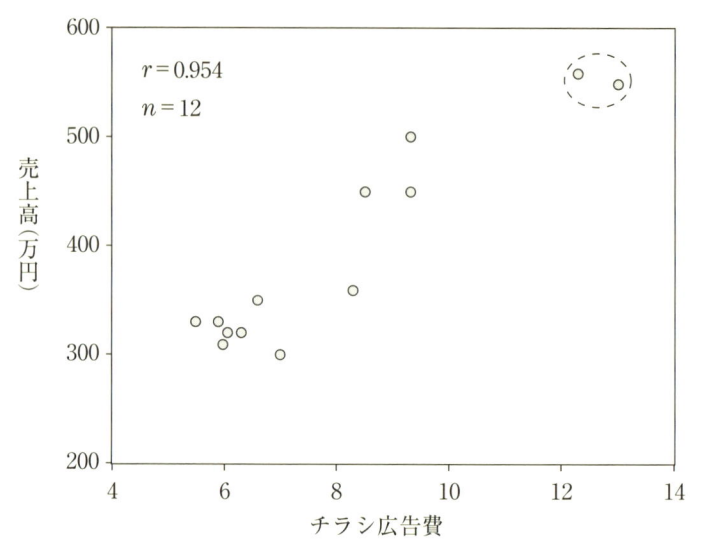

図 2.18 チラシ広告費と売上高の相関散布図

表 2.11 の相関分析の実現値のジャックナイフ統計量の 0.954 は，平均値 (0.9537) − 偏り (−0.0008) で求められるが，相関係数の擬似値の平均値であるから多少偏りが発生している．

相関散布図を作成し，表 2.11 の擬似値の平均値による外れ値の検討を行う．

相関散布図（図 2.18）上で，7月度は 1.141，8月度は 1.174 の擬似値であり，平均値のジャックナイフ推定値は，0.954 に比較して 1 を超えており，少し外れていることがわかる．

2.16.3 ［例 2.5］ 表 1.2(p.17) のチラシ広告費と売上高より回帰分析のジャックナイフ法

ジャックナイフ統計量および標本分布図 2.19，図 2.20 の信頼度を求めてみる．

2.16 ジャックナイフ法の分析例

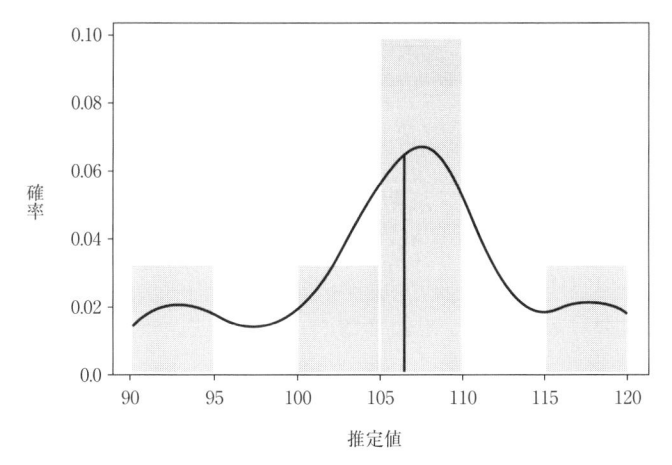

図 2.19 ジャックナイフ標本分布（定数項）

図 2.19 に定数項 $\hat{a}$ の信頼度のパーセンタイル：2.5%（92.22）～ 97.5%（118.21）

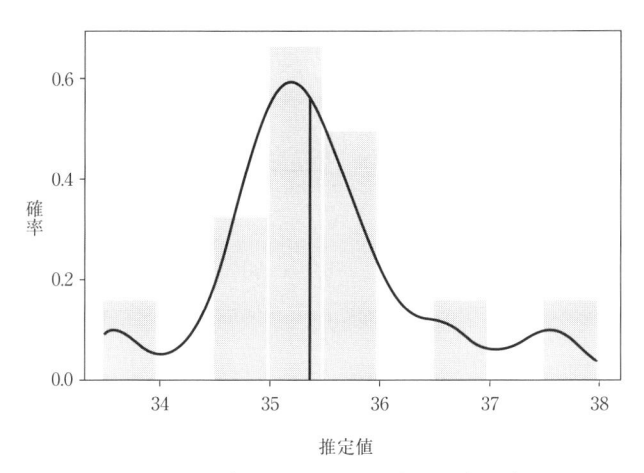

図 2.20 ジャックナイフ標本分布（傾き）

図 2.20 の傾き $\hat{b}$ 信頼度のパーセンタイル：2.5%（33.82）～ 97.5%（37.29）を示す．

表 2.12　ジャックナイフ統計量

回帰係数	実現値	偏り	平均値	標準誤差
$\hat{a}$	106.4	−0.313	106.1	25.336
$\hat{b}$	35.37	0.0397	35.41	3.174

第 2 章　線形回帰分析

表 2.12 に回帰係数のジャックナイフ統計量を示すが，①回帰係数 $\hat{a}$ の実現値 (106.4) は，平均値 (106.1) −バイアス (−0.313) で求められる．また，②回帰係数 $\hat{b}$ の実現値 (35.37) は，平均値 (35.41) −バイアス (0.0397) で求められる．

2.16.4　ブートストラップ法対ジャックナイフ法の標準誤差の関係

一般的に，ブートストラップ法に対するジャックナイフ法の標準誤差は $\sqrt{n/(n-1)}$ 倍の関係にある．この分析の場合，分析のデータ数が少ないこともあり，その関係は表 2.6 (p.55) と表 2.12 の関係より，次のようになる．

定数項 $\hat{a}$ の標準誤差の場合は，27.438 ≒ 25.336 でありほぼ一致している．しかし，傾き $\hat{b}$ の標準誤差の場合は，3.861 ≒ 3.174 でありやや一致している．

2.17　最小二乗法とブートストラップ法の関係

最小二乗法は，散布データの中心点に回帰直線を引くだけである．一般的に，目的変量の分布が正規分布をしていれば，回帰直線の当てはまりが良いモデルの残差は正規分布となる．しかし，目的変量の分布の形状が未知であれば，残差の正規性は保証されない．

すなわち正規分布の利点は，最も発生頻度の高い中心（平均）から $\pm 1\sigma$ の範囲の中に全体の 68% の誤差が収まるという仮定である．ここで活躍するのがブートストラップ法であり，母集団と標本の関係は 1 回抜き取った標本からの復元抽出により母集団を中心極限定理により擬似的に再現処理する．

2.18　例題 2：チラシ広告費と売上高の回帰分析

2.18.1　例題 2 の概要

ミニ・スーパーマーケットの 12 カ月間のチラシ広告費と売上高との関係の回帰分析を行い，信頼区間を求める．

あるミニ・スーパーの 12 カ月間の売上高（単位：万円）とチラシ広告費（表 1.2，p.17）の推移を見ると，お正月，お中元（夏，ビール，アイスなど）の影響で 1 月，6 月，7 月，8 月の売上高が少し高く，広告費も少し多く見られる．そこで，相関分析を行ってみる．なお，相関分析については，1.9 節（例題 1，p.16）で実施しているが，その検定結果は，統計的に有意差あり，となってい

る．したがって，回帰直線の信頼区間を求めることができる．

2.18.2 回帰分析の実務での活用法と結果の見方
(1) 残差グラフを用いた正規性の確認
回帰分析は，把握した因果関係にもとづき予測区間の推定を行うもので，その区間に残差を用いるので，その範囲をつかむ正規分布が必要であり，その確認を $P-P$ プロットグラフにより期待累積確率を基準に，残差累積確率の一致の度合いで確認する．

(2) 回帰データの当てはまり度合いの確認に2次元散布図を活用する
結果と原因の関係の当てはまり度合いを確認するためには決定係数と，2次元の散布図（残差の視覚グラフ）を用いる．

(3) 2次元散布図による結果の見方
2次元の散布図により結果を見るには，データのプロット点が回帰直線上にあるのか，あるいはその周辺にあり，どの程度散布しているかの検討が必要になる．

(4) ブートストラップ法による対処
一般的に回帰分析に使用する2つのデータ要因は，母集団からのサンプリングであるが，標本数が少なく，また正規分布しないときには，リサンプリングの処理としてブートストラップ法を使うものである．

2.18.3 回帰分析を実施する．
回帰分析の手順を図2.21に示す．

(1) 仮説を立案する．
 帰無仮説 H_0：回帰直線に傾き（$\beta = 0$）はない．
 対立仮説 H_1：回帰直線に傾き（$\beta \neq 0$）はある．

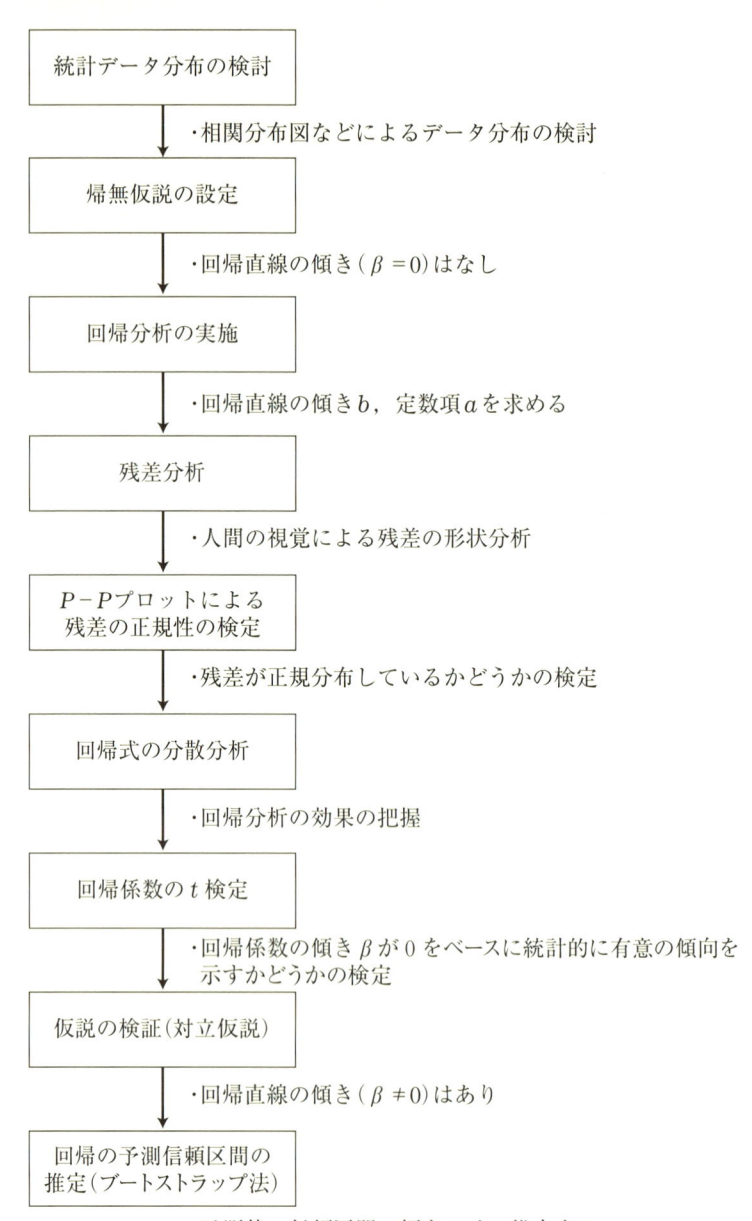

第 2 章 線形回帰分析

```
┌─────────────────────┐
│  統計データ分布の検討  │
└─────────────────────┘
          │ ・相関分布図などによるデータ分布の検討
          ▼
┌─────────────────────┐
│     帰無仮説の設定      │
└─────────────────────┘
          │ ・回帰直線の傾き($\beta = 0$)はなし
          ▼
┌─────────────────────┐
│    回帰分析の実施       │
└─────────────────────┘
          │ ・回帰直線の傾き $b$，定数項 $a$ を求める
          ▼
┌─────────────────────┐
│       残差分析         │
└─────────────────────┘
          │ ・人間の視覚による残差の形状分析
          ▼
┌─────────────────────┐
│ $P-P$プロットによる    │
│   残差の正規性の検定   │
└─────────────────────┘
          │ ・残差が正規分布しているかどうかの検定
          ▼
┌─────────────────────┐
│    回帰式の分散分析     │
└─────────────────────┘
          │ ・回帰分析の効果の把握
          ▼
┌─────────────────────┐
│   回帰係数の $t$ 検定   │
└─────────────────────┘
          │ ・回帰係数の傾き $\beta$ が 0 をベースに統計的に有意の傾向を
          │   示すかどうかの検定
          ▼
┌─────────────────────┐
│  仮説の検証(対立仮説)   │
└─────────────────────┘
          │ ・回帰直線の傾き($\beta \neq 0$)はあり
          ▼
┌─────────────────────┐
│ 回帰の予測信頼区間の    │
│ 推定(ブートストラップ法)│
└─────────────────────┘
          │ ・予測値に信頼区間の幅をつけて推定する
```

図 2.21　回帰分析の手順

(2) 分散比 F の計算(表 2.13)をする.
表 2.13 は回帰の分散分析表である.

表 2.13　回帰の分散分析表

変動	平方和	自由度	分散	分散比
回帰の変動	86977.575	1	86977.575	102.157
残差の変動	8514.092	10	851.409	
総変動	95491.667	11		

この分散比 F は，回帰の分散 V_R を残差の分散 V_e で，どのくらい説明できるかの比率であり，与えられたデータに，回帰直線を当てはめた場合，母集団と標本の関係を通じた当てはまり度合いを表すものである．

すなわち，すべてのデータが回帰直線上にあれば，残差の変動 S_e は 0 となるが，回帰直線上からデータが離れれば，誤差分散 V_e は大きくなり，結果として分散比 F は小さくなる．

式(2.14)より，分散比は 102.157 となる．

$$F = \frac{V_R}{V_e} = \frac{\sum_{i=1}^{12}(\hat{y}_i - \overline{y})}{\sum_{i=1}^{12}(y_i - \hat{y})} = \frac{86977.575}{851.409} = 102.157$$

(3) 有意性を判定する．
いま，求めた分散比 F と F 分布表とを比較してみる．分散比 F がある程度大きいければ，標本データからの標本回帰係数 $b = 0$ が発生しにくくなる．

なお，分子の自由度は $\phi_R = 1$，分母の自由度は $\phi_e = 12 - 2 = 10$ であり，回帰式の自由度は，$\phi_{yy} = \phi_R + \phi_e$ より，$\phi_{yy} = 1 + 10 = 11$ となる．

回帰分析の結果は，あくまで標本データであるので母集団として考えた場合には，1%($\alpha = 0.01$)の有意水準 α で有効かどうかの判定を行う必要がある．

1%の有意性の判定は，F 分布が有意水準 1% と 2 つの自由度 $\phi_R = 1$，$\phi_e = 10$ とした場合，その裾の位置は $F(\phi_R, \phi_e, \alpha) = F(1, 10, 0.01) = 10.04$ と標本から計算された F 値 102.157 を比較すると，102.157 > 10.04 であり，その結果 1% の有意差あり($**$)となるので，帰無仮説 H_0：は棄却され，対立仮説

第2章　線形回帰分析

H_1 が採択する．すなわち，母回帰直線の傾き ($\beta \neq 0$) はある．

なお，F 分布表については，日科技連出版社ホームページから筆者作成の統計数値表をダウンロードして参照されたい（詳しくは p.vii 参照）．

(4) 回帰式の実際のデータへの当てはまりの程度を見る決定係数 R^2 を求める．

$R^2 = (0.954)^2 = 0.910$ より，当てはまりの程度は 91% と良好なようである．

(5) 回帰式のパラメータである式(2.10)の回帰係数 b と，式(2.11)の定数項 a を求めると，回帰係数は 35.371 となる．

$$b = \frac{S_{xy}}{S_{xx}} = \frac{2459}{69.52} = 35.371$$

また，定数項は 106.401 となる．

$$a = \bar{y} - b\bar{x} = 385.8 - 35.371 \times 7.9 = 106.401$$

したがって，図 2.22 の回帰直線の予測式は，次式となる．

$$\hat{y} = 106.401 + 35.371x$$

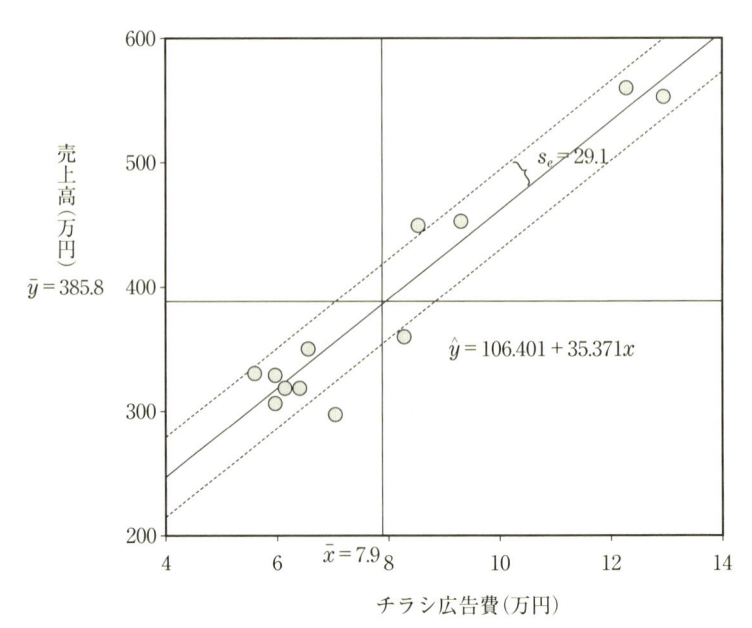

図 2.22　回帰直線

2.18.4　パラメータの有意性の t 検定を行ってみる

（1）　仮説の立案する．
帰無仮説 H_0：回帰係数の傾き（$\beta = 0$）はなし．
対立仮説 H_1：回帰係数の傾き（$\beta \neq 0$）はあり．

（2）　t 値を計算する．

t 値は，$t = \dfrac{b}{\dfrac{s_e}{\sqrt{S_{xx}}}}$ であり，$s_b = \dfrac{s_e}{\sqrt{S_{xx}}} = \dfrac{29.178}{8.337} = 3.499$

より，t 値は 10.108 となる．

$$t = \frac{b}{s_b} = \frac{35.371}{3.499} = 10.108$$

（3）　有意性を判定する．

有意水準 5%（$\alpha = 0.05$）で自由度 $12 - 2 = 10$ である場合，t 分布の裾の位置は，$t(\phi_e,\ \alpha) = t(10,\ 0.05) = 2.228$ と標本データから計算した t 値は 10.108 なので 10.108 > 2.228 となり，5% 有意差あり（＊）と判断される．

したがって帰無仮説 H_0：傾き（$\beta = 0$）なしを棄却するので，対立仮説 H_1 を採択する．

すなわち，この回帰式は，傾き（$\beta \neq 0$）ありとなる．

なお，t 分布表については日科技連出版社のホームページから筆者作成の統計数値表をダウンロードして参照されたい（詳しくは p.vii 参照）．

2.18.5　ブートストラップ法により求めた標準誤差 $s_e(\hat{b})$ に対して t 検定を行ってみる

標準誤差 $s_b = s_e(\hat{b}) = 3.861$ より t 値を計算すると 9.161 となる．

$$t = \frac{b}{s_b} = \frac{35.371}{3.861} = 9.161$$

この有意性の判定は，t 分布が有意水準 5%（$\alpha = 0.05$）と自由度 ϕ_e とした場合の裾の位置は，$t(\phi_e,\ \alpha) = t(10,\ 0.05) = 2.228$ となるが，ブートストラップ標本から計算した t 値 9.161 を比較すると，9.161 > 2.228 となり，5% の有意差あり（＊）と判定される．

したがって帰無仮説 H_0：傾き（$\beta = 0$）なしを棄却して，対立仮説 H_1 を採択する．すなわち，この回帰式は，傾き（$\beta \neq 0$）ありとなる．

ブートストラップ法による t 検定の結果は，一般の検定に比較して標準誤差 $s_e(\hat{b})$ が大きいので，t 値は小さくなるので有意性の判定は少し厳しくなっている．

2.18.6　P−P プロットによる正規性の検討
(1)　P−P プロットとは

$P-P$ プロット（probability-probability plot）とは，2つのデータ分布を比べるとき，その原理に正規確率紙（normal probability paper）を用いるものであり，①データの累積分布と，②想定されるモデル（確率分布）の累積分布を比較するものである．

なお，正規確率紙とは，正規分布に従うデータについて，その累積分布が直線になるように目盛の取り方を定めた方眼紙であり，累積分布の中のモデルに相当する部分が，正規分布の場合には対角直線になるように目盛を刻んだものある．

(2)　P−P プロットの作成の手順

図 2.23 に $P-P$ プロットを示す．

① 残差データを昇順に並べ替え，平均値と標準偏差を求める

$$\text{平均値}\ \overline{x} = \sum_{i=1}^{n} x_i = 0,\quad \text{標準偏差}\ s = \sqrt{\frac{\sum_{i=1}^{n}(x_i - \overline{x})^2}{n-1}} = 27.82$$

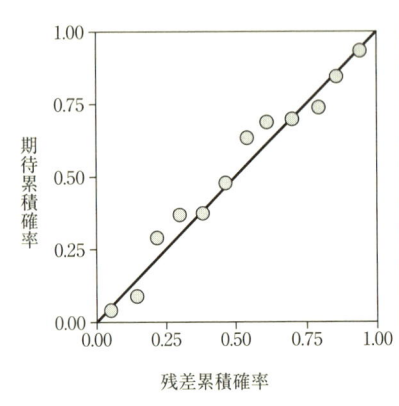

月度	残差データ	残差(度数)	残差相対比率(%)	残差累積確率(%)	標準化データ	期待累積確率(%)
3	−54.0	1	8.3	8.3	1.941	2.6
11	−40.0	1	8.3	16.7	1.437	7.6
7	−16.2	1	8.3	25.0	0.583	28.1
4	−9.2	1	8.3	33.3	0.332	37.1
5	−8.6	1	8.3	41.7	0.310	37.8
12	−2.2	1	8.3	50.0	0.078	47.2
2	10.1	1	8.3	58.3	0.364	64.1
9	14.6	1	8.3	66.7	0.526	69.9
10	14.9	1	8.3	75.0	0.536	70.2
8	18.5	1	8.3	83.3	0.656	74.5
6	29.1	1	8.3	91.7	1.044	85.1
1	42.9	1	8.3	100.0	1.544	93.8
合計	0.0	12	100.0	—	—	—

図 2.23　$P-P$ プロット（残差累積確率・期待度累積確率）

② 残差データを標準化し絶対値をとる

標準化とは，各残差データ x_i，($i = 1, 2, \cdots, 12$)の位置と幅を揃えることをいう．その計算された標準化データの絶対値 $|u_i|$ をとる．なお，3月度と2月度の残差データを例にとり，標準化データの計算をしてみると，次のようになる．

$$|u_3| = \frac{x_3 - \bar{x}}{s} = \left|\frac{-54.0 - 0}{27.82}\right| = 1.941$$

$$|u_2| = \frac{x_2 - \bar{x}}{s} = \left|\frac{10.1 - 0}{27.82}\right| = 0.364$$

③ 期待累積確率を求める

残差の標準化データより，標準正規分布(全面積の確率 1 − 裾(確率)の統計数値表)を引く．その手順は，各標準化データ $|u_i|$ につき標準正規分布の $Z|u_i|$ より，その数値表の確率を求める．正規分布の中心より，残差データ左裾(−)部分 $|u_3|$ は，数値表の確率 p においては，そのままの期待累積確率 ($Z = 1.941 \Rightarrow p \Rightarrow 0.026$)，$E_i$ となる．しかし，正規分布の中心より，残差データ右裾(+)部分 $|u_2|$ は，期待累積確率(中心のほうが確率が高い)，($Z = 0.364 \Rightarrow p = 1 - 0.359 = 0.641$)，$E_i = 1 - p$(数値表の確率)となる．

④ 残差累積確率を求める

残差相対比率 f_i は，1件分の残差(度数 h_i)を残差度数の合計 $\sum_{i=1}^{n} h_i$ で割ったもので，次式となる．

$$f_i = \frac{h_i}{\sum_{i=1}^{n} h_i} \times 100, \quad (1/12 \times 100 = 8.3)$$

また，残差累積確率 R_i を求めるため f_i を累積 $R_i = \sum_{i=1}^{n} f_i$ とする．

図 2.23 より，データの残差累積確率 R_i を横軸に，期待累積確率 E_i を縦軸にとり散布図を描いてみると $P–P$ プロットが完成する．

(3) $P–P$ プロットによる残差の正規性の検討

$P–P$ プロット(図 2.23)は，残差が正規分布した場合の期待累積確率を基準に，残差累積確率とを突き合わせて一致するかどうかをグラフから視覚的に判

定するものである．その双方が一致した場合，すなわち，プロット点が直線上の周囲に密集すれば正規分布に従っていると思われる．この場合の残差（売上高）は，直線上の周囲に点在しているので，この残差は，正規分布をしていると判断される．したがって信頼区間の推定が可能となる．

2.18.7 残差分析
(1) 残差の計算
予測値と残差・テコ比（表 2.14）より予測値を求めてから残差の計算をする．例えば，1月度の予測値を求めると 407.056 となる．

$\hat{y}_1$月度 $= 35.371 \times x_1$月度（チラシ広告費）$+ 106.401 = 35.371 \times 8.5 + 106.401 = 407.056$

次に，1月度の残差を求めると 42.944 になる．

e_1月度残差 $= y_1$月度売上高 $- \hat{y}_1$月度予測売上高 $= 450 - 407.056 = 42.944$

表 2.14 予測値と残差・テコ比

月度	売上高	予測値	残差	標準化残差	残差 t 値	テコ比
1	450	407.056	42.944	1.472	1.675	0.089
2	350	339.851	10.149	0.348	0.352	0.108
3	300	353.999	-53.999	-1.851	-2.341	0.095
4	320	329.240	-9.240	-0.317	-0.322	0.120
5	310	318.628	-8.628	-0.296	-0.303	0.135
6	330	300.943	29.057	0.996	1.102	0.166
7	550	566.226	-16.226	-0.556	-0.738	0.457
8	560	541.466	18.534	0.635	0.779	0.362
9	450	435.353	14.647	0.502	0.513	0.112
10	330	315.091	14.909	0.511	0.531	0.141
11	360	399.982	-39.982	-1.370	-1.525	0.086
12	320	322.165	-2.165	-0.074	-0.076	0.130
合計	－	－	0.000	－	－	－

残差分析は，正規性の仮定はあまり重要ではないといわれている．ただし，予測のときには t 分布を使用するので重要である．

(2) 視覚による残差分析
図 2.24 の残差（売上高）の傾向は，グラフ上で，ほぼ真円に散らばっているので，残差と予測値は，ほぼ無相関である．

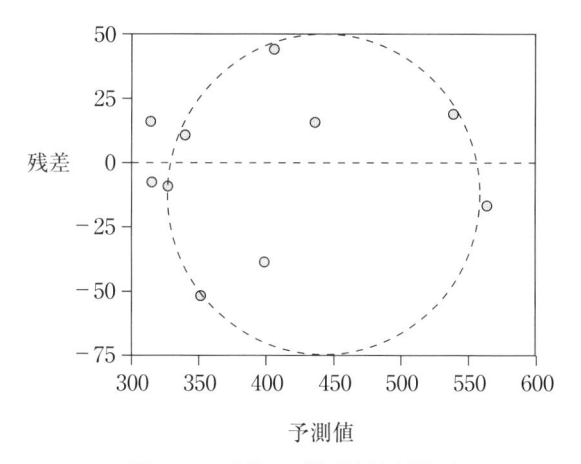

2.18 例題2：チラシ広告費と売上高の回帰分析

図 2.24 残差の形状分析（連関図）

予測のときは t 分布を使用するので標準化残差のヒストグラムを眺め，標準化残差（図 2.25）が正規分布の形状をしているかどうかを確認する．この標準化残差はヒストグラムを描き，確認する．

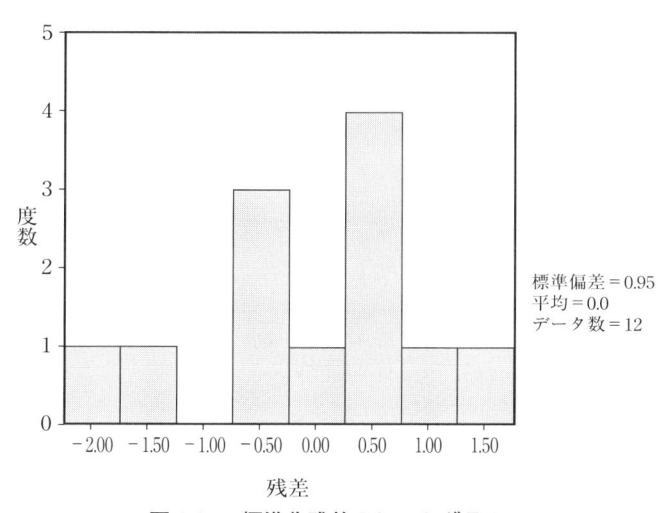

標準偏差 = 0.95
平均 = 0.0
データ数 = 12

図 2.25 標準化残差のヒストグラム

(3) テコ比の検討

表 2.14(p.72) より各サンプルのテコ比を検討してみると基準値は，$2.5 \times \dfrac{2}{n}$ = $2.5 \times \dfrac{2}{12}$ = 0.416 以内であるが，この基準値とほぼ同じ大きさのサンプル

No.7 は 0.457 であり，よしと判断した．

2.18.8　回帰分析の結果の信頼区間を求めてみる

予測値の信頼区間を求めるのは式(2.19)より，次のようになる．

$$\hat{y}_l^u = \hat{y}_i \pm t(\phi, \alpha) \cdot s_e \sqrt{\frac{S}{S_{xx}} + \frac{1}{n} + 1}$$

この公式を用いて，1月度の予測値の売上高の95%の上限 u および95%の下限 l の信頼区間を求めてみる．まず，回帰直線からの誤差の標準偏差 s_e は29.178 となる．

また，最小二乗法で求めた標準誤差は $s_b = s_e/\sqrt{S_{xx}} = 29.178/\sqrt{69.52} = 3.499$ である．これに対してブートストラップ法で求めた標準誤差は $s_e(\hat{b}) = 3.861$ であるので，大きくなっている．その結果が図 2.26 の予測値と信頼区間に表れる．

$$s_e = \sqrt{\frac{\sum_{i=1}^{n}(y_i - \hat{y})^2}{n-2}} = \sqrt{\frac{8514.0927}{12-2}} = 29.178$$

次に，95%の信頼度（両側）は $\alpha = 0.05$ より，$t(\phi, 0.05)$，$\phi = n-2 = 12-2 = 10$ の t 分布表は $t(10, 0.05) = 2.228$ となる．さらに，1月度の売上高の95%の予測値の信頼区間は，$S = \sum_{i=1}^{1}(x_i - \overline{x})^2$ より，信頼区間は $339.243 \leq \hat{y}_l^u \leq 474.869$ となる．

$$\hat{y}_l^u = \hat{y}_o \pm t(\phi, \alpha) \cdot s_e \sqrt{\frac{S}{S_{xx}} + \frac{1}{n} + 1}$$

$$= 407.05 \pm 2.228 \times 29.178 \times \sqrt{\frac{\sum_{i=1}^{n}(8.5 - 7.9)^2}{69.52} + \frac{1}{12} + 1}$$

$$= 339.231 \leq \hat{y}_l^u \leq 474.881$$

予測値と残差・テコ比，表 2.15，図 2.26 より，12カ月分の予測値と信頼区間は，次年度1月度のチラシ広告費7.2万円の支出すると売上高の予測値361.073万円となり95%の売上高の信頼区間は，$293.190 \leq \hat{y}_l^u \leq 428.956$ となる．

なお，t 分布表については，日科技連出版社のホームページから筆者作成の

2.18 例題2：チラシ広告費と売上高の回帰分析

統計数値表をダウンロードして参照されたい（詳しくは p.vii 参照）．

表2.15　予測値と信頼区間［ブートストラップ法（B）を含む］

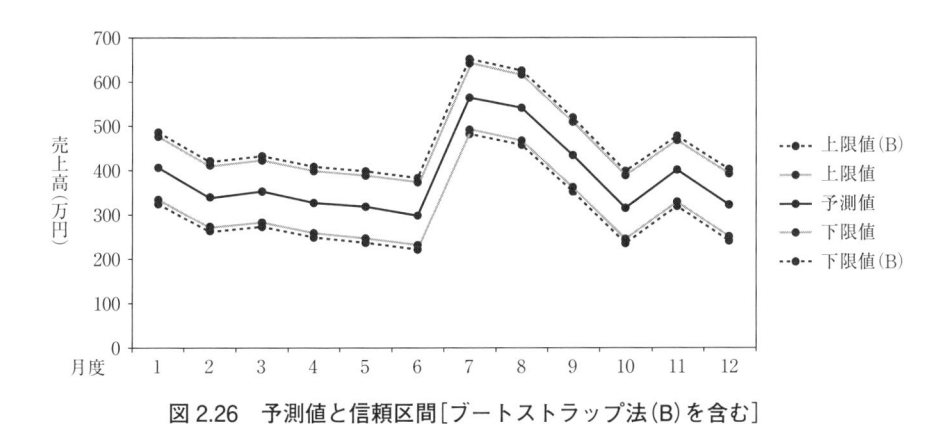

月度	売上高	予測値	下限値	上限値	下限値(B)	上限値(B)
1	450	407.056	339.231	474.881	332.232	481.880
2	350	339.851	271.433	408.269	264.373	415.329
3	300	353.999	285.973	422.025	278.953	429.045
4	320	329.240	260.436	398.043	253.336	405.143
5	310	318.628	249.362	387.894	242.215	395.042
6	330	300.943	230.740	371.146	223.495	378.390
7	550	566.226	487.744	644.708	479.645	652.807
8	560	541.466	465.603	617.329	457.775	625.158
9	450	435.353	366.815	503.891	359.742	510.963
10	330	315.091	245.654	384.528	238.489	391.693
11	360	399.982	332.247	467.717	325.257	474.707
12	320	322.165	253.062	391.269	245.931	398.400
合計	—	361.073	293.190	428.956	—	—

図2.26　予測値と信頼区間［ブートストラップ法（B）を含む］

2.18.9　ブートストラップ法による予測値と信頼区間を求めてみる

2.14節のステップ(7)の回帰係数の目的変量 $y(y_i^*)$（新売上高）は，1回目の残差に乱数を発生させ求めるが，B 回異なるが，説明変量 x_i（チラシ広告）は $\sqrt{S_{xx}}$ $= \sqrt{\sum_{i=1}^{B} S_{xx}/B}$ である．したがって式(2.16)より $s_e(\hat{b}) \cdot \dfrac{s_B}{\sqrt{S_{xx}}}$ から，

$S_B = s_e(\hat{b}) \cdot \sqrt{S_{xx}}$ を算出する．

1月度の売上高の予測値の95%信頼区間の標準偏差 s_B は，標準誤差 $s_e(\hat{b})$ に $\sqrt{偏差平方和 S_{xx}}$ を掛けて求めている．$s_B = s_e(\hat{b}) \cdot \sqrt{S_{xx}} = 3.861 \times 8.337 = 32.189$ であり，予測式は，次式となる．

$$\hat{y}_l^u = \hat{y}_i \pm t(\phi, \alpha) \cdot s_B \sqrt{\frac{S}{S_{xx}} + \frac{1}{n} + 1}$$

$$= 407.05 \pm 2.228 \times 32.189 \times \sqrt{\frac{\sum_{i=1}^{n}(8.5-7.9)^2}{69.52} + \frac{1}{12} + 1}$$

したがって $332.232 \leq \hat{y}_l^u \leq 481.880$

2.18.10 まとめ

標本分散の計算は，サンプリング標本の平均値を使用するため小さくなってしまう．それに対してブートストラップ法による推定は，ブートストラップ計算による標準誤差 $s_e(\hat{b})$ を使用するので，一般の予測に比べて信頼区間の推定幅が少しだけ広くなる．

(1) この分析結果から何が読み取れるか

回帰モデルを確定するために必要な次の①〜⑤までの項目が判明した．

① 売上高に対する広告の因果関係の当てはまり具合を示す寄与率は R^2(91%) となり説明力がある．

② 標本データを用いる場合正しくサンプリングされているかどうかの検証が必要である．

(a) データに回帰直線を当てはめた場合の当てはまり具合いを表すものが F 比であり，

$F(102.157) > 10.04 \; [F(1, 10, 0.01)]$

より統計的な有意差検定(1%)は有意となる．

(b) 回帰モデルの説明変量は，$t(10.108) > 2.228 \; [t(10, 0.05)]$ より統計的な有意差5%がある．

③ 各サンプルが予測値に対してどのくらい関与しているかを見るテコ比は，基準値 0.416 の範囲内にほぼ収まっている．

④ 残差は，$P-P$ プロットの分析により正規分布をしているので，母集団

から標本をサンプリングし理論分布により信頼度の範囲をつけて推定することが可能となった.

以上より回帰モデルを作成し，新規のデータに信頼区間をつけて母集団を予測する条件は整った.

(2) この分析の結果をどう活用して行けばよいか

回帰モデルより，新規の広告費支出に対する売上高を予測シミュレーションすることが可能になる．ここでは，チラシ広告費を7.2万円を支出した場合の新しい年度の予測値は$\hat{y}(361.073)$を中心に，信頼区間の範囲をつけて $293.190 \leqq \hat{y}_i^u \leqq 428.956$ となる.

第3章

非線形回帰分析

非線形回帰分析とは，主として曲線などのデータを扱う回帰分析であり，次のようになる．
① 2次曲線の傾向線を扱う回帰分析
② 指数曲線の傾向線を扱う回帰分析
③ ロジスティック曲線の理論曲線を扱う回帰分析

なお，傾向線は短期変動の予測を分析の対象とするが，理論曲線は長期変動の予測が対象となる．

3.1 予測とは

3.1.1 予測の考え方

傾向変動を規定している諸要因(商品の品質，価格，広告宣伝，人口数，購買力など)は除き，それらの諸要因の根底を流れている時間要因のみを用いて，その先の近い時点では構造が変動しないという前提で予測(forecasting)をする．

3.1.2 時系列データとクロスセクションデータ

時系列データ(time series data)とは，データが時間の順に並んでいる季節変動を含まない年次のデータで，構造変化が定まっているもので，時間の流れにともない推移するデータである．

クロスセクションデータ(cross section data)とは，ある一定の時点の横断面のデータである．

3.2 2次曲線の回帰分析

3.2.1 2次曲線とは

図3.1の2次曲線(quadratic curve)とは，データの変化の方向が，はじめは減少し，あとで増加するU字曲線，あるいはまず増加し，その後減少する

第3章 非線形回帰分析

場合に当てはまる逆U曲線などがある．また，2次曲線のモデル式は，実現値 y_t であり n 個の時点 t に対応するものでパラメータは a, b, c であり，次式となる．

$$y_t = a + bt + ct^2 \quad (t = 1, 2, \cdots, n) \tag{3.1}$$

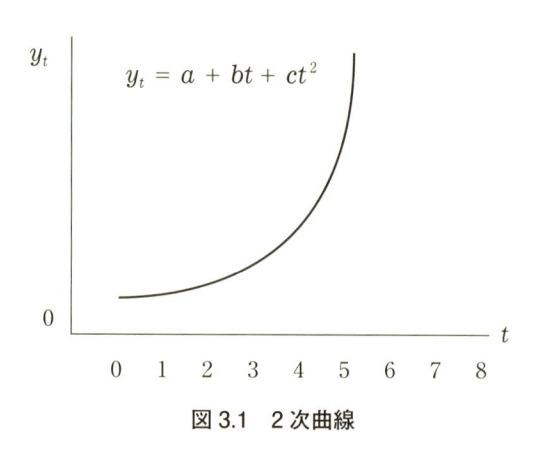

図3.1　2次曲線

2次曲線の特徴は以下のとおりである．

$t \to \pm\infty$ のとき $y_t \to \pm\infty$ になるため，遠い時点の将来予測には，2次曲線を使用することはできない．したがって，その有効範囲には限界がある．以下，放物線の性質は次のようになる．

① 下向き放物線は $c > 0$ であり，時点 $t \to \pm\infty$ のとき y_t は無限に大きくなり極小値をもつ．

② 上向き放物線は $c < 0$ であり，時点 $t \to \pm\infty$ のとき y_t は無限に小さくなり極大値をもつ．

3.2.2　2次曲線の回帰分析の理論

実現値を y_t とすると，予測値 $\hat{y}_t$ は $\hat{y}_t = a + bt + ct^2$ で表すが，1次の傾き b，2次の傾き c，定数項 a である．この式のパラメータ a, b, c を求めてみる．

$$U = \sum_{i=1}^{n} e_t^2 = \sum_{i=1}^{n} (y_t - \hat{y}_t)^2 = \sum_{i=1}^{n} (y_t - a - bt - ct^2)^2 \tag{3.2}$$

式(3.2)の U が最小になるように a, b, c を決めるには U を a, b, c で偏微分して0とおけばよい．すなわち，これは合成関数の偏微分である．

3.2 2次曲線の回帰分析

$$\frac{\partial U}{\partial a} = 2\sum_{i=1}^{n}(y_t - a - bt - ct^2)(-1) = 0 : -2\sum_{i=1}^{n}(y_t - a - bt - ct^2) = 0$$

$$\frac{\partial U}{\partial b} = 2\sum_{i=1}^{n}(y_t - a - bt - ct^2)(-t) = 0 : -2\sum_{i=1}^{n}t(y_t - a - bt - ct^2) = 0$$

$$\frac{\partial U}{\partial c} = 2\sum_{i=1}^{n}(y_t - a - bt - ct^2)(-t^2) = 0 : -2\sum_{i=1}^{n}t^2(y_t - a - bt - ct^2) = 0$$

この偏微分の結果の3つの式の両辺を-2で割り整理すると，次のようになる．

$$\left\{\begin{array}{l}\sum_{i=1}^{n} y_t = na + b\sum_{i=1}^{n} t + c\sum_{i=1}^{n} t^2 \\ \sum_{i=1}^{n} t \cdot y_t = a\sum_{i=1}^{n} t + b\sum_{i=1}^{n} t^2 + c\sum_{i=1}^{n} t^3 \\ \sum_{i=1}^{n} t^2 \cdot y_t = a\sum_{i=1}^{n} t^2 + b\sum_{i=1}^{n} t^3 + c\sum_{i=1}^{n} t^4\end{array}\right\} \quad (3.3)$$

この式の中の y_t と t, t^2, t^3, t^4 に値を代入すれば a, b, c が求まる．また，式(3.4)よりデータ系列の中心に原点 $\sum_{i=1}^{n} t = 0$, $\sum t^3 = 0$ を移動すると計算が式(3.5)の①，②，③のように簡単になる．

$$\sum_{i=1}^{n} t = -l, \cdots, -3, -2, -1, 0, +1, +2, +3, \cdots, +l$$
$$= 0 \quad (3.4)$$

一般的には，奇数個のデータにするが，偶数個のデータの場合には，古いデータを1個すてるとよい．なお，データ系列の中心に原点を移動すると，$b\sum_{i=1}^{n} t = 0$, $a\sum_{i=1}^{n} t = 0$, $c\sum_{i=1}^{n} t^3 = 0$, $b\sum_{i=1}^{n} t^3 = 0$ となり，次のようになる．

$$\left\{\begin{array}{l}① \quad \sum_{i=1}^{n} y_t = na + c\sum_{i=1}^{n} t^2 \\ ② \quad \sum_{i=1}^{n} t \cdot y_t = b\sum_{i=1}^{n} t^2 \\ ③ \quad \sum_{i=1}^{n} t^2 \cdot y_t = a\sum_{i=1}^{n} t^2 + c\sum_{i=1}^{n} t^4\end{array}\right\} \quad (3.5)$$

連立方程式①，②，③を解いてパラメータ a, b, c を求めてみる．

式(3.5)の②よりパラメータ b を求めてみると，次式となる．

$$b = \frac{\sum_{i=1}^{n} t \cdot y_t}{\sum_{i=1}^{n} t^2}$$

式(3.5)の①と③より c を求めてみる．

まず，①を $\sum_{i=1}^{n} t^2$ 倍すると $\sum_{i=1}^{n} t^2 \sum_{i=1}^{n} y_t = na \sum_{i=1}^{n} t^2 + \sum_{i=1}^{n} t^2 c \sum_{i=1}^{n} t^2$ となる．次に，③を n 倍すると，$n \sum_{i=1}^{n} t^4 \cdot y_t = na \sum_{i=1}^{n} t^2 + nc \sum_{i=1}^{n} t^4$ となる．さらに，$n \sum_{i=1}^{n} t^2 \cdot y_t - \sum_{i=1}^{n} t^2 \sum_{i=1}^{n} y_t = c \left\{ n \sum_{i=1}^{n} t^4 - (\sum_{i=1}^{n} t^2)^2 \right\}$ より，求める c は次式となる．

$$c = \frac{n \sum_{i=1}^{n} t^2 \cdot y_t - \sum_{i=1}^{n} t^2 \sum_{i=1}^{n} y_t}{n \sum_{i=1}^{n} t^4 - (\sum_{i=1}^{n} t^2)^2} \tag{3.6}$$

式(3.5)の①，③より a を求める．

まず，①を $\sum_{i=1}^{n} t^4$ すると $\sum_{i=1}^{n} t^4 \sum_{i=1}^{n} y_t = na \sum_{i=1}^{n} t^4 + c \sum_{i=1}^{n} t^4 \sum_{i=1}^{n} t^2$ となる．

次に，③を $\sum_{i=1}^{n} t^2$ 倍すると，④ $\sum_{i=1}^{n} t^2 \sum_{i=1}^{n} t^2 \cdot y_t = a \sum_{i=1}^{n} t^2 \sum_{i=1}^{n} t^2 + c \sum_{i=1}^{n} t^4 \sum_{i=1}^{n} t^2$ となる．

さらに，①−④は，次の式 $\sum_{i=1}^{n} t^4 \sum_{i=1}^{n} y_t - \sum_{i=1}^{n} t^2 \sum_{i=1}^{n} t^2 \cdot y_t = a \left\{ n \sum_{i=1}^{n} t^4 - \sum_{i=1}^{n} t^2 \sum_{i=1}^{n} t^2 \right\}$ より，求める a は，次式となる．

$$a = \frac{\sum_{i=1}^{n} y_t \sum_{i=1}^{n} t^4 - \sum_{i=1}^{n} t^2 \sum_{i=1}^{n} t^2 \cdot y_t}{n \sum_{i=1}^{n} t^4 - (\sum_{i=1}^{n} t^2)^2} \tag{3.7}$$

3.2.3　［例 3.1］　2 次曲線による売上の予測

あるスーパーマーケットの 2002 ～ 2010 年の年間売上高の推移データに 2 次曲線を当てはめ，2010 年度の予測値を求めてみる．

3.2 2次曲線の回帰分析

最小二乗法により2次曲線のパラメータ a, b を(表3.1)より求めると，次のようになる．

$$a = \frac{\sum_{i=1}^{n} y_t \sum_{i=1}^{n} t^4 - \sum_{i=1}^{n} t^2 \sum_{i=1}^{n} t^2 \cdot y_t}{n \sum_{i=1}^{n} t^4 - (\sum_{i=1}^{n} t^2)^2} = \frac{5083.32 \times 708 - 60 \times 36459.72}{9 \times 708 - (60)^2}$$

$$= 509.165$$

$$b = \frac{\sum_{i=1}^{n} t \cdot y_t}{\sum_{i=1}^{n} t^2} = \frac{4890.6}{60} = 81.51$$

$$c = \frac{n \sum_{i=1}^{n} t^2 \cdot y_t - \sum_{i=1}^{n} t^2 \sum_{i=1}^{n} y_t}{n \sum_{i=1}^{n} t^4 - (\sum_{i=1}^{n} t^2)^2} = \frac{9 \times 36459.72 - 60 \times 5083.32}{9 \times 708 - (60)^2} = \frac{23138.28}{2772}$$

$$= 8.347$$

なお，2010年度の予測値の計算(表3.2)をしてみると，次のようになる．

$$\hat{y}_t = a + bt + ct^2 = 509.165 + 81.51 \times 4 + 8.347 \times 16 = 968.76$$

表3.1 2次曲線のパラメータ算定の基礎となる計算

年次	t	t^2	t^4	$t \cdot y_t$	$t^2 \cdot y_t$
2002	-4	16	256	-1272.48	5089.92
2003	-3	9	81	-974.16	2922.48
2004	-2	4	16	-792.00	1584.00
2005	-1	1	1	-443.52	443.52
2006	0	0	0	0.00	0.00
2007	1	1	1	596.64	596.64
2008	2	4	16	1407.12	2814.24
2009	3	9	81	2467.08	7401.24
2010	4	16	256	3901.92	15607.68
合計	$-$	60	708	4890.60	36459.72

第3章 非線形回帰分析

表3.2 2次曲線の傾向線の計算

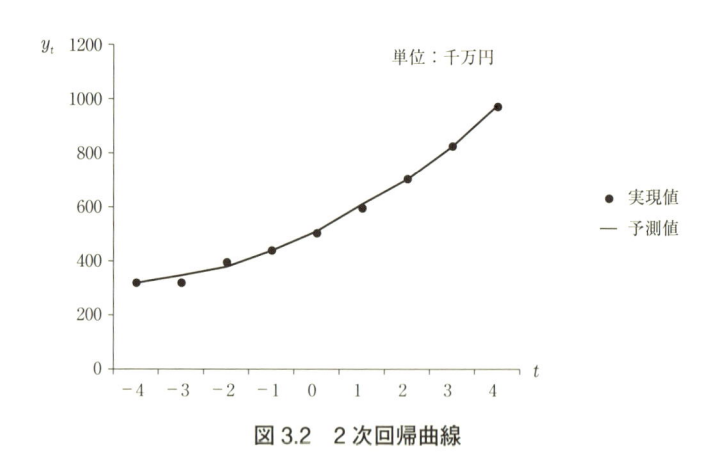

年次	時点：t	実現値：y_t	予測値：$\hat{y}_t$
2002	-4	318.12	316.68
2003	-3	324.72	339.76
2004	-2	396.00	379.53
2005	-1	443.52	436.00
2006	0	502.92	509.17
2007	1	596.64	599.02
2008	2	703.56	705.57
2009	3	822.36	828.82
2010	4	975.48	968.76

図3.2 2次回帰曲線

実現値と予測値の相関係数は $r = 0.999$（図3.2）より，あるスーパーの年間売上高の推移の予測値は，ゆるやかな2次曲線のカーブを示している．

3.3 指数曲線の回帰分析

3.3.1 指数曲線とは

図3.3の指数曲線（exponential curve）とは，データの変化が，時点あたり均等な割合で変化する曲線であり，指数曲線の代表的なものとして複利の曲線がある．例えば a：元金，r：利率，t：時間，y_t：複利とすると，$y_t = a(1+r)^t$ となり，$1 + r = b$ とおくと，$y_t = ab^t$ で表せる曲線である．

図 3.3　指数曲線

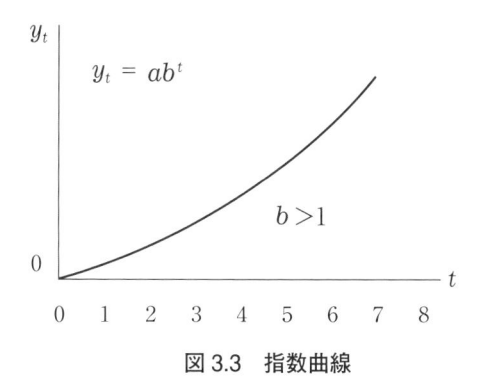

指数曲線のモデル式は，実現値 y_t に対して n 個の時点 t に対応する．パラメータは a, b である．

$$y_t = ab^t \tag{3.8}$$

指数曲線には以下のような特徴がある．

$b > 1$ の場合，y は増加であり，その先の $b \to \pm\infty$ のときは無限大の増加曲線となる．

また，$0 < b < 1$ の場合，y は減少し，その先の $b \to \pm\infty$ のときは無限大の減少曲線となり限りなく 0 に近づく．

指数曲線 $y_t = ab^t$ は，最小二乗法で非線形を処理するため両辺の対数をとり 1 次式で処理できる．

$$\log y_t = \log a + t \log b \tag{3.9}$$

3.3.2　指数曲線の回帰分析の理論

一般的な直線の最小二乗法による解 a, b を求める連立方程式は，次のようになる．

$$\begin{cases} \sum_{i=1}^{n} y_t = na + b\sum_{i=1}^{n} t \\ \sum_{i=1}^{n} t \cdot y_t = b\sum_{i=1}^{n} t + b\sum_{i=1}^{n} t^2 \end{cases} \tag{3.10}$$

式 (3.10) より $\sum_{i=1}^{n} t = 0$ は，次式となるが，これを指数曲線を求める公式におきかえると，次式

$$\left\{\begin{array}{l}\sum_{i=1}^{n} y_t = na \\ \sum_{i=1}^{n} t \cdot y_t = b\sum_{i=1}^{n} t^2 \end{array}\right\} \Rightarrow \left\{\begin{array}{l}\sum_{i=1}^{n} \log y_t = n\log a \\ \sum_{i=1}^{n} t \cdot \log y_t = \log b \sum_{i=1}^{n} t^2 \end{array}\right\} \quad (3.11)$$

となり，一般の直線の方程式の a, b より，$\log a, \log b$ を求めるのは，次式

$$a = \frac{\sum_{i=1}^{n} y_t}{n} \Rightarrow \text{より, } A = \frac{\sum_{i=1}^{n} \log y_t}{n} \text{（定数項）} = \log a \quad (3.12)$$

$$b = \frac{\sum_{i=1}^{n} t \cdot y_t}{\sum_{i=1}^{n} t^2} \Rightarrow \text{より, } B = \frac{\sum_{i=1}^{n} t \cdot \log y_t}{\sum_{i=1}^{n} t^2} \text{（傾き）} = \log b \quad (3.13)$$

となる．この場合は，パラメータ a, b は log をとっているので最小二乗法で解を求めた後 e で戻す必要がある．式(3.9)の $\log y_t = \log a + t\log b$ を $y_t' = \log y_t$，$A = \log a$，$B = \log b$ で置き換えると，次式

$$y_t' = A + Bt$$

となる．ただし $\log y_t = y_t'$，$\log a = A$，$Bt = Bt$（B は log がついたままである）

$\log y_t = \log a + Bt$ は，$\log y_t - \log a = Bt$ となるが対数の公式 $\log \frac{p}{q} = \log p - \log q$ より，次式となる．

$$\log \frac{y_t}{a} = Bt \quad (3.14)$$

ここで式(3.14)の両辺の e をとると $\frac{y_t}{a} = e^{B(b) \cdot t}$ であり両辺を a 倍すると，次式となる．

$$y_t = \exp(bt) \quad (3.15)$$

3.3.3 ［例3.2］ 指数曲線による販売増加率の予測

ある商品の 2003～2015 年の年間販売増加率の指数曲線を描いて 2015 年度の予測値を求めてみる．

最小二乗法により指数曲線のパラメータ a, b を（**表3.3**）より求めると，次のようになる．

3.3 指数曲線の回帰分析

表 3.3 指数曲線のパラメータ算定の基礎となる計算

年次	t	t^2	$\log y_t$	$t \cdot \log y_t$
2003	-6	36	0.74	1.79
2004	-5	25	0.97	0.13
2005	-4	16	1.04	-0.17
2006	-3	9	1.24	-0.65
2007	-2	4	1.26	-0.46
2008	-1	1	1.36	-0.31
2009	0	0	1.52	0.00
2010	1	1	1.53	0.42
2011	2	4	1.59	0.93
2012	3	9	1.80	1.76
2013	4	16	1.94	2.65
2014	5	25	1.96	3.35
2015	6	36	1.97	4.08
合計	$-$	182	18.93	13.52

$$\log a = \frac{\sum_{i=1}^{n} \log y_t}{n} = \frac{18.93}{13} = 1.455$$

より，e で戻すと $a = \exp(\log a) = 4.288$ である．

$$\log b = \frac{\sum_{i=1}^{n} t \cdot \log y_t}{\sum_{i=1}^{n} t^2} = \frac{13.52}{182} = 0.074$$

なお，2015 年度の予測値の計算 (表 3.4) は，次のようになる．

$$\hat{y}_t = \exp(bt) = 4.288 \times \exp(0.074 \times 6) = 6.70$$

表 3.4 指数曲線の傾向線の計算

年次	時点：t	実現値：y_t	予測値：$\hat{y}_t$
2003	-6	2.10	2.75
2004	-5	2.65	2.96
2005	-4	2.84	3.19
2006	-3	3.46	3.43
2007	-2	3.52	3.70
2008	-1	3.91	3.98
2009	0	4.58	4.29
2010	1	4.60	4.62
2011	2	4.92	4.98
2012	3	6.03	5.36
2013	4	6.94	5.77
2014	5	7.07	6.22
2015	6	7.19	6.70

第3章　非線形回帰分析

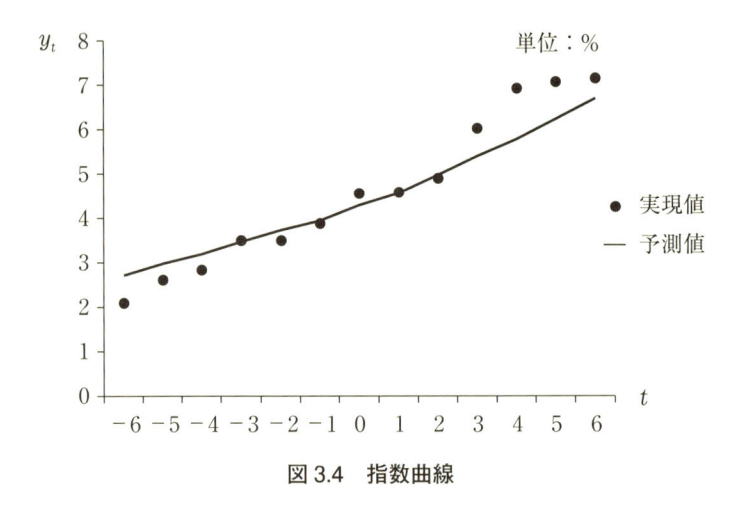

図3.4　指数曲線

実現値と予測値の相関係数は $r = 0.988$ であるが（図3.4），ある商品の売上高は，実現値に対して予測値は，時点 $t = 3$ から $t = 5$ の区間では少し乖離はあるがおおむね右上方向に指数曲線を示している．

3.4　ロジスティック曲線の回帰分析

3.4.1　ロジスティック曲線とは

図 3.5 のロジスティック曲線(logistic curve)とは，データの変化の方向が，はじめに増加率が高く，曲線が成長するにつれてその増加率が次第に減少し最終的には上限値 K に近づく曲線である．なお，変曲点は $\dfrac{K}{2}$ である．この曲線の活用例は，耐久消費財である電子レンジ，カラーTV などの需要予測に使用される．

ロジスティック曲線のモデル式は実現値 y_t に対して n 個の時点 t に対応する．また，パラメータは，傾き(成長の速さ)a，上限値 K，定数項 m とする．

$$y_t = \frac{K}{1 + m\exp(-at)} \tag{3.16}$$

3.4 ロジスティック曲線の回帰分析

$$y_t = \frac{K}{1+m\exp(-at)}$$

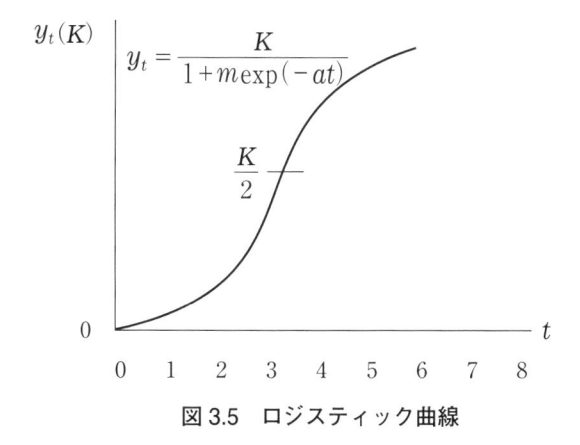

図 3.5 ロジスティック曲線

(1) ロジスティック曲線の特徴

パラメータが $a > 0$ (プラスのとき)

① $t \to -\infty$ では分母は大きくなり下方漸近線 ($y_t \to 0$) となる.

② $t \to +\infty$ では分母は小さくなり上方漸近線 ($y_t \to K$) となる.

パラメータが $a < 0$ (マイナスのとき)

① $t \to -\infty$ では分母は小さくなり,上方漸近線 ($y_t \to K$) となる.

② $t \to +\infty$ では分母は大きくなり下方漸近線 ($y_t \to 0$) となる.

(2) ロジスティック曲線とは

ベルギーの数学者ベルイルスト (Verhulst) により定式化された人口増加の法則であり,商品のライフサイクル (導入期,成長期,成熟期,衰退期) などを表現できる.

この曲線はS次カーブを描くものでシグモイド曲線 (sigmoid curve) あるいは,成長曲線といわれている.また,このロジスティック曲線の法則は,次のようになる.

① 人口の増加速度は,そのときの人口の大きさに比例する.

② 同時にそのときの人口の大きさに関係する抵抗を受ける.

(3) ロジスティック曲線の経過の過程

ロジスティック曲線の経過の過程を説明するため,ある商品が売れていく過

程を例にとり説明すると，次のようになる．

この商品は，一般にマスメディア(広告)に載せられていない商品であり，その商品の導入期は口コミによって，その商品の使用者が増加するが，成長期を過ぎると次第に増加の速度をゆるめ一定の極限値に収束する．

(4) ロジスティック曲線のモデルの意味

$\dfrac{dy_t}{dt}$ は式(3.16)の微分(ロジスティック曲線解法)である．**図 3.5**(p.89)より日本全国の総世帯数を K(上限値)とおき，発売以来の商品の使用者総数を y_t とおく．ロジスティック曲線のモデルは，式(3.17)で表されるか，a は比例定数である．

なお，式(3.17)の右辺は，比例定数 $a \times (1 -$ 商品の使用総数 y_t / 日本全国の総世帯数 K) である．

まず，このモデル式を商品の普及を例に説明すると，

$$\frac{dy_t}{dt} = ay_t\left(1 - \frac{y_t}{K}\right) = ay_t - \frac{a}{K}y_t^2 \tag{3.17}$$

はじめは，口コミでの効果があまりなく，日本全国の総世帯数 K に対して，その商品を使用している人の総数 y_t は圧倒的に少ないが，$\dfrac{dy_t}{dt} = ay_t\left(1 - \dfrac{y_t}{K}\right)$ により y が大きくなり増加率は高くなる．すなわち $\dfrac{y_t}{K}$，y_t が K に対して小さいとき，$\dfrac{dy_t}{dt}$ の増加率は大きくなる．

一方，だんだんその商品を使用している人の割合が増えれば，$\dfrac{dy_t}{dt} = ay_t$ $\left(1 - \dfrac{y_t}{K}\right)$ の $\dfrac{dy_t}{dt}$ 増加率は小さくなる．商品の使用総数 y_t の増加スピードは，商品の使用総数 y_t に比例して増加するが，同時に y_t^2 に比例して増加スピードにブレーキがかかる．

3.4.2 ［例 3.3］ ロジスティック曲線による浸透率の予測

ある製品(耐久消費財)の普及率のロジスティック曲線(Excel ソルバーを含

3.4 ロジスティック曲線の回帰分析

む) を描き 2016 年度, 2017 年度の浸透率を予測してみる.

非線形の回帰方程式を解くアルゴリズムは, ニュートン法などさまざまあるが, ここでは, 非線形を解く最小二乗法の意味を理解してもらうため, ホテリングの最小二乗法を用いている.

なお, 非線形の回帰方程式を解くアルゴリズムは Excel ソルバー関数を使用しても求めることができ (p.vii 参照), 以下にその2つの解法を述べる.

(1) ロジスティック曲線をホテリングの最小二乗法で解く

表 3.5 にロジスティック曲線のパラメータ算定の基礎となる計算を示す.

表 3.5 ロジスティック曲線のパラメータ算定の基礎となる計算

年次	t	y_t	$\triangle y_t$	$\dfrac{\triangle y_t}{y_t}$	y_t^2
2002	0	3.0	−0.7	−0.233	9.000
2003	1	2.3	2.6	1.130	5.290
2004	2	4.9	2.7	0.551	24.010
2005	3	7.6	3.3	0.434	57.760
2006	4	10.9	4.7	0.431	118.810
2007	5	15.6	5.6	0.359	244.360
2008	6	21.2	2.0	0.094	449.440
2009	7	23.2	3.7	0.159	538.240
2010	8	26.9	3.8	0.141	723.610
2011	9	30.7	3.0	0.098	942.490
2012	10	33.7	3.9	0.116	1135.690
2013	11	37.6	1.8	0.048	1413.760
2014	12	39.4	0.9	0.023	1552.360
2015	13	40.3	−	−	−
合計	−	257.0	37.3	3.352	7213.820

以上より実際に, ホテリングの最小二乗法の公式より求めたパラメータ m, K, a を表 3.5 より計算すると, 次のようになる.

$$b = \frac{n\sum_{i=1}^{n} \Delta y_t - \sum_{i=1}^{n} \frac{\Delta y_t}{y_t} \sum_{i=1}^{n} y_t}{n\sum_{i=1}^{n} t^2 - (\sum_{i=1}^{n} y_t)^2} = \frac{13 \times 37.3 - 3.352 \times 257}{13 \times 7213.82 - 257 \times 257} = -0.0135$$

第3章　非線形回帰分析

$$a = \frac{\sum_{i=1}^{n}\frac{\Delta y_t}{y_t} b \sum_{i=1}^{n} y_t}{n} = \frac{3.351 - (-0.0135) \times 257}{13} = 0.526$$

a および，$b = -\dfrac{a}{K}$ より上限値 K を求めると，次のようになる．

$$K = \frac{-a}{b} = \frac{-1 \times 0.526}{-0.0135} = 38.759$$

以上より，求める変曲点は，$\dfrac{K}{2} = \dfrac{38.759}{2} = 19.379$ となる．

この変曲点の位置 19.379 は，$t_r = 6$ のときに $y_t = 21.2$ に等しい．

① 変曲点 $\dfrac{K}{2}$ が存在する場合の m を求める公式，$t_r = \dfrac{1}{a}\log m$ を利用すると，$\log m = t_r \cdot a = 6 \times 0.526$ であり，この式の右辺の log を外すべく両辺に e をとると，次式となる．

$$m = \exp(at_r) = 23.509$$

② 変曲点 $\dfrac{K}{2}$ が存在しない場合の m を求める公式を検算に用いると，次のようになる．

$$m = \left(\frac{K}{y_t} - 1\right) \cdot \exp(at_r)$$

なお，この式 $m = \left(\dfrac{K}{y_t} - 1\right) \cdot \exp(at_r)$ のいくつかの実現値 y_t の値に対応する t_r の値より，複数の m 値を計算し，その平均値を求めてみる．これは t_4，t_6，t_8 の各時点から m の値を計算し平均を計算すると，

$$m_4 = \left(\frac{K}{y_{t_4}} - 1\right) \cdot \exp(-at_4) = \left(\frac{38.759}{10.9} - 1\right) \times \exp(-0.526 \times 4) = 20.975$$

$$m_6 = \left(\frac{K}{y_{t_6}} - 1\right) \cdot \exp(-at_6) = \left(\frac{38.759}{21.2} - 1\right) \times \exp(-0.526 \times 6) = 19.472$$

$$m_8 = \left(\frac{K}{y_{t_8}} - 1\right) \cdot \exp(-at_8) = \left(\frac{38.759}{26.9} - 1\right) \times \exp(-0.526 \times 8) = 29.691$$

$$m' = \frac{(m_4 + m_6 + m_8)}{3} = \frac{20.975 + 19.472 + 29.691}{3} = 23.379$$

3.4 ロジスティック曲線の回帰分析

となり，変曲点が存在する場合の $m23.509 \fallingdotseq m'23.379$ を求める公式に近似的に一致する．

2015年度($t=13$)の時点の予測値の計算は，次のようになる．

$$\hat{y}_t = \frac{K}{1+m\exp(-at)} = \frac{38.759}{1+23.509 \times \exp(-0.526 \times 13)} = 37.805$$

また，2016年度の予測値は $\hat{y}_{14} = 38.192$ であり2017年度の予測値は $\hat{y}_{15} = 38.422$ である．なお，$e = 2.71828$ である．

(2) Excelソルバーによるロジスティック曲線の解法

目的セルの設定は，$\sum_{i=1}^{n}(予測値 - 実現値)^2 = 残差平方和の合計$，変量セルの変更は，式(3.16)で用いる．パラメータの初期値の設定は，おおよその目安として，$K = 38.759$，$m = 23.509$，$a = 0.526$ とし，残差平方和の合計が最小値295.09になるまで反復計算を繰り返す．その結果，求める3つのパラメータは，$K = 42.247$，$m = 16.118$，$a = 0.422$ となる．ここで，2015年度($t = 13$)の時点の予測値（ソルバー）を計算（表3.6）してみると，次のようになる．

$$\hat{y}_t = \frac{K}{1+m\exp(-at)} = \frac{42.247}{1+16.118 \times \exp(-0.422 \times 13)} = 39.602$$

表3.6 ロジスティック曲線の傾向線の計算

年次	時点：t	実現値：y_t	予測値：$\hat{y}_t$	予測値（ソルバー）
2002	0	3.0	1.581	2.468
2003	1	2.3	2.603	3.652
2004	2	4.9	4.210	5.327
2005	3	7.6	6.627	7.619
2006	4	10.9	10.029	10.614
2007	5	15.6	14.395	14.301
2008	6	21.2	19.380	18.518
2009	7	23.2	24.364	22.957
2010	8	26.9	28.730	27.238
2011	9	30.7	32.132	31.034
2012	10	33.7	34.549	34.155
2013	11	37.6	36.156	36.566
2014	12	39.4	37.178	30.341
2015	13	40.3	37.805	39.602

第3章　非線形回帰分析

図3.6　ロジスティック回帰曲線

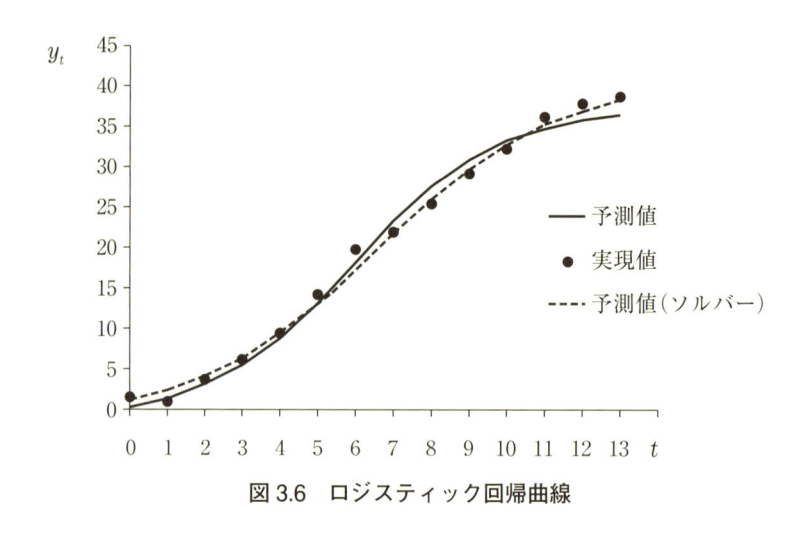

図 3.6 より，ある耐久消費財の浸透率は，実現値に対して予測値および予測値(ソルバー)は，ほぼロジスティック回帰曲線上に乗っている．なお，実現値 y_t と予測値：$\hat{y}_t$ の相関係数は $r = 0.995$ である．

また，実現値 y_t と予測値(ソルバー)$\hat{y}_t$ の相関係数は $r = 0.998$ である．

なお，ロジスティック曲線の微分方程式の説明，ロジスティック曲線を解くホテリングの最小二乗法の説明，Excel ソルバーによるロジスティック曲線の解法のプログラムおよびデータは，日科技連出版社のホームページからダウンロードして参照されたい(詳しくは p.vii 参照)．

第4章

重回帰分析

4.1 重回帰分析の体系チャートの説明

　重回帰分析の体系チャートを**図4.1**に示す．重回帰分析は，分析のよりどころとなる基準データがある場合のモデルである．重回帰分析においては，分析対象となる現象を結果（目的変量）と原因（合成変量）の関係でつかみ，1つのよりよいモデルとして説明する．

① 重回帰分析の実施には，適切なデータ数が必要である．およそ説明変量（パラメータ）の約4倍のデータが理想であるといわれているが，少数の変量で精密モデルを作ることが重要である．

② 分析の候補となる変量を慎重（重回帰式にない変量の相関も考慮）に選ぶ必要がある．標本データはモデルの変量ではなく現象として現れた変量であるため，モデルにかける前に理論的に十分に検討をする．

③ 説明変量を選択する方法は，統計的な有意性（t検定，F検定）にもとづくものと，予測誤差（AIC統計量，C_P統計量）にもとづくものがある．

④ 多重共線性を発見するにはVIF・トレランスの指標が有効である．また，これを解決する方法にリッジ回帰がある．なお，一般データと多重共線性があるデータに対しブートストラップ法により標本分布の比較を行っている．

⑤ 決定した重回帰モデルがデータに対して，どのくらい効果があるのかは調べてみなければわからない．これを調べる指標が決定係数でありデータに対するモデルの寄与度を示している．ただし，決定係数が大きいからといってデータがモデルに当てはまっているとは限らない．さらに詳細な分析が必要である．

⑥ 統計指標は，あくまでも代表値であり，さまざまな落とし穴がある．そこで人間のすぐれた視覚を利用するものが残差分析である．これによりデータの中に潜む外れ値が発見できる．

⑦ 人間によるデータの見方には，常に恣意性があり，残差の中に潜む重要な変動を見落とす可能性がある．これを見分けるのがテコ比であり，1サ

第4章　重回帰分析

ンプルごとに重回帰モデルに与える悪影響が発見できる．
⑧　重回帰モデルが確定したら，そのモデルを用いてマハラノビスの汎距離の2乗を利用し信頼区間をつけて予測を行う．

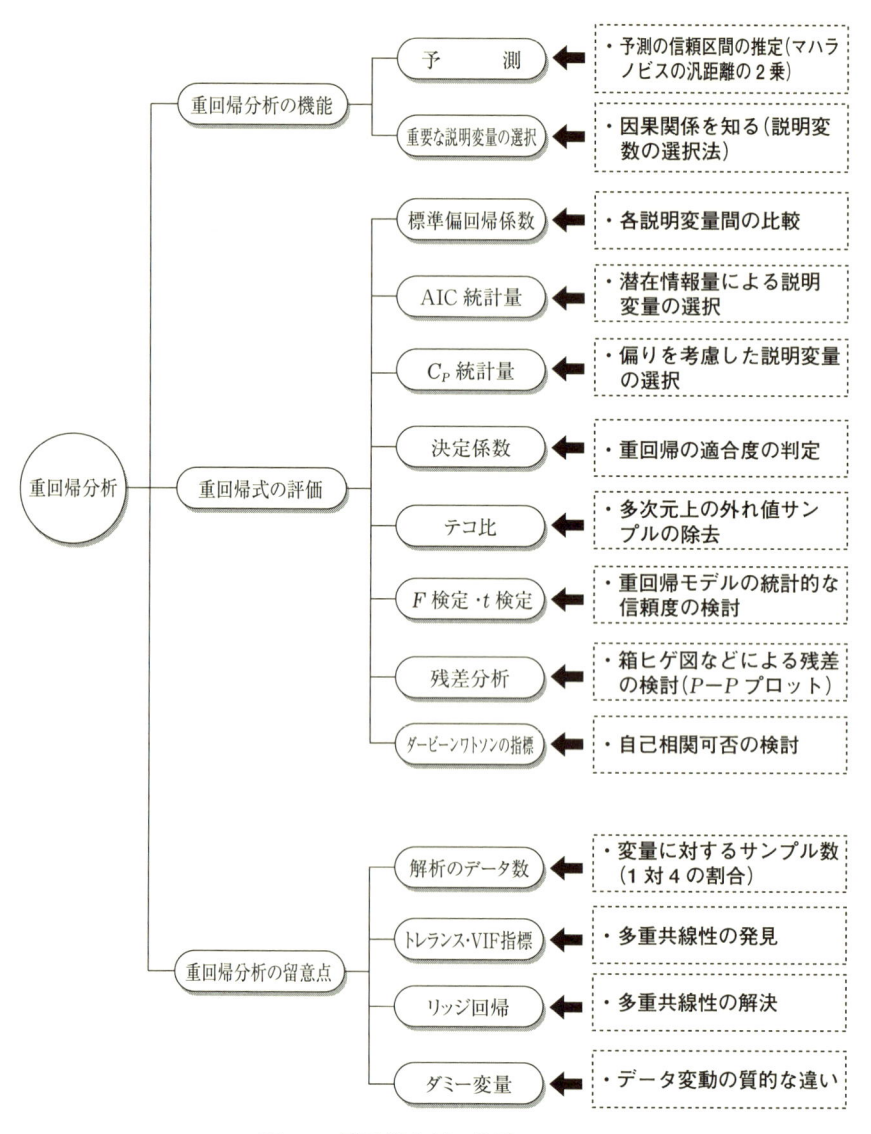

```
重回帰分析
├─ 重回帰分析の機能
│   ├─ 予　測 ← ・予測の信頼区間の推定（マハラノビスの汎距離の2乗）
│   └─ 重要な説明変数の選択 ← ・因果関係を知る（説明変数の選択法）
├─ 重回帰式の評価
│   ├─ 標準偏回帰係数 ← ・各説明変量間の比較
│   ├─ AIC 統計量 ← ・潜在情報量による説明変量の選択
│   ├─ $C_P$ 統計量 ← ・偏りを考慮した説明変量の選択
│   ├─ 決定係数 ← ・重回帰の適合度の判定
│   ├─ テコ比 ← ・多次元上の外れ値サンプルの除去
│   ├─ $F$ 検定・$t$ 検定 ← ・重回帰モデルの統計的な信頼度の検討
│   ├─ 残差分析 ← ・箱ヒゲ図などによる残差の検討（$P$–$P$ プロット）
│   └─ ダービーンワトソンの指標 ← ・自己相関可否の検討
└─ 重回帰分析の留意点
    ├─ 解析のデータ数 ← ・変量に対するサンプル数（1 対 4 の割合）
    ├─ トレランス・VIF 指標 ← ・多重共線性の発見
    ├─ リッジ回帰 ← ・多重共線性の解決
    └─ ダミー変量 ← ・データ変動の質的な違い
```

図 4.1　重回帰分析の体系チャート

4.2 重回帰分析の実務での活用例

コンビニエンスストアの売上高の予測であり，17店舗をベースに新規出店する18号店の予測を行う．顧客の吸引力が強く売上高に貢献しそうな要因として，駐車台数，売場面積，単身世帯により売上高の予測を行うものである．

重回帰モデルのデータ(**表4.1**)への当てはめ指標である寄与率は，$R^2 = 0.872$ と良好である．なお，重回帰モデル式の構成は，次のようになる．

$$\hat{y} = a_0(-15.295) + b_1(9.72)x_1 + b_2(12.224)x_2 + b_3(0.634)x_3$$

表4.1　コンビニエンスストアの売上高の予測データ

店 No.	駐車台数(台)	売場面積(㎡)	単身世帯	売上高1カ月平均(万円)	予測値	残　差
1	10	45	1450	1500	1551.3	−51.29
2	5	35	1150	1200	1190.2	9.75
3	7	35	1250	1300	1273.1	26.92
4	3	32	980	1000	1026.4	−26.35
5	8	40	1352	1400	1408.6	−8.59
6	5	35	1123	1200	1173.1	26.87
7	5	40	1332	1400	1366.8	33.25
8	2	30	895	900	938.3	−38.30
9	4	32	1176	1100	1160.3	−60.34
10	5	35	1153	1200	1192.1	7.85
11	4	32	1065	1100	1090.0	10.04
12	3	32	982	1000	1027.6	−27.62
13	3	32	895	1000	972.46	27.54
14	6	35	1258	1300	1268.4	31.56
15	8	40	1356	1400	1411.1	−11.13
16	10	45	1367	1500	1498.7	1.34
17	5	35	1100	1200	1158.5	41.45

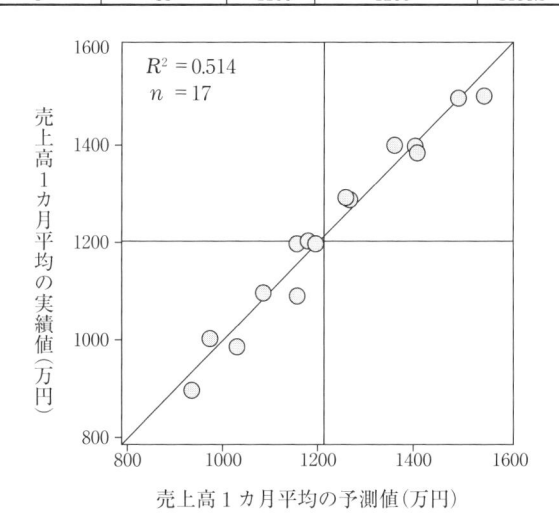

図4.2　売上高(1カ月平均)と予測値の適合度

第4章 重回帰分析

図 4.2 の新規 18 号店の予測は,駐車台数 5,売場面積 30㎡,単身 1200 世帯として,予測すると,売上高は $\hat{y}$ = 1160.825 万円となる.

4.3 重回帰分析とは

重回帰分析(multiple regression analysis)とは,教師(目的変量)つきの分析であり,複雑な現象を 1 つの目的変量と複数の説明変量に分け,その因果関係をつかんだり予測したりする手法である.なお,この手法は,目的変量 y を最もよく予測する合成変量 $(b_1 x_1 + b_2 x_2)$ との内部相関を考慮しながら偏回帰係数 b_1,b_2 と定数項 a_0 を求めている.重回帰分析での偏回帰係数および定数項の求め方は,基本的には線形回帰分析と同じなので説明は省略する.なお,モデルは,次元が小さくサンプル数が多いと重回帰平面の中に入りやすい(図 4.3).

一般的な重回帰分析の多変量データには,次のような特徴がある.

① 多変量データは,一般的には管理(コントロール不可能)されていないデータである.

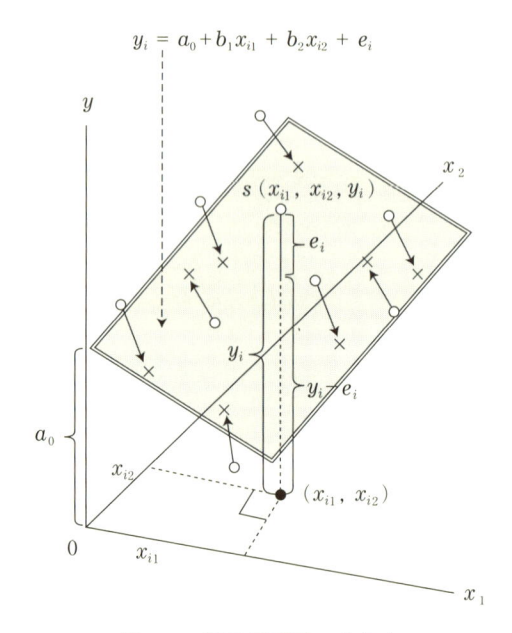

図 4.3 重回帰平面の考え方

② ある特定の母集団からのランダムサンプリングではなく，また，再現性がない．

4.4 重回帰式における最小二乗法の適用

表 4.2 より重回帰モデルで表すと，$y_i = a_0 + b_1 x_{i1} + b_2 x_{i2} + e_i$ となるが，もとのデータに対する予測式は，$\hat{y}_i = a_0 + b_1 x_{i1} + b_2 x_{i2}$ であり，実現値 y_i と予測値 $\hat{y}_i$ の残差は，$e_i = y_i - \hat{y}_i$ となる．なお，重回帰式における最小二乗法の連立方程式は，次式のようになる．

$$\begin{cases} b_1 S_{11} + b_2 S_{12} = S_{1y} \\ b_1 S_{12} + b_2 S_{22} = S_{2y} \end{cases} \tag{4.1}$$

この連立方程式を変形し解き b_1，b_2 の偏回帰係数および定数項 a_0 を求める．偏回帰係数 b_1 を求めると，次式となる．

$$b_1 = \frac{S_{1y} S_{22} - S_{2y} S_{12}}{S_{11} S_{22} - S_{12}^2} \tag{4.2}$$

偏回帰係数 b_2 を求めると，次式となる．

$$b_2 = \frac{S_{2y} S_{11} - S_{1y} S_{12}}{S_{11} S_{22} - S_{12}^2} \tag{4.3}$$

表 4.2 重回帰分析のデータ

サンプル No.	y	x_1	x_2
1	y_1	x_{11}	x_{12}
2	y_2	x_{21}	x_{22}
3	y_3	x_{31}	x_{32}
⋮	⋮	⋮	⋮
⋮	⋮	⋮	⋮
⋮	⋮	⋮	⋮
s	y_i	x_{i1}	x_{i2}
⋮	⋮	⋮	⋮
⋮	⋮	⋮	⋮
⋮	⋮	⋮	⋮
n	y_n	x_{n_1}	x_{n_2}

定数項 a_0 を求めると，次式となる．
$$a_0 = \overline{y} - b_1\overline{x}_1 - b_2\overline{x}_2$$

4.5 重回帰式のモデルと評価指標

4.5.1 重回帰式モデルの構成
(1) 重回帰式モデルの構成とは
　重回帰分析のデータ（**表 4.2**）より，重回帰式モデルの構成は，目的変量 y_i，説明変量 x_{i1}, x_{i2}，偏回帰係数 b_1, b_2，定数項 a_0，残差 e_i とすると，次式となる．
$$y_i = a_0 + b_1 x_{i1} + b_2 x_{i2} + e_i \quad (i = 1, 2, \cdots, n) \tag{4.4}$$

① 偏回帰係数とは
　(a) 他の説明変量の影響を抑えたとき，ある説明変量の目的変量に対する効果を示す．ある説明変量を増加させたときの目的変量の増分を示すもので重みと呼ばれている．この重みには説明変量（x_i と y_i の両方の成分を含む）の測定単位の影響が入る．
　(b) 偏回帰係数は，目的変量と合成変量の関係でおのおの求まるものであるが，目的変数に対する説明変数の影響力には，他の合成変量の影響も入るので純粋な寄与率は示さない．
　(c) 偏回帰係数とは，重回帰式を構成するパラメータであり，ある説明変量を他の説明変量の影響を押さえ，1単位当たり独立に増加にさせたときの目的変量の増分を示す．

② 定数項とは
　定数項とは，目的変量を重回帰式の超平面に当てはまりを予測しようとしたとき，説明しきれない残りの効果の部分であり切辺とも呼ばれている．

③ 残差とは
　残差とは，目的変量を重回帰式の超平面に当てはまりを予測しようとしたとき，説明しきれない残りの変動部分を示す．

(2) 重回帰式をデータの重心に移動する
　いま，式(4.5)の重回帰式をデータの重心に移動することを考える．

$$y_i = a_0 + b_1 x_{i1} + b_2 x_{i2} \quad (i = 1, 2, \cdots, n) \tag{4.5}$$

式(4.5)の定数項 $a_0 = \overline{y} - b_1\overline{x}_1 - b_2\overline{x}_2$ の右辺を，この式に代入すると，次式となるので，

$$y_i = \overline{y} + b_1(x_{i1} - \overline{x}_1) + b_2(x_{i2} - \overline{x}_2) \tag{4.6}$$

この重回帰式により定められる平面は，実現値の重心 $(\overline{x}_1, \overline{x}_2)$ を通る．

4.5.2 標準偏回帰係数

(1) 標準偏回帰係数とは

目的変数に対する説明変数の影響力は，説明変数の持つ単位に左右されるので各説明変数の異なる単位を平均0，分散1に標準化し，偏回帰係数同士の相互比較が容易にできるようにしたものが標準偏回帰係数であり，目的変数への純粋な説明変数の影響力を示す．

(2) 標準偏回帰係数の注意点

標準偏回帰係数は，1をオーバーすることもある．また，目的変数に対して各説明変数の影響力を見るとき，各説明変数間の相関が考慮されていない．したがって，目的変数に対する各説明変数の寄与率 $(0〜1)$ を見るときには偏相関係数を使用する．

(3) 標準偏回帰係数を求めてみる

各変量を標準化すると，y の標準偏差は $s_y = \sqrt{\dfrac{S_{yy}}{n-1}}$，$x_i$ の標準偏差は $s_i = \sqrt{\dfrac{S_{ii}}{n-1}}$ であり，標準化変量（各変量－各変量平均／標準偏差）で割ると，目的変数 y は，$y_i^* = \dfrac{y_i - \overline{y}}{s_y}$ より，$s_y \hat{y}_i^* = \hat{y}_i - \overline{y}$ となる．また，説明変数 x_1 は $x_{i1}^* = \dfrac{x_{i1} - \overline{x}_1}{s_1}$ より，① $s_y x_{i1}^* = x_{i1} - \overline{x}_1$ であり，説明変数 x_2 は $x_{i2}^* = \dfrac{x_{i2} - \overline{x}_2}{s_2}$ より，② $s_2 x_{i2}^* = x_{i2} - \overline{x}_2$ となる．また式(4.6)を変形しその両辺を s_y で割ると，次式

$$y_i^* = \frac{y_i - \overline{y}}{s_y} = b_1 \frac{(x_{i1} - \overline{x}_1)}{s_y} + b_2 \frac{(x_{i2} - \overline{x}_2)}{s_y}$$

となるが，この式の右辺の分子を①，②で置き換え係数部分 (b_1, b_2) を変形し，

$b_1{}^* = b_1 \dfrac{s_1}{s_y}$, $b_2{}^* = b_2 \dfrac{s_2}{s_y}$ とすると,次式となる.

$$y_i{}^* = b_1 \frac{s_1}{s_y} x_{i1}{}^* + b_2 \frac{s_2}{s_y} x_{i2}{}^* = b_1{}^* x_{i1}{}^* + b_2{}^* x_{i2}{}^* \tag{4.7}$$

以上より,偏回帰係数 b_1, b_2 と,標準偏回帰係数 $b_1{}^*$, $b_2{}^*$ 間の関係から,偏回帰係数 b_i は,説明変量の偏差平方和 s_{ii},目的変量の偏差平方和 S_{yy} より,次のようになる.

$$b_i{}^* = b_i \frac{s_i}{s_y} = b_i \sqrt{\frac{S_{ii}}{S_{yy}}}$$

4.6 説明変量の選択方法

　目的変量を説明する説明変量の数が多いからといって,重回帰モデルのデータへの当てはまりの精度が良いとは限らない.すなわち,精度の悪い情報が含まれていれば,その変量が合成変量の中に入り込み重回帰モデルのデータへの当てはまりを阻害する.そこで精度の悪い説明変量を取り除いてやる必要がある.だからこそ,説明変量を選択する意義がある.基本的には,説明変量選択の決め手は固有技術による判断が大切である.

　次に,説明変量の選択方法を見てみよう.

　説明変量の選択指標としては,t 値,F 値,AIC 統計量(p.105 参照),C_P 統計量(p.109 参照)などがある.

① 回帰係数の有意性にもとづくもの(基準分布とデータの比較検定)として t 検定,F 検定がある.

② 予測誤差に関する基準(重回帰モデル対重回帰モデルのデータへの当てはまり度合いの検定)として AIC 統計量,C_p 統計量がある.

　説明変量追加の考え方は,ある変量の追加は,目的変量の推定に +,- の情報とノイズ(±)の両方を持ち込むものであり,統計学上の最良の推定量は,分散最小(誤差少ない),不偏(偏りがない推定量)である.また,2 つの統計量には,次のような特徴がある.C_P 統計量は少し厳しく,AIC 統計量は少し甘い.また,説明変量の選択の方法には,逐次変量選択法(ステップワイズ法),全変量選択法,手動選択法,総当たり法などいろいろなものがあり,統計的な判断に,技術知識を加えてコンピュータと対話しながら変量選択を行うことが大切

である．

以下，3つの説明変量の選択法の特徴を列挙する．

① $t^2 = F$ 検定は，分散（2乗）を扱うので外れ値に弱い．② C_P 統計量は，サンプリング時の偏りを考慮している．③ AIC 統計量は，サンプリング時の潜在情報を考慮している，などである．

4.6.1　F 検定による説明変量の選択方法

遂次変量選択法（変動増減法など），ステップワイズ法（stepwise method）は重要な説明変量の選択を行うものである．ステップワイズは「1段1段」という意味である．すなわち，目的変量を説明する効果のある説明変量は増加させ，説明する効果のない説明変量は減少させる方法である．

この方法では，新たな説明変量を追加するとき，既存の説明変量も含め再評価し，新しい説明変量を，次々と取り込んでいく．説明変量の選択の取り入れ基準は，客観的基準ではないが，あくまで経験値である F_{in}（変量追加）= F_{out}（変量除く）= 2 が使われており選択に際しては固有技術を加味する．

この検定は，仮説検定ではなく追加する前のモデルと，追加後のモデルの重回帰の説明変量の当てはまりを見るものである．

重回帰分析では，自由度二重調整済寄与率が十分大きいか（約70％以上），残差の標準偏差が目的変量の大きさに対して十分に小さい．あるいは重回帰式の偏回帰係数の符号が，技術的，常識的に考えて一致しているかなどをチェックする必要がある．もし，これらにあてはまらない場合は，追加すべき変量はないか，原因は何か，データの取得方法に問題はなかったか，外れ値がないか，ダミー変量を入れる必要があるかなどを見直すべきである．また，この方法は，効率のよい変量だけでモデルを作るもので，必ずしも最適ではなく，その時点の変量の組合わせの中での最適であるということもある．

また，多重共線性があるときにはこの方法は使用できない．すなわち多重共線性のある一方の変量を自動的に外してしまう．さらに，説明変量間に相関があるときそのどちらの説明変量をとっても寄与率は変わらない．こうしたときは固有技術で評価することが多い．

4.6.2　偏回帰係数の t 検定

偏回帰係数の t 検定とは，重回帰モデルの中の1つの説明変量に有効性が，

あるかどうかの検定であり，モデルを構成する合成変量に対して偏回帰係数に傾きがあるかどうかを t 検定する．すなわち，偏回帰係数の傾きが 0 ではなく，かつ偶然の誤差より大きいかどうかの検定である．

4.6.3 重回帰式の分散分析

重回帰式の分散分析とは，実現値を複数の説明変数で，どのくらい説明できるかである．すなわち，全部の偏回帰係数が 0 であるかどうかの帰無仮説を検定する．ただし，データが多い場合には回帰式はほとんど有意となるので，これだけで判断するのは適切ではない．

まず，分散比 F を求めてみる．

次に，標本数 n にもとづき有意水準 α を考慮し，標本から計算された F 値が F 分布の裾の位置を超えているかどうかを F 検定により判断する．

(1) 重回帰式の分散分析の理論

全変動 S_{yy} を回帰による変動（回帰平方和）S_R と，回帰からの残差の変動（残差平方和）S_e に分解するものである．次の重回帰式のサンプル $i, (i=1, 2, \cdots, n)$ について平均すると，

$$\hat{y}_i = a_0 + b_1 x_{i1} + b_2 x_{i2} \text{ は，} \overline{\hat{y}} = a_0 + b_1 \overline{x}_1 + b_2 \overline{x}_2 = \overline{y} \tag{4.8}$$

となり，$\overline{\hat{y}}_i = \overline{y}$ より，全サンプルの変動は，次式となり，

$$S_{yy} = \sum_{i=1}^{n}(y_i - \overline{y})^2 = \sum_{i=1}^{n} e_i^2 + \sum_{i=1}^{n}(\hat{y}_i - \overline{\hat{y}})^2 + 2\sum_{i=1}^{n} e_i(\hat{y}_i - \overline{\hat{y}}) \tag{4.9}$$

この式は，$S_{yy} = \sum_{i=1}^{n}(y_i - \overline{y})^2$, $S_e = \sum_{i=1}^{n}(y_i - \hat{y}_i)^2$, $S_R = \sum_{i=1}^{n}(\hat{y}_i - \overline{\hat{y}})^2$ となる．

したがって，式(4.9)は，全変動は S_{yy}, 残差平方和は S_e, 回帰平方和は S_R, 直交は $2\sum_{i=1}^{n} e_i(\hat{y}_i - \overline{\hat{y}}) = 0$ であり，次式となる．

$$S_{yy} = S_R + S_e$$

(2) 分散分析の計算式

全変動 S_{yy} は，$S_{yy} = \sum_{i=1}^{n}(y_i - \overline{y})^2$, 自由度 $\phi_{yy} = n - 1$, 回帰による変動は，

$$S_R = \sum_{i=1}^{n} (\hat{y}_i - \bar{y})^2, \quad 自由度 \phi_R = n(x_j), \quad 回帰分散は V_R = \frac{S_R}{\phi_R} である.$$

残差変動 S_e は,$S_e = \sum_{i=1}^{n} (y_i - \hat{y})^2$,自由度 $\phi_e = n - 3$,残差分散は $V_e = \frac{S_e}{\phi_e}$ である.

以上より,分散比は,$F = \frac{V_R}{V_e}$ である.

4.6.4　AIC 統計量

　AIC(Akaike Information Criterion)統計量とは,与えられたデータの範囲内で,真の現象により近い数式モデルを作るため,その善し悪しを評価する指標である.AIC の推定のやり方は,求めた数式モデルの候補間同士で AIC を比較することにより,真の分布は,未知でも理論的な確率分布 χ^2 分布を想定することにより,既知のデータから AIC により,真の分布が推定できるので,最適な数式モデルが得られる.

　AIC は,値そのものには意味がなく比較すべきモデル間の差の AIC に意味がある.例えばその差が 1〜2 以上ならデータに対するモデルの優劣は,明らかであるがその差が約 1 以下ならモデルの良さは同じ程度となる.

　また,この AIC は赤池の情報量規準(エントロピー)と呼ばれる.

　例えば $e^{-1} = \frac{1}{2.7} \fallingdotseq \frac{1}{2} = 0.5$ のように,一様 1/2 に単純化するものである.これは,潜在情報量と呼ばれ,これはモデルの当てはまりの悪さを評価する指標である.AIC はサンプリングの場合の潜在情報量によるモデルの評価で対数(log)にすることで出やすい情報を抑えて,出にくい情報を出しやすくしている.

　すなわち,真の値にもっとも近いとされる推定値(確率)である最大対数尤度にもとづき,説明変数を数式モデルの中に取り込むもので AIC の値が小さいほど推定値の誤差は小さく,より真に近い数式モデルになる.また,AIC の値が大きいときは,変量の数式モデルへの当てはまりが悪いものとなる.

　$AIC = -2 \times 最大対数尤度(MLL) + 2 \times [説明変数の数(P_x) + 定数項を含む(2)]$

　AIC の活用は,その変量を外したとき AIC が小さくなれば,その変量を除

第4章　重回帰分析

く，逆に AIC が大きくなればその変量は外さないほうがよい．

(1)　AIC の意義

AIC は，与えられたデータの範囲内で，真の現象により近い数式モデルを作るため，その良し悪しを評価する統計指標である．

AIC の推定のやり方は，求めた数式モデルの説明変量の候補間（データ数は同じ）同士で，AIC を相対比較する．真の分布は未知でも理論的な確率分布，χ^2 分布を想定することにより，既知のデータから AIC を求めて，真の分布であるかどうかを比較できるので最適な数式モデルが得られる．

(2)　AIC での最尤推定法の活用

最尤推定法は，モデルの尤度（もっともらしさ）が最大になるようにパラメータの値を決めることによりモデルが真の分布に近くなるように調整するものである．得られたパラメータの値は最尤推定量 $\hat{\mu}$，$\hat{\sigma}$ と呼ばれ，最大対数尤度のときのパラメータを推定する方法であり，この最大対数尤度を用いて AIC を求めている．

(3)　正規分布から対数尤度求める

式(2.9)の尤度関数 L の両辺に対数 $l(\log)$ をとると対数尤度

$$l(\mu, \sigma^2) = n \log \cdot \frac{1}{\sqrt{2\pi}\sigma} - \frac{\sum_{i=1}^{n}(x_i - \mu)^2}{2\sigma^2}$$ が求まるが，この式を変形すると，

$$= n \log \cdot \left(\frac{1}{\sqrt{2\pi}\sigma^2}\right)^{\frac{1}{2}} - \frac{\sum_{i=1}^{n}(x_i - \mu)^2}{2\sigma^2}$$

$$= n(\log_e 1)^{\frac{1}{2}} - \sum_{i=1}^{n} \log(2\pi\sigma^2)^{\frac{1}{2}} - \frac{\sum_{i=1}^{n}(x_i - \mu)^2}{2\sigma^2}$$ となり，$n(\log_e 1)^{\frac{1}{2}} = 0$

より，

$$= -\frac{n}{2}\log(2\pi\sigma^2) - \frac{1}{2\sigma^2}\sum_{i=1}^{n}(x_i - \mu)^2,\ 右辺の第2項は S = n\sigma^2 よ$$

り，$\dfrac{1}{2\sigma^2}\sum_{i=1}^{n}(x_i-\mu)^2 = \dfrac{n\sigma^2}{2\sigma^2}$

が求まるので対数尤度は，次式となる．

$$l(\mu, \sigma^2) = -\dfrac{n}{2}\log(2\pi\sigma^2) - \dfrac{n\sigma^2}{2\sigma^2} = -\dfrac{n}{2}\log(2\pi\sigma^2) - \dfrac{n}{2}$$

(4) K−L 情報量規準とは

K−L 情報量規準 (Kallaback-Lebler divergence) とは，2 つの確率分布の離れ具合を測る尺度であり，真の分布は，わからなくても測定されたデータ数を確率的な尺度として，推定値と真の分布との距離を確率的に測るもので，一致すると K−L(情報量規準)は 0 となる．

真の分布を $p=(p_1, p_2, \cdots, p_n)$，推定値の分布を $q=(q_1, q_2, \cdots, q_n)$ とすると，次式の右辺の第 2 項は，真の分布と推定値の分布の確率的な差を示す．

$$I(p, q) = \sum_{i=1}^{n} p_i \log p_i - \sum_{i=1}^{n} p_i \log q_i = \sum_{i=1}^{n} p_i \log \dfrac{pi}{qi} \tag{4.10}$$

なお，真の分布と推定値の分布が一致すると $\sum_{i=1}^{n} p_i \log 1 = 0$ となる．

(5) AIC（赤池の情報量規準）の理論

AIC の最大対数尤度は MLL(maximum log-likelihood)であり，次式となる．
$$AIC = -2MLL + 2(Px+2) \tag{4.11}$$

また，対数尤度 $\log L = l(\mu, \sigma^2)$ のパラメータを $\hat{\mu} = \dfrac{1}{n}\sum_{i=1}^{n} x_i$，

$\hat{\sigma}^2 = \dfrac{1}{n}\sum_{i=1}^{n}(x_i-\overline{x})^2$ により，$\sigma^2 = \hat{\sigma}^2$，$\mu = \hat{\mu}$ と置き換えると最大対数尤度は

$MLL = l(\hat{\mu}, \hat{\sigma}^2) = -\dfrac{n}{2}\log(2\pi\hat{\sigma}^2) - \dfrac{n}{2}$ になる．この MML の両辺を (-2) 倍すると，$-2MLL = n\log(2\pi\hat{\sigma}^2) + n$ となる．式(4.11)より求める AIC のモデルは，次式となる．

$$AIC = -2MLL = 2(P_x+2) = n\log(2\pi\hat{\sigma}^2) + n + 2(P_x+2) \tag{4.12}$$

なお，AIC は，残差が正規分布するものとして -2 倍は推定値が χ^2 値に比較して，その差が 2 倍ほど χ^2 値より大きくなる補正値である．

式(4.12)の中の $\hat{\sigma}^2 = \frac{1}{n}\sum_{i=1}^{n}(x_i - \bar{x})^2$ を，$x_i = y_i$，$\bar{x} = \hat{y}$ で置き換えると

$\hat{\sigma}^2 = \frac{1}{n}\sum_{i=1}^{n}(y_i - \hat{y})^2 = \frac{S_e}{n}$（残差分散）は，残差平方和 S_e，データ数 n であり変数の数 P より AIC のモデルは，次式となる．

$$AIC = n\left(\log\left(2\pi\frac{S_e}{n}\right) + 1\right) + 2(P_x + 2) \tag{4.13}$$

[第1項：最大対数尤度(残差分散)・(χ^2値≒n)の区間推定]

AIC モデル式の第1項は，最尤推定法(MLE)による最大対数尤度(真と推定値の分布が近似的に一致)であり，あるはずの潜在情報量 $\log\left(2\pi\frac{S_e}{n}\right)$ を示す．また，これは，確率的な捕え方をするもので，エントロピー(情報量の期待値)に近似的に一致する．また，その最大対数尤度を χ^2 分布の自由度 $\phi = n-1$，(有意水準 0.025 %) が χ^2 値 ≒ $n(\phi = 1 ≒ 1.32，2 ≒ 2.77$ など) に近似的に一致することを利用し，誤差の範囲をつけて真の値を区間推定するものである．

なお，χ^2 分布表については，日科技連出版社のホームページから筆者作成の統計数値表をダウンロードして参照されたい(詳しくは p.vii を参照)．

[第2項：説明変量の数の増加に対するペナルティ]

重回帰モデルの自由になるパラメータの数 $2(P_x + 2)$ は，説明変量 P_x が増加した場合のペナルティであり，説明変量の数が増加すると重回帰モデルの寄与度がよくなることを防止するためである．

したがって，ペナルティ $2(P_x + 2)$ を踏まえて AIC が小さければ小さいほど AIC の値は良好になる．

(6) AIC 活用の留意点

① AIC は，将来的に最もよく起こり得る可能性，最大対数尤度を計算するもので，求めた確率分布が正規分布をしている仮定が必要である．

② AIC は，あくまで近似計算であるので，χ^2 分布の説明変量の数が大きくなるにつれて，χ^2 値の期待値(平均値)からの誤差が次第に大きくなる．

したがって，あまり説明変量の数が多いと，そのズレ分が大きくなりす

ぎて，良い結果が出ない．データ数に対して半分 1/2 以下の説明変量の数がよいといわれている．

③ 一般的に χ^2 値 $\fallingdotseq n$ (データ数) が大きいほど χ^2 分布に食い違いが生じるため AIC は大きくなる

4.6.5 C_p 統計量とは

C_P 統計量 (Mallows) とは，母集団からのサンプリングにもとづく重回帰モデルの予測値には誤差の分散に加えて偏りが生じる．この統計量は，2つの部分により構成されている．①平均二乗誤差であり，偏りと誤差の分散を評価するものであり，誤差平方和(全変量) S_e を $n-P_x$ で割ったものである．また，②重回帰モデルの当てはまりの良さに対して説明変の増加に対するペナルティを加えて評価したものである．

すなわち C_P 統計量は，両方の兼ね合いでモデルに取り込む説明変量の適否を判定するものであり，この統計量は小さいほうが望ましい．

(1) C_p 統計量の考え方

誤差平方和 (P_x 個の変量), $S_{e_p} = \sum_{i=1}^{n}(y_i-\hat{y})^2$, 誤差平方和(全変量) $S_e = \sum_{i=1}^{n}(y_i-\hat{y})^2$, 平均二乗誤差(全変量) $\hat{\sigma}^2 = \dfrac{S_{e_p}}{n-P_x}$ により，次式となる．

$$C_P = \left(\frac{S_{e_p}}{\hat{\sigma}^2}\right) - (n-2P_x) \tag{4.14}$$

[式(4.14)の第1項の分子 S_{e_p}]

P_x 個の説明変量を取り込んだことによる誤差平方和 S_{e_p} で当てはまりの良さの評価であり，説明変量の増加とともに誤差は小さくなる．また，その分母は，平均二乗誤差(全変量)MSE であり，偏りと分散(ばらつき)の両方を評価する指標であり，誤差平方和(全変量)を $n-P_x$ (定数項含む)で割ったものであり，その P_x は偏りを考慮するもので P_x が大きくなれば，回帰平面が広くなり，平均二乗誤差 $\hat{\sigma}^2$ は小さくなる．なお，誤差平方和は $S_{e_p} > S_e$ の関係となる．

[式(4.14)の第2項 $n-2P_x$]

説明変量の増加に対して回帰平面が広くなり，推定が不安定になるペナルテ

ィ（罰金）を示している．また，第1項と第2項の兼ね合いにより，C_p統計量は最小値の説明変量を採用する．なお，$C_p = P_x$が一致したときが最も望ましい重回帰モデルの選択である．

(2) C_p統計量とAIC統計量

一般に母集団からのサンプリングの仕方により，データは偏り（重要な変量モレ）を生じる．平均値$\bar{x}$も真の平均μから偏りを生じる．AICは，最尤法の拡張であるから，$\bar{x}$がμからズレれば（偏れば）推定もおかしくなる．一方，C_p統計量は，全変量の誤差平方和であり，全変量P_xをどう定義するかが鍵である．

4.7 多重共線性

4.7.1 多重共線性とは

多重共線性（multicollinearity）とは，重回帰モデルを構成する各説明変量の間の強い相関により，種々の阻害現象が発生するものである．すなわち，目的変量に対して2つ以上の説明変量の間に強い相関の関係があると，相関の高い説明変量同士が1つの擬似合成変量を形成するので，本来の回帰平面をずらして残差を大きくし回帰平面を不安定にする．

その結果，目的変量の説明力を示す偏回帰係数の符号が反対向きになったり，偏回帰係数を求めるとき方程式が解けなかったりする．この現象により本来，表に出るべき相関が出ないので偏相関係数でつかむ必要がある．ちなみに，変量の相関行列の中の要素に相関係数がおおよそ0.9以上のものがあるときは注意を要する．なお，多重共線性が生じる場合は，次のような現象が現れる．

① 偏回帰係数が求められない．
② 2つの説明変量同士の相関係数は，1または−1に近づく．
③ 偏回帰係数の符号が単相関係数の符号と一致しない．
④ 重回帰モデルの寄与率が高いのに，各説明変量の統計的な有意差がでない．
⑤ 同一モデルでもデータを変えることにより推定値が大きく異なる．

なお，データ表に時間的あるいは空間的，技術的な共通した要因などが影

4.7.2 VIF 指標とは

VIF(Variance Inflation Factor)指標とは，説明変量間の多重共線性を検出するための指標の一つとなるものであり，$I = R \cdot R^{-1}$ より説明変量間の R 相関係数行列の R^{-1} 逆行列の対角要素が等しくなる($r_{11}^{-1} = r_{22}^{-1}$)．以下に各行列の記号を示す．

$$I = \begin{pmatrix} 1 & 0 \\ 0 & 1 \end{pmatrix}, \quad R = \begin{pmatrix} r_{11} & r_{12} \\ r_{12} & r_{22} \end{pmatrix}, \quad R^{-1} = \begin{pmatrix} r_{11}^{-1} & r_{12}^{-1} \\ r_{12}^{-1} & r_{22}^{-1} \end{pmatrix}$$

なお，VIF(分散拡大要因)が VIF $\geq$ 10 を超えるとき，多重共線性が生じる可能性がある．

4.7.3 トレランス指標とは

トレランス(tolerance)指標(許容度)とは，VIF 指標の逆数である VIF 指標は，次式から求まる．

$$トレランス = \frac{1}{VIF}$$

なお，トレランス指標は 0～1 までの値をとり，その値が大きいほど多重共線性の影響がないことを示すが，この指標が 0.1 以下のときは，多重共線性が生じている可能性が高い．

4.7.4 多重共線性のデータの分析

表 4.3 のデータを分析してみると，多重共線性があり，主な統計指標は R^2 = 0.473 は，説明変量 x_1 は，$t_1(0.085 > 0.05)$，説明変量 x_2 は，$t_2(0.124 > 0.05)$ であり，有意差なしとなる．

$$\hat{y} = \underset{(a_0)}{46.750} + \underset{(b_1)}{1.007 x_1} - \underset{(b_2)}{0.896 x_2}$$

なお，t 分布表については，日科技連出版社のホームページから筆者作成の統計数値表をダウンロードして参照されたい(詳しくは p.vii 参照)．

(1) 多重共線性のデータ分析と関連指標(トレランス，VIF)

多重共線性データ(表 4.3)を重回帰分析してみる．表 4.4 の相関行列より，

第4章 重回帰分析

説明変量 x_1 と x_2 の正の相関が高く，$r_{x_1 x_2} = 0.988$ である．しかし，重回帰モデルの説明変量 x_1 の偏回帰係数を求めると $b_1 = 1.007$ であるが，説明変量 x_2 の偏回帰係数は，反対符号 $b_2 = -0.896$ となっているので多重共線性の影響が考えられる．

表 4.3 多重共線性のデータ（リッジ予測値）

No.	y	x_1	x_2	リッジ回帰 $\hat{y}$
1	50.0	21.6	20.0	49.9
2	45.0	32.4	35.0	51.2
3	45.0	41.4	45.4	52.2
4	57.5	70.2	68.0	55.0
5	52.5	55.8	50.6	53.4
6	55.0	25.2	24.3	50.3
7	55.0	32.4	30.1	51.0
8	47.5	25.2	24.0	50.3
9	57.5	58.2	58.4	53.8
10	52.5	30.6	30.1	50.9

表 4.4 相関係数行列

	y	x_1	x_2
y	1.000	0.493	0.413
x_1	0.493	1.000	0.988
x_2	0.413	0.988	1.000

なお，トレランスおよび VIF の計算は $I = R \cdot R^{-1}$ より，次のようになる．

$$\begin{matrix} I & R & R^{-1} \end{matrix}$$
$$\begin{pmatrix} 1 & 0 \\ 0 & 1 \end{pmatrix} = \begin{pmatrix} r_{11}(1) & r_{12}(0.988) \\ r_{12}(0.988) & r_{22}(1) \end{pmatrix} \cdot \begin{pmatrix} r_{11}^{-1}(41.918) & r_{12}^{-1}(-41.415) \\ r_{12}^{-1}(-41.415) & r_{22}^{-1}(41.918) \end{pmatrix}$$

重回帰分析の結果より求めた $y = 46.75 + 1.008 x_1 - 0.897 x_2$ は，$VIF = 41.918$ であり基準値 10 以上をオーバーしているので多重共線性の影響が考えられる．

また，トレランスを計算してみると，トレランス $= \dfrac{1}{41.918} = 0.024$ となるが，これは基準値 0.1 以下であるので，ここでも多重共線性が発生している可能性が高いことがわかる．

そこで主成分分析により固有値と累積寄与率（**表 4.5**）を求めてみると，主成分 No.3 の固有値（λ_1，λ_2，λ_3 のうち $\lambda_i < 0.01$ 以下なら多重共線の疑いあり）は，λ_3 においては 0.008 で 0 に近い．これは，3 つの変量を 2 つの変量で要約（累積寄与率は，99.732 ％）できることがわかる．

4.7 多重共線性

表4.5 固有値と累積寄与率

主成分No.	固有値	寄与率(%)	累積寄与率(%)
1	2.303	76.769	76.769
2	0.689	22.963	99.732
3	0.008	0.268	100.000

(2) 多重共線性の対策

① 重複する説明変量間に多重共線性があることがわかれば，どちらか一方を外す．
② クラスター分析(変量)により，多重共線性が考えられる変量をピックアップして重複する説明変量を要約する．
③ 技術的な視点から本来の要因を洗い出しその変量を用いて再解析をする．
④ リッジ回帰で対応する．

4.7.5 一般データと多重共線性データのブートストラップ法による標本分布(パラメータ)の比較

(1) 一般データのブートストラップ標本分布の作成

表4.7(p.127)の売上高データの場合：$\hat{y} = \hat{a}_0(-1724.431) + \hat{b}_1(0.235)x_1 + \hat{b}_2(35.472)x_2$

傾き$\hat{b}_1$の信頼度のパーセンタイルは5%(0.094)〜95%(0.381)であり標準誤差は0.082である．また，傾き$\hat{b}_2$の信頼度のパーセンタイルは5%(19.35)〜95%(57.85)であり標準誤差は11.696である．これをグラフ化すると図4.4となる．

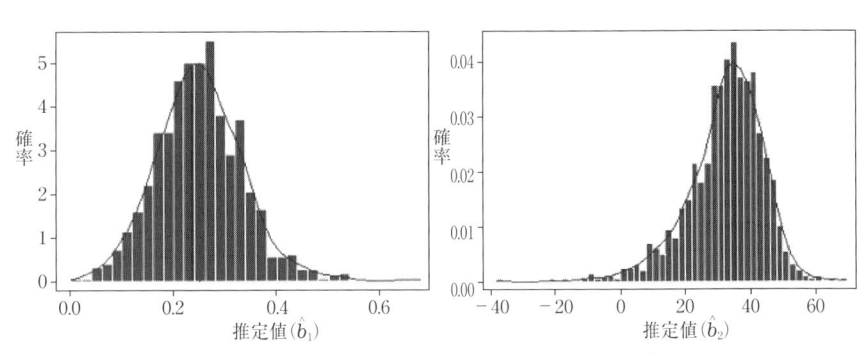

図4.4 ブートストラップ標本分布(売上高データ $\hat{b}_1$=0.235, $\hat{b}_2$=35.472の傾き)

第 4 章 重回帰分析

(2) 多重共線性データのブートストラップ標本分布の作成

表 4.3(p.112) の多重共線性となるデータの場合：$\hat{y} = (46.750) + \hat{b}_1(1.007)x_1 - \hat{b}_2(0.896)x_2$

これをグラフ化したのが**図 4.5** である．多重共線性の発生により偏回帰係数の符号が反対を向く（$+\hat{b}_1$）→（$-\hat{b}_2$）ケースを眺めてみる．

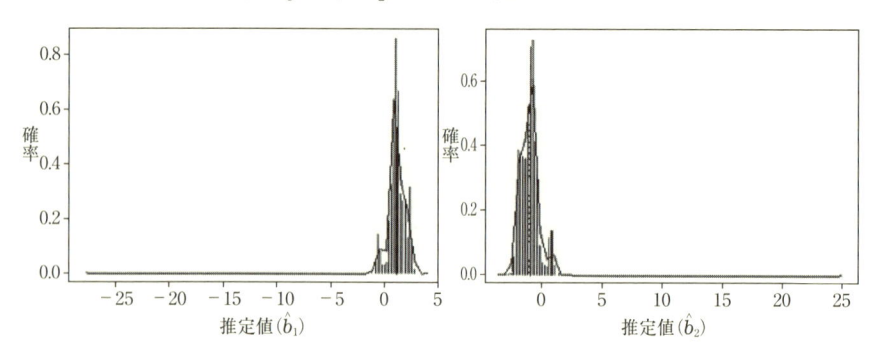

図 4.5 ブートストラップ標本分布（多重共線データ $\hat{b}_1 = 1.007$，$\hat{b}_2 = 0.896$ の傾き）

傾き $\hat{b}_1$ の信頼度のパーセンタイルは 5%（-0.731）〜95%（2.263）であり標準誤差は 1.188 である．また，傾き $\hat{b}_2$ の信頼度のパーセンタイルは 5%（-1.907）〜95%（0.919）であり標準誤差は 1.103 である．

(2) 結論

結論，90%の信頼区間で推定すると，一般の売上高データ（**図 4.4**）ではブートストラップ標本分布 $\hat{b}_1$ と $\hat{b}_2$ では，ほとんどダブリない．一方，多重共線性のデータ（**図 4.5**）においてはブートストラップ標本分布 $\hat{b}_1$ と $\hat{b}_2$ の裾の幅が重複し，ともに推定の範囲が非常に広くダブリがある．

4.8 リッジ回帰による多重共線性への対応

4.8.1 リッジ回帰の意味

重回帰モデルの説明変量間が非直交している場合には，リッジ回帰により直交へと変換しパラメータの推定を行うものである．その特徴は，安定的な回帰係数を持つ回帰モデルを作り出すことである．

その手順は，未知の母回帰パラメータ $\hat{\beta}$ を軌跡グラフを見ながら k の値の

当てはめを行い，標本データから $\hat{\beta}$ を推定するものである．なお，リッジの推定値 $\hat{\beta}$ は，推定データの微小な変化に対して安定的である正の k 値が存在することがホーエルとケンナード（Hoerl and Kennard）により証明されている．

4.8.2　リッジ回帰の行列表現

多重共線性が生じるのは，行列の積 $X'X$ の非対角成分が大きく，対角成分が相対的に小さいときである．多重共線性があれば逆行列の成分に大きな値をもつものが存在する．

また，完全な多重共線性がある場合には，特異行列列 $X'X = 0$ であり，逆行列は存在しない．そのためリッジ回帰は，単位行列 I の対角成分に正の k （偏りを表すパラメータ）を加え，それ以外の要素は 0 からなる行列 kI を行列の積 $X'X$ に加え，行列の主対角成分を大きくする方法である．リッジ回帰の推定量は，最小二乗法の $X'y = \hat{\beta}(X'X)$ の両辺に $(X'X)$ の逆行列 $(X'X)^{-1}$ を掛けて $\hat{\beta} = (X'X)^{-1}X'y$ を求めるものであるが，リッジ回帰は最小二乗法に改良を施した方法であり $\hat{\beta} = (X'X)^{-1}X'y$ の行列の積 $X'X$ に，$X'X + k$I の対角要素 1 に正の定数 k を加えて表すもので $\hat{\beta} = (X'X + k\mathrm{I})^{-1}X'y$ となるが，$k = 0$ であれば，$\hat{\beta} = (X'X)^{-1}X'y$ になる．すなわち I + k することにより多重共線性の歪みを取ってくれる．

4.8.3　リッジトレースによる方法

この方法は，リッジグラフによる探索的な方法で，グラフを用いた多重共線性回避の接近法である．k の指定範囲は，10^{-4}（最小値）＜ k ＜（最大値）であり，増分値 k により，リッジの軌跡（**図 4.6**）から探索および推定を行う．

図 4.6 リッジの軌跡より変量 x_1，変量 x_2 の標準回帰係数は，$k = 0.5$ 位（○印）で安定しているのでリッジの標準回帰係数（**表 4.6**）から $k = 0.529$ を拾い出すと，その標準回帰係数は $\tilde{b}_1 = 0.254$，$\tilde{b}_2 = 0.106$ となる．

第4章 重回帰分析

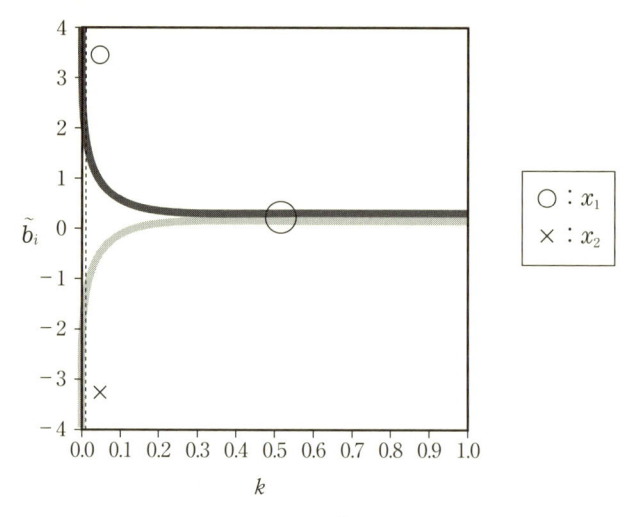

図4.6 リッジの軌跡（k：パラメータ，$\tilde{b}_j$：標準偏回帰係数，x_j：説明変量）

表4.6 リッジの標準回帰係数

k	x_1	x_2
0.000	3.536	−3.08
0.001	3.285	−2.829
0.002	3.069	−2.614
⋮	⋮	⋮
0.527	0.255	0.105
0.528	0.255	0.105
0.529	0.254	0.106
0.530	0.254	0.106
⋮	⋮	⋮
0.999	0.191	0.112

4.8.4 リッジ回帰係数の計算の手順

目的変量に対する純粋な説明変量の影響力を見るため各説明変量を標準化した相関行列 $R_{(1+k)}$ より出発する．

① 最小二乗法を解く連立方程式は，次式となる．
$$\begin{cases} \tilde{b}_1(1+k) + \tilde{b}_2 r_{12} = r_{1y} \\ \tilde{b}_1 r_{12} + \tilde{b}_2(1+k) = r_{2y} \end{cases} \tag{4.15}$$

② 式(4.15)の連立方程式を解き $\tilde{b}_1$，$\tilde{b}_2$ の標準偏回帰係数を求める．

4.8 リッジ回帰による多重共線性への対応

$$R_{(k+1)} = \begin{bmatrix} 1+k & r_{12} & r_{1y} \\ r_{12} & 1+k & r_{2y} \\ r_{1y} & r_{2y} & 1+k \end{bmatrix} = \begin{bmatrix} 1.529 & 0.988 & 0.493 \\ 0.988 & 1.529 & 0.413 \\ 1.529 & 0.413 & 1.529 \end{bmatrix}$$

③ 標準偏回帰係数 $\tilde{b}_1$, $\tilde{b}_2$ を求める.

$$\tilde{b}_1 = \frac{r_{1y}\,1+k(r_{22}) - r_{2y}r_{12}}{1+k(r_{11})\,1+k(r_{22}) - r_{12}^2} = \frac{0.345753}{1.361697} = 0.254$$

$$\tilde{b}_2 = \frac{r_{2y}\,1+k(r_{11}) - r_{1y}r_{12}}{1+k(r_{11})\,1+k(r_{22}) - r_{12}^2} = \frac{0.144393}{1.361697} = 0.106$$

④ 標準偏回帰係数 $\tilde{b}_1$, $\tilde{b}_2$ より偏回帰係数 b_1, b_2 を求めると，偏回帰係数 b_i は，説明変量の偏差平方和 S_{ii}，目的変量の偏差平方和 S_{yy} より，次のようになる．

$b_j = \tilde{b}_j \sqrt{\dfrac{S_{yy}}{S_{ii}}}$ は， $b_1(0.072) = 0.254 \times \sqrt{\dfrac{200.625}{2470.5}}$, $b_2(0.030) = 0.106 \times \sqrt{\dfrac{200.625}{2367.709}}$

⑤ 定数項 a_0 を求める．

$a_0 = \bar{y} - b_1\bar{x}_1 - b_2\bar{x}_2 = 51.75 - 0.072 \times 39.3 - 0.030 \times 38.59 = 47.715$

⑥ したがって，重回帰モデルを表す構成式は，次式となる．

$$\hat{y} = 47.715 + 0.072x_1 + 0.030x_2$$

平均二乗誤差 MSE を計算してみると，$MSE_{\text{M(マルチコ)}} = \dfrac{105.745}{10-3} = 15.11$,

$MSE_{\text{R(リッジ)}} = \dfrac{158.666}{10-3} = 22.67$ となり，多重共線性データのほうが少し小さいが，あくまで平均であるので予測誤差のグラフを描く（**図 4.7**）．

<多重共線性データの誤差>   <リッジ回帰による誤差>

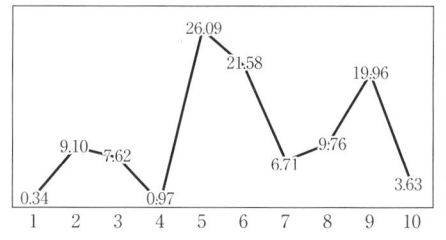

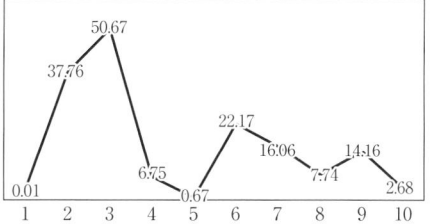

図 4.7　多重共線性データ対リッジ回帰による予測誤差の比較

その結果は，多重共線性データは大きく変動しているが，リッジ回帰による予測誤差は，一部が変動しているが多重共線性データに比べて全体的に安定的に推移している．なお，決定係数は $R_M^2 = 0.322$，$R_R^2 = 0.209$ とリッジ回帰は，少し小さくなっている．

4.9 重回帰式のモデルの説明力の評価

4.9.1 重相関係数とは

重相関係数 R とは，実現値の全体変動 $\sqrt{S_{yy}}$ を重回帰分析の結果である重回帰式による変動（合成変数）$\sqrt{S_R}$ で，どのくらいの割合が説明できるかを示すものである．また，この指標は，3つ以上の変数の間に予測関係が成立するかがわかるもので，重相関係数は約 0.7 以上ある必要がある．重相関係数の考え方を以下に示す．

実現値 y_i と重回帰式の推定値 $\hat{y}_i = a_0 + b_1 x_{i1} + b_2 x_{i2} + \cdots + b_P x_{iP}$，$(i=1, 2, \cdots, n)$ との相関係数を重相関係数（multiple correlation coefficient）と呼び，R で表す．また，$\hat{y}_i$ は，x_{i1}，x_{i2}，$\cdots$，x_{iP} の1次式であるから R は y_i と説明変数の組 $(x_1, x_2, \cdots, x_P)$ の予測値 $\hat{y}_i$ との単相関係数である．この重相関係数 R は，回帰による平方和 S_R，全体の平方和 S_{yy} より次式となる．

$$R = \sqrt{\frac{S_R}{S_{yy}}} \tag{4.16}$$

なお，重相関係数の特徴は，以下のとおりである．

①重相関係数は，目的変数と各独立変数の単相関より大きい．②重相関係数は，目的変数と予測値（合成変数）の単相関係数であり，3つ以上の変数間の予測関係が成立するかを示すもので，重相関係数の指標は＋，－の方向は示さない．

4.9.2 寄与率（決定係数）

寄与率（contribution rate）R^2（決定係数）とは，重相関係数の2乗であり，実現値に対して重回帰式による変動がどのくらい寄与できるかを見るもので，重回帰式による変動 S_R（因子変動）が全体変動 S_{yy}（総変動）に占める割合を示す．

残差平方和 S_e，全体変動の平方和 S_{yy} より，次式となる．なお，その評価は，説明変数の追加前 R^2 と追加後の R^2 の差で評価する．

$$R^2 = \frac{S_R}{S_{yy}} = 1 - \frac{S_e}{S_{yy}} \tag{4.17}$$

4.9.3 自由度調整済み寄与率

この指標は，各変量の重回帰モデル（直線）への当てはまり具合を測定する指標であるが，寄与率との違いは，説明変量 P の増加に比例して重回帰モデルの当てはまりが良くなる傾向を，全体の自由度 $\phi_T = n-1$，残差の自由度 $\phi_e = n-P-1$ で補正して評価する指標である．

全体分散は，$V_{yy} = \dfrac{S_{yy}}{n-1}$ であり，残差分散は $V_e = \dfrac{S_e}{n-P-1}$ であり，求める自由度調整済み寄与率 R^{*2} は，次式となる．

$$R^{*2} = 1 - \frac{V_e}{V_{yy}} \tag{4.18}$$

なお，寄与率と自由度調整済み寄与率との差が大きいときの対応は，説明変量を減らすか，あるいはデータを追加するなどである．

4.9.4 自由度二重調整済み寄与率

自由度二重調整済み寄与率 R^{**2} は，選択する変量の数が大きくなっても残差平方和 S_e の減少量がそれほどでもないとき，残差平方和の最小値まで指標は効率性を示すが，それ以降の変量の増加にたいしては，効率性を示さない．そのため自由度により寄与率に対するペナルティを課すのがこの指標である．また，新たな予測データに対して考慮した指標でもある．

$$R^{**2} = 1 - \frac{\dfrac{(n+P+1)S_e}{n-P-1}}{\dfrac{(n+P)S_{yy}}{n-1}} \tag{4.19}$$

4.9.5 重回帰分析のテコ比

テコ比 L_{ii} は，1つのサンプル i が重回帰式の超平面に与える影響を推定するものである．1つのサンプル i の外れ値でも重回帰式の超平面がテコの影響を受け，全体的に引っ張られることをいうもので，一般的にテコ比が大きい値を示すサンプル i は，重回帰式の超平面（図 4.8）に悪い影響を与える．

第4章 重回帰分析

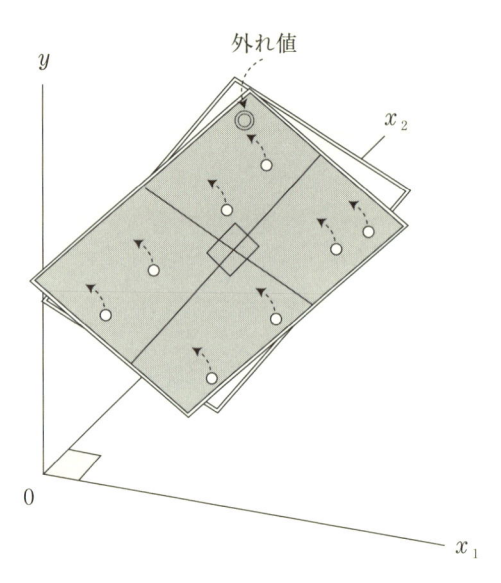

図4.8 重回帰式の超平面の異常

$$L_{ii} = \frac{1}{n} + \frac{D_i^2}{n-1} \tag{4.20}$$

この式の右辺の第2項の D_i^2 は，マハラノビスの汎距離の2乗である．この距離は，標準化データであるので，重心 $(\overline{x}_1, \overline{x}_2, \cdots, \overline{x}_P)$ からの距離となる．なお，テコ比の検討の目安は $\sum_{i=1}^{n} L_{ii} =$ (説明変量の個数 $P+1$) より，$2.5 \times \frac{P+1}{n} = 2.5 \times$ (テコ比の平均) 以内が基準値である．

4.9.6 偏相関係数とは

すべての変量 y, x_1, x_2 のうち y と x_1 の相関係数 r_{y1} を求める場合，y と x_1 の相関にはともに x_2 の影響が入ってしまう．すなわち，これは y と x_1 の背後で双方に影響する第3の変量 x_2 の影響が入ることで擬似相関となる．偏相関係数は，この擬似相関を除去する方法であり，目的変量に影響する純粋な各説明変量の影響がわかる．また，偏相関係数の範囲は0～1までである．

偏回帰係数が表面に表れにくい変量の抑圧(多重共線性の影響など)現象では，目的変量に対する個々の説明変量の影響の程度をつかむため，偏相関係数を使用するとよい．

次に，2変量の偏相関係数を求めてみる．

図 4.9 より，目的変量 y と説明変量 x_1, x_2 のうち x_2 の変量を除いた y と x_1 の偏相関係数 $r_{y1 \cdot 2}$ は，

$$r_{y1 \cdot 2} = \frac{r_{1y} - r_{12} r_{2y}}{\sqrt{(1-r_{2y}^2)}\sqrt{(1-r_{12}^2)}} \tag{4.21}$$

また，図 4.9 より，目的変量 y と説明変量 x_1, x_2 のうち x_1 の変量を除いた y と x_2 の偏相関係数 $r_{y2 \cdot 1}$ は，次式となる．

$$r_{y2 \cdot 1} = \frac{r_{2y} - r_{12} r_{1y}}{\sqrt{(1-r_{1y}^2)}\sqrt{(1-r_{12}^2)}}$$

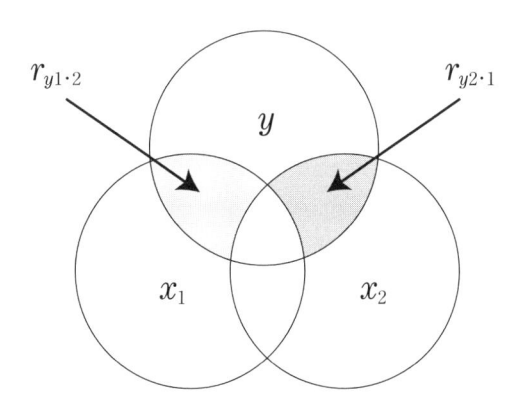

図 4.9　偏相関係数

4.9.7　ダービーンワトソンの統計指標

ダービーンワトソン(Durbin-Watson)の統計指標 dwr とは，不規則の残差の変動の中に時系列変動(残差の非独立)が残されていないかどうかを，自己相関として見つけ出す指標である．これは e_t と1つ前の残差 e_{t-1} に，癖があるかどうかを調べるもので，ダービーンワトソンの統計指標 dwr は，次式となる．

$$dwr = \frac{\sum_{t=2}^{n}(\tilde{e}_t - \tilde{e}_{t-1})^2}{\sum_{t=1}^{n}\tilde{e}_t^{\,2}} \tag{4.22}$$

この指標 dwr が 2 に近い値を示せば，残差の中に系列的な規則性がなくランダムである．しかし，この指標が，それ以外の値を示せば残差の中に系列的な規則性があるということは，何か重要な説明要因が落ちていることが考えられる．その落ちている要因の影響が残差の中の時系列的な癖として，その中に紛れ込んでいることが予想される．

4.9.8 マハラノビスの汎距離の 2 乗

図 4.10 のマハラノビス（Mahalanobis distance）の汎距離の 2 乗 D^2 とは，インドの統計学者，P. C. マハラノビスにより考案された距離で，多次元正規分布（多変量間の相関）の斜面の傾斜を考慮している．ここでは 2 変量の場合で述べることにする．

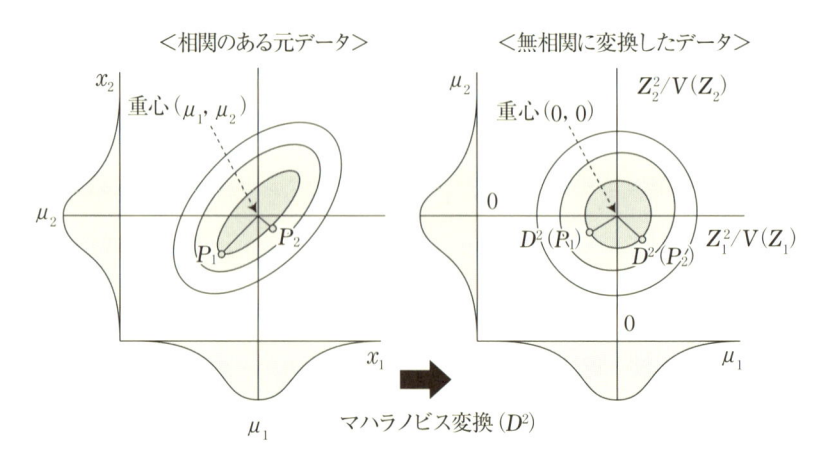

図 4.10　2 変量のマハラノビスの汎距離の 2 乗

①相関のあるデータは，重心（μ_1, μ_2）から P_1 までの距離，同じく P_2 までの距離の関係は，$P_1 > P_2$ である．また，②無相関に変換したデータは，重心（0, 0）から P_1 までの距離，同じく P_2 までの距離の関係は，$P_1 = P_2$ である．

2変量のマハラノビスの汎距離の2乗とするが，主成分分析を行うと第1主成分の2乗 Z_1^2 を横の大きい分散 $V(Z_1)$ で割り，また，第2主成分の2乗 Z_2^2 を縦の小さい分散で割り $V(Z_2)$ で割り，標準したものを加えたものがマハラノビスの汎距離の2乗となる．

$$D^2 = \frac{u_1^2 + u_2^2 - 2\rho u_1 u_2}{1 - \rho^2} \tag{4.23}$$

なお，式(4.23)で，2つの変量が無相関（$\rho = 0$）の場合は，直線のユークリッドの距離（$U^2 = u_1^2 + u_2^2$）となる．

マハラノビスの汎距離の2乗の理論式の説明については日科技連出版社のホームページから筆者作成の資料をダウンロードして参照されたい（詳しくは p.vii 参照）．

4.10 残差分析

4.10.1 残差分析とは

残差とは，各データ点と重回帰式の超平面との隔たりである．①残差の傾向分析は，残差の不偏性，独立性，等分散性などの重要な仮定にもとづき，視覚的な表示を用いる．また，誤差 e_i は，正規分布 $N(0, 1^2)$ に従うと仮定されるので，②標準化残差のヒストグラムを描き，残差の正規性を検証する．

4.10.2 残差分析の重要性

重回帰モデルを評価する代表的な手法は決定係数である．しかし，この指標だけで多次元空間上にある多くのデータ変動を評価できるほど単純ではない．したがって，データ変動全体をグラフなどで表し人間の視覚でも検討する必要がある．

4.10.3 残差の形状分析

残差は非常に荒れているので標準化した残差で見るとよい．残差の形状分析はその傾向に，偏りや上昇，下降などがないか，U字傾向（2次曲線）になっていないか，残差の中に重要な情報がかくされていないかなどを探るものである．また，残差の形状分析では，残差の点の並びの傾向から系列相関の可能性や重回帰分析をするうえでの阻害要因となる外れ値の発見を行う．ちなみに，

残差と誤差の違いは，回帰分析の関係を調べるときは残差であるが，標本回帰から母回帰を推定するときは誤差である．

4.11 予測区間の推定値

4.11.1 重回帰式による売上高の予測

売上高を効率よく予測するには，多くの候補要因があるが，その中から重要な説明要因のみを選び，重回帰式による売上高を予測する．

予測の仕方は，売上高にある一定の予測誤差の範囲をつけて予測するものであり，このほうが当たり外れが少ない．

また，この予測の特徴は，分析対象となる結果と原因の関係をつかみ，その延長上で将来の売上高などを予測するものである．

4.11.2 売上高の予測における区間推定の必要性

重回帰式による売上高の予測には，誤差がつきものである．それは，不注意により防げる誤差もあるが，多くの場合は，コントロールできない要因に支配され発生する偶然の誤差である．

したがって，売上高の予測も同じであり，その予測精度を上げるには，予測をした売上高に加えて，考えられる誤差の範囲にもとづき区間推定の幅をとり付けることが大切である．

では，その予測区間の推定の幅は，どのようにとり付けるかというと，これは標本から得られた予測誤差の理論分布（母集団が正規分布）の偶然の誤差を利用するもので，信頼確率（有意水準）に等しくなるように誤差の幅をつけて，母数の信頼区間を推定する．

このように売上高の予測値は，誤差の信頼度にもとづく区間をつけ推定するもので，これは，予測値がピッタリ当てはまらなくても，推定した区間のいずれかに真の売上げ高が含まれていれば予測値としては，満足できるものである．

したがって，当たり外れがともなう売上高の予測には，誤差の信頼度の範囲にもとづく区間推定の考え方が必要になる．

4.11.3 重回帰式による売上高の予測区間の推定

重回帰式の目的となる変量は確率変量であり，これは正規分布するものと仮定される．重回帰式による売上高の予測は，目的変量を複数の説明変量 P で予測し，その重心からマハラノビスの汎距離(正規確率)の範囲をつけて区間推定するものである．

予測区間の推定値 $\hat{y}_i$ とは，目的変量を重回帰式から求めた予測値に，パラメータとして，自由度 $\phi_e = n - P - 1$，信頼度 $t(\alpha, \phi_e)$，残差分散 V_e，マハラノビスの汎の距離の2乗 D^2 を当てはめ，信頼区間の上限値 u および下限値 l の売上高を予測区間として推定するものである．予測区間 $\hat{y}_l{}^u$ は，次式により求めることができる．

$$\hat{y}_l = \hat{y}_o - t(\alpha, \phi_e)\sqrt{\left(1 + \frac{1}{n} + \frac{D_o^2}{n-1}\right)V_e}$$

$$\hat{y}_u = \hat{y}_o + t(\alpha, \phi_e)\sqrt{\left(1 + \frac{1}{n} + \frac{D_o^2}{n-1}\right)V_e} \tag{4.24}$$

4.12　ダミー変量

4.12.1　ダミー変量とは

ダミー変量(dummy variable)とは，擬似変量(0 - 1)と呼ばれるものであり，2値の値をとるものである．このダミー変量を導入する目的は，全体が個々の集団の寄せ集めの共通項を1つのモデルで表すことであり，回帰モデルそのものを底上げしてデータにフィットさせる．そうすることにより，R^2 の改善，および極外値の改善が図れるなどの効果がある．

重回帰分析の例では，目的変量が売上高，説明変量は，売場面積，品揃え数，通行量などであり，いずれも量的なデータである．しかし，販売員の性別(男，女)，デモンストレーション販売(あり，なし)など，量的なデータで表しにくい質的なデータをダミー変量，ある $x_2 = 1$，なし $x_2 = 0$ を用いて表すものであり γ は，その係数となる．なお，重回帰モデルは，次式となる．

$$y_i = a_0 + b_1 x_1 + \gamma x_2 + e_i \quad (i = 1, 2, \cdots, n) \tag{4.25}$$

4.12.2　ダミー変量のデータ分析の概要

ミニ・スーパーマーケットは，全15店舗の一部の店舗でデモンストレーション販売を実施した．

図4.11の目的変量は日販(平均)，(単位：10万円)，説明変量は，売場面積(坪)であり，ダミー変量は，デモ販売の可否(デモ実施：1，未実施：0)である．なお，ダミー変量による分析結果は，次のようになる．

4.12.3　ダミー変量の分析の結果

一般的なモデル式は，$y = 11.817(a_0) + 0.064(b_1)x_1$ であるが，ダミー変量 (x_2) の導入モデルは γ が0.729であり，次式となる．

$$y = 11.817(a_0) + 0.064(b_1)x_1 + 0.729(r)x_2$$

したがって，店頭でデモンストレーション販売を実施した店舗は72900円(日販)の売上高が多いと予想される(**図4.11**)．

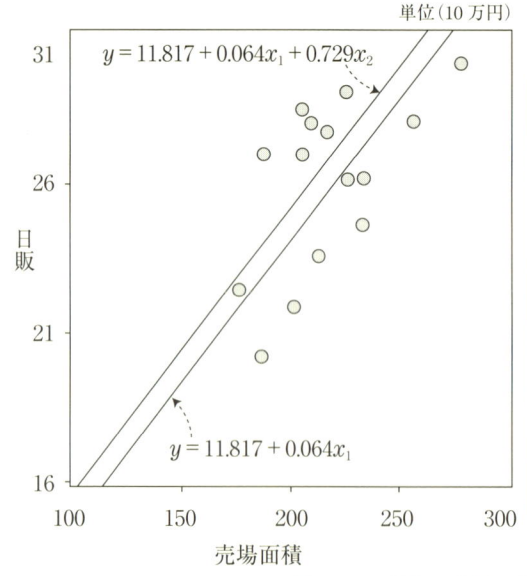

No.	日販(平均)	売場面積(坪)	デモ販売の可否
1	27.75	65	0
2	30.15	84	1
3	21.90	61	0
4	22.50	53	0
5	23.55	64	0
6	24.60	71	1
7	26.25	69	1
8	29.10	69	1
9	28.20	77	0
10	27.00	62	1
11	26.25	71	0
12	20.25	57	1
13	25.50	62	0
14	28.05	63	1
15	27.00	57	1

図4.11　ダミー変量の分析

4.12.4　ダミー変量の活用

① 分析しようとするデータ構造が時間的な経過により，ある時点を境に大きく変動するような場合の重回帰式の段差をとるクッションとするときに

用いる.
② すべての変動を質的な違いとして取り扱いたいときに用いる.

4.13 例題3：総合食料品店の売上高の予測

4.13.1 例題3の概要

総合食料品店の売上高（表4.7）より，このほど総合食料品店の店舗の改装を機会に，インストア・ベーカリーを併設し，オリジナルのパンを78種類に増やした．顧客数は7月17日〜7月24日までの平均値9381とした．売上高（単位：千円）を予測せよ．

4.13.2 重回帰分析の実務での活用法と結果の見方

(1) 重回帰モデル作成の基本的な考え方

重回帰モデルを作るとき，モデルに該当するたくさんの説明変量を採用すると，その変量間で他の変量との相関誤差を含むため，合成変量の中がその有効

表4.7 総合食料品店の売上高

No.	月日	売上高	顧客数	パンの種類	マハラノビスの汎距離の2乗	テコ比	標準化残差	残差t値	予測値
1	7月1日	732	5322	31	2.812	0.164	0.484	0.529	627
2	7月2日	862	5956	31	1.725	0.117	0.396	0.421	776
3	7月3日	902	5463	32	2.525	0.151	0.950	1.032	695
4	7月4日	940	6532	32	2.116	0.134	−0.031	−0.034	947
5	7月5日	952	5998	33	1.347	0.100	0.438	0.462	857
6	7月6日	1220	5978	34	1.377	0.102	1.530	1.614	888
7	7月7日	1180	7256	34	3.559	0.196	−0.037	−0.041	1188
8	7月8日	1210	7022	40	0.191	0.050	−0.625	−0.641	1346
9	7月9日	1150	7121	42	0.244	0.052	−1.334	−1.371	1440
10	7月10日	1310	6532	41	1.614	0.112	0.202	0.214	1266
11	7月11日	1540	7623	43	0.044	0.044	−0.247	−0.252	1594
12	7月12日	1550	7232	48	2.785	0.163	−0.594	−0.649	1679
13	7月13日	1210	7321	45	0.630	0.069	−1.764	−1.829	1594
14	7月14日	1520	7622	43	0.043	0.044	−0.338	−0.345	1593
15	7月15日	1580	7532	43	0.011	0.042	0.036	0.037	1572
16	7月16日	1450	7989	47	0.101	0.046	−1.709	−1.750	1822
17	7月17日	1850	9121	49	2.197	0.137	−1.420	−1.529	2159
18	7月18日	1980	9101	50	1.650	0.113	−0.964	−1.024	2190
19	7月19日	2220	9021	51	1.091	0.089	0.064	0.067	2206
20	7月20日	2520	9111	52	1.138	0.091	1.183	1.241	2263
21	7月21日	2510	9325	53	1.527	0.108	0.742	0.786	2349
22	7月22日	2720	9657	52	3.320	0.186	1.512	1.676	2391
23	7月23日	2920	9856	60	2.636	0.156	0.912	0.993	2722
24	7月24日	3210	9856	70	11.315	0.534	0.614	0.899	3077
25	—	3246.92	9381	78	13.542	—	—	—	—

でない変量の影響を受け予測の精度が落ちる．したがって，少数かつ有効な説明変量のみの選択が必要となる．また，テコ比の大きいサンプルは予測の精度が落ちるので外す．

(2) 多変量連関図（MA チャート）などで予備的な解析を行う

多変量連関図ではヒストグラム，2 変量を組み合わせた相関散布図などにより，予備解析を実施する．①外れ値および複峰分布を除去する．②非対称な分布に対してチェックする．③曲線状の散布データは対数化して直線へと変換する．

(3) 重回帰分析における残差の検討

重回帰分析の結果である残差は，重回帰係数（比率）で説明できない部分であり，モデルの妥当性を残差の形状から眺め人間の視覚（連関図，$P-P$ プロット），および箱ヒゲ図で，その妥当性を判断する．

(4) 多重共線性のチックと変量の選択

多重共線性は，①トレランス，VIF 指標による方法，②クラスター分析などによる多重共線性を発見する．最短距離法などの方法で，全変量をクラスター分析してみるもので，各説明変量を相関係数のクラスターで樹形図を描いてみて，関連性の強い説明変量を分類する．

(5) 多重共線性の対策

① 複数の要因の間で重複する説明変量のうち，どちらか一方を検討から外す．
② データを追加して多重共線性を弱める．
③ どうしても必要な変量を取り込みたいときにはリッジ回帰を用いる．

(6) テコ比が大きいときの対応

予測の精度が落ちるので，log により回避する．それでも改善しない場合には該当するサンプルを分析対象から外す．

4.13.3 重回帰分析のためのデータの検討
(1) 特性要因図により選択する説明変量の検討
表 4.7 のデータを検討する.

まず，特性要因図（図 4.12）により，太骨から小骨までの特性（結果）と要因（原因）の関係を十分に検討してみる．商品はオリジナルパン，販促はチラシ，商圏は顧客数，アクセスは駐車場，サービスは営業時間，ストアは店舗の増設であるが，売上高(y)を顧客数(x_1)，オリジナルパン(x_2)の 2 つの要因に絞り重回帰モデルを作成してみる.

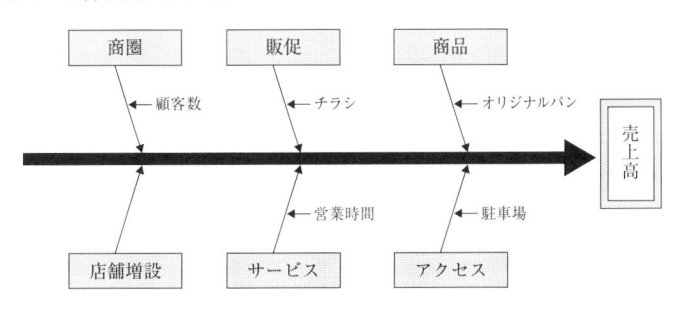

図 4.12 特性要因図

(2) 多変量連関図と相関係数行列によるデータ内容の検討

図 4.13 の相関係数行列（correlation matrix）を見てみると相関係数が 1 に非常に近いものはなく，多重共線性の恐れはないようである．また，併せて多変量連関図（multivariate control chart），（対角線はヒストグラム）を眺めて見る．売上高，パンの種類，顧客数ともデータ分布の形状は左右対称であり，分布から大きく離れた外れ値はないようである.

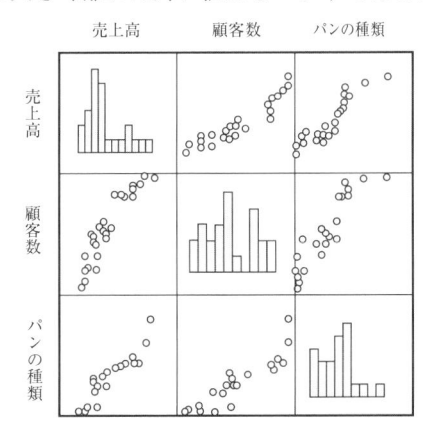

	売上高	顧客数	パンの種類
売上高	1.000	0.934	0.935
顧客数	0.934	1.000	0.913
パンの種類	0.935	0.913	1.000

図 4.13 多変量連関図と相関係数行列

(3) 基本統計量によるデータの検討

この基本統計量(表4.8)は，1変量ごとのおおまかなデータの特徴をつかむもので，平均 $\bar{x}$，標準偏差 s は，次のようになる．また，分布の形状を示す指標で歪度(skewness)は非対称度を示すもので $b_1 = 0$ (対称)．また，尖度(kurtosis)は偏平度を示すもので $b_2 = 3$ 対称(正規分布)，x_1 の尖度 $b_2 = -1.183$ 以外は，0より少し大きいので分布の代表性および位置は，良いようである．

なお，次に売上高 y の歪度 b_1，尖度 b_2 の計算例を示す．

$$b_1 = \frac{N}{(N-1)(N-2)} \cdot \frac{\sum_{i=1}^{n}(x_i - \bar{x})^3}{s^3} = 0.074 \times 17.735 = 0.841$$

$$b_2 = \frac{N(N+1)}{(N-1)(N-2)(N-3)} \cdot \frac{\sum_{i=1}^{n}(x_i - \bar{x})^4}{s^4} - \frac{3(N-1)^2}{(N-2)(N-3)}$$

$$= 0.056 \times 55.101 - 3.435 = -0.324$$

表4.8　基本統計量

変量名	平均値	標準偏差	歪度	尖度
y	1634.917	704.434	0.841	-0.324
x_1	7647.792	1432.379	0.098	-1.183
x_2	44.000	9.904	0.631	0.529

4.13.4　重回帰分析の手順

(1)　仮説の立案

帰無仮説 H_0：回帰係数に傾き($\beta_1 = 0$, $\beta_2 = 0$)はなし．
対立仮説 H_1：回帰係数に傾き($\beta_1 \neq 0$, $\beta_2 \neq 0$)はある．

(2)　F統計量による説明変量の選択

重回帰式を構成する目的変量は y であり，説明変量は，顧客数 x_1，パンの種類 x_2，データ数 n である．

① 説明変量の選択の意味

この F 値による方法は，すでに重回帰モデルに取り込まれている説明変量 P に1つの説明変量を追加し，$P + 1$ 個の説明変量にしようとしたとき，その選択は F 統計量により判断される．

② **説明変量の選択の判定基準**

F統計量による説明変量の選択の判断基準は，$F_{\text{IN}} = F_{\text{OUT}} = 2$である．この統計量は，重回帰モデルを構成する$P$個の説明変量に，追加された1つの説明変量が関与しないとした場合，自由度$(1, n-P-2)$のF分布に従うものであり，F_P値と自由度二重調整済み寄与率R^{**2}との間の関係は，次のようになる．

$$R_P^{**2} \geq R_{P+1}^{**2} \Leftrightarrow F_P \geq \frac{2n}{n+P-1} \doteqdot 2$$

以上より，データ総数nが重回帰モデルで使用したすべての説明変量の数Pより大きいとき，F_P値は2より大きくなければならない．また，R_P^{**2}はR^2の拡張である．

③ **分散比 F**

既存の重回帰モデルの残差平方和$(S_e)_P$から説明変量を1つ追加した場合の残差平方和$(S_e)_{P+1}$を引くと，残差平方和の減少分を，同じく残差分散$(V_e)_{P+1} = \frac{(S_e)_{P+1}}{n-P-1}$で割った値が$F$値である．

$$F = \frac{(S_e)_P - (S_e)_{P+1}}{\dfrac{(S_e)_{P+1}}{n-P-1}} \tag{4.26}$$

(3) 逐次変量選択法による説明変量の選択

重回帰モデルに説明変量を取り込む前の売上高の残差平方和の計算表(**表4.9**)，式(4.26)と定数項$a_0 = 1634.917$より，
$\bar{y} = 1634.917$，式(4.27)の残差平方和$S_{yy} = 11413215.83$である．自由度は$\phi_{yy} = n-1 = 23$より，残差分散は，$V_e = \dfrac{11413215.83}{23} = 496226.775$であり，$AIC =$

表4.9 逐次変量選択法による説明変量の選択

項目	F値	寄与率	自由度二重調整済み寄与率	偏回帰係数	標準偏回帰係数	残差平方和の減少	残差分散
y	129.277	0	0	1634.917	—	11413215.33	496226.775
x_1	149.649	0.872	0.861	0.459	0.934	9950410.007	66491.173
x_2	9.955	0.913	0.897	35.472	0.499	470437.108	47255.653

第4章 重回帰分析

表 4.10 残差平方和の計算表

NO.	売上高	顧客数	予測値(顧客数)	売上高−予測値(顧客数)=残差	残差平方和(顧客数)	パンの種類	予測値(パンの種類)	売上高−予測値(顧客数,パンの種類)=残差	残差平方和(顧客数,パンの種類)
1	732	5322	565.876	166.124	27597.183	31	626.809	105.191	11065.064
2	862	5956	856.882	5.118	26.194	31	775.912	86.088	7411.176
3	902	5463	630.595	271.405	73660.674	32	695.441	206.559	42666.525
4	940	6532	1121.266	−181.266	32857.363	32	946.846	−6.846	46.865
5	952	5998	876.160	75.840	5751.706	33	856.733	95.267	9075.817
6	1220	5978	866.980	353.020	124623.120	34	887.501	332.499	110555.445
7	1180	7256	1453.582	−273.582	74847.111	34	1188.058	−8.058	64.928
8	1210	7022	1346.176	−136.176	18543.903	40	1345.857	−135.857	18457.214
9	1150	7121	1391.617	−241.617	58378.775	42	1440.084	−290.084	84148.466
10	1310	6532	1121.266	188.734	35620.523	41	1266.092	43.908	1927.888
11	1540	7623	1622.035	−82.035	6729.741	43	1593.614	−53.614	2874.504
12	1550	7232	1442.566	107.434	11542.064	48	1679.019	−129.019	16645.962
13	1210	7321	1483.417	−273.417	74756.856	45	1593.535	−383.535	147098.720
14	1520	7622	1621.576	−101.576	10317.684	43	1593.379	−73.379	5384.510
15	1580	7532	1580.266	−0.266	0.071	43	1572.213	7.787	60.633
16	1450	7989	1790.029	−340.029	115619.721	47	1821.577	−371.577	138069.192
17	1350	9121	2309.617	−459.617	211247.787	49	2158.741	−308.741	95321.011
18	1980	9101	2300.437	−320.437	102679.871	50	2189.509	−209.509	43894.147
19	2220	9021	2263.717	−437.17	1911.176	51	2206.167	13.833	191.353
20	2520	9111	2305.027	214.973	46213.391	52	2262.805	257.195	66149.402
21	2510	9325	2403.253	106.747	11394.922	53	2348.605	161.395	26048.501
22	2720	9657	2555.641	164.359	27013.881	52	2391.212	328.788	108101.838
23	2920	9856	2646.982	273.018	74538.828	60	2721.787	198.213	39288.588
24	3210	9856	2646.982	563.018	316989.268	70	3076.505	133.495	17820.955
合計	11413215.833	−	−	−	1462861.812	−	−	−	992368.712

385.834, 残差標準偏差は, $s_e = 704.433$ となる. このとき寄与率は $R^2 = 0$, 自由度二重調整済み寄与率は $R^{**2} = 0$ である.

$$S_{yy} = \sum_{i=1}^{n}(y_i - \overline{y})^2 \tag{4.27}$$

1番目(表4.9)は, 顧客の説明変数 x_1 を取り込んだときの残差平方和の計算表(表4.10)と x_1 の偏回帰係数は $b_1 = 0.459$ より, $\hat{y} = -1876.922 + 0.459x_1$ 式(4.28)の残差平方和 $S_e = 1462805.812$ となる. 重回帰式に x_1 を取り込むことで, その残差平方和の減少量は, $(S_e)_0 - (S_e)_{0+1} = 11413215.833 - 1462805.826 = 9950410.007$ となる.

また, そのときの自由度 $\phi_e = n - 2 = 22$ より, 残差分散は,

$(V_e)_{0+1} = \dfrac{(S_e)_{0+1}}{n-P} = \dfrac{1462805.826}{22} = 66491.173$ であり, 残差標準偏差は, $s_e = 257.858$ となる.

このとき F 値は, $F = \dfrac{9950410.007}{66491.173} = 149.649$ であり, $149.649 \geq 2(F_{IN} = F_{OUT})$ 以上であるので説明変数 x_1 を取り込むことにした. $AIC = 385.537$, 寄与率は, $R^2 = 0.872(87.2\%)$, 自由度調整済み寄与率は, $R^{*2} = 0.866$, 自由度二重調整済み寄与率は, $R^{**2} = 0.861(81.6\%)$ であり約70%を超えているので良好である.

$$S_e = \sum_{i=1}^{n}(y_i - \hat{y})^2 \tag{4.28}$$

[例4.1] 寄与率の計算例

表4.9(p.131)より, 残差平方和の減少(x_1) = 9950410.008 より, 目的変数への予測式(重回帰モデル)の当てはまり指標である寄与率は0.872と良好である.

$$R^2 = 1 - \frac{S_e}{S_{yy}} = \frac{S_R}{S_{yy}} = \frac{9950410.008}{11413215.83} = 0.872$$

[例4.2] 自由度調整済み寄与率の計算例は, 次のようになる.

$$R^{*2} = 1 - \frac{V_e}{V_{yy}} = 1 - \frac{\dfrac{S_e}{(n-P-1)}}{\dfrac{S_{yy}}{(n-1)}} = 1 - \frac{\dfrac{1462805.82}{22}}{\dfrac{11413215.83}{23}} = 0.866$$

[例 4.3] 自由度二重調整済み寄与率の計算例は，次のようになる．

$$R^{**2} = \frac{\frac{(n+p+1)S_e}{n-P-1}}{\frac{(n+1)S_{yy}}{n-1}} = 1 - \frac{\frac{(26) \times 1462805.826}{22}}{\frac{(25) \times 11413215.833}{23}} = 0.861$$

2番目(**表 4.9**, p.131)に，さらに顧客数の説明変数 x_1 に追加して，パンの種類の説明変数 x_2 を取り込んだときの残差平方和の計算(**表 4.10**)と，x_1 の偏回帰係数は $b_1 = 0.235$，x_2 の偏回帰係数は $b_2 = 35.472$ より，$\hat{y} = -1724.431 + 0.235x_2$，式(4.28)の残差平方和は $s_e = 992368.712$ であり，その残差平方和の減少量は $(s_e)_1 - (s_e)_{1+1} = 1462805.812 - 992368.712 = 470437.108$ となる．また，そのときの自由度 $\phi_e = n - 3 = 21$ より，残差分散は，$(V_e)_{1+1} = \frac{(S_e)_{1+1}}{n-P}$

$= \frac{992368.712}{21} = 47255.653$ であり，残差標準偏差は，$s_e = 217.383$ となる．このとき F 値は，$F = \frac{470437.106}{47255.653} = 9.955$ であり，$9.955 \geq 2(F_{IN} = F_{OUT})$ 以上であるので説明変数 x_2 を取り込む．また，$AIC = 331.224$，寄与率は $R^2 = 0.913$，自由度調整済み寄与率は $R^{*2} = 0.905$，自由度二重調整済み寄与率 $R^{**2} = 0.901$ (90.1%)となり，説明変数 x_2 を取り込むことで増加していることがわかる．

[例 4.4] 寄与率の計算例

表 4.9(p.131)より，残差平方和の減少である $(x_1) + (x_2)$ を加えたものは10420847.12 であり，目的変数への予測式(重回帰モデル)の当てはまり指標である寄与率は 0.913 と良好である．

$$R^2 = 1 - \frac{S_e}{S_{yy}} = \frac{S_R}{S_{yy}} = \frac{10420847.12}{11413215.83} = 0.913$$

[例 4.5] 自由度調整済み寄与率の計算例は，次のようになる．

$$R^{*2} = 1 - \frac{V_e}{V_{yy}} = 1 - \frac{\frac{S_e}{(n-P-1)}}{\frac{S_{yy}}{(n-1)}} = 1 - \frac{\frac{992368.712}{21}}{\frac{11413215.83}{23}} = 0.905$$

[例 4.6] 自由度二重調整済み寄与率の計算例は，次のようになる．

$$R^{**2} = 1 - \frac{\frac{(n+p+1)S_e}{n-P-1}}{\frac{(n+1)S_{yy}}{n-1}} = 1 - \frac{\frac{(27) \times 992368.712}{21}}{\frac{(25) \times 11413215.833}{23}} = 0.897$$

(4) 売上高の予測の計算例

売上高の予測のための偏回帰係数 b_1, b_2 定数項 a_0 の計算例を示す

式(4.1)の偏差平方和・積和行列より偏回帰係数 b_1, b_2 を求めてみる．

$$S = \begin{bmatrix} S_{11} & S_{12} & S_{1y} \\ S_{12} & S_{22} & S_{2y} \\ S_{1y} & S_{2y} & S_{yy} \end{bmatrix} = \begin{bmatrix} 47189341.96 & 298019.993 & 21669178.58 \\ 298019.993 & 2256.001 & 150112.007 \\ 21669178.58 & 150112.007 & 11413215.83 \end{bmatrix}$$

式(4.2)より，$b_1 = \dfrac{S_{1y}S_{22} - S_{2y}S_{12}}{S_{11}S_{22} - S_{12}^2} = \dfrac{4149309264}{17643286423} = 0.235$ であり，

式(4.3)より，$b_2 = \dfrac{S_{2y}S_{11} - S_{1y}S_{12}}{S_{11}S_{22} - S_{12}^2} = \dfrac{625838382791.624}{17643286423} = 35.472$ である．

$\overline{y} = 1634.916$, $\overline{x}_1 = 7647.791$, $\overline{x}_2 = 44$ より定数項 a_0 を求める．

$a_0 = \overline{y} - b_1\overline{x}_1 - b_2\overline{x}_2 = 1634.916 - 0.235 \times 7647.791 - 35.471 \times 44 = -1724.431$

重回帰モデルの構成は，次式となる．

$$\hat{y} = -1724.431 + 0.235x_1 + 35.472x_2$$

(5) AIC の計算

AIC の計算をしてみる式(4.13)より，残差平方和 $S_e = 992368.751$, データ数 $n = 24$, $\pi = 3.141592654$, 説明変数の数 $P_x = 2$, 定数項を含むは(2)であり求める最小の AIC は 331.224 である．

$$AIC = n\left(\log\left(2\pi\frac{S_e}{n}\right) + 1\right) + 2(P_x + 2)$$
$$= 24 \times \left(\log\left(2 \times 3.141592654 \times \frac{992368.712}{24}\right) + 1\right) + 2(2+2) = 331.224$$

(6) C_P 統計量の計算

C_P 統計量の計算をしてみる式(4.14)より，誤差平方和(P_x 個の変量)，$S_{ep} =$

992368.705，誤差平方和（全変量）：S_e = 992368.705，平均二乗誤差（全変量），$\hat{\sigma}^2$ = 47255.652 であり，このケース場合は C_P = 3 であり，P_x = 説明変量 2 + 定数項 1 = 3 で最適基準 $C_P \fallingdotseq P_x$ に達している．

$$C_P = \left(\frac{S_{ep}}{\hat{\sigma}^2}\right) - (n - 2P_x) = \left(\frac{992368.705}{47255.652}\right) - (24 - 2 \times 3) = 3$$

(7) 重回帰モデルの構成

重回帰モデルの構成は次式となる．

$$y = a_0(-1724.431) + b_1(0.235)x_1 + b_2(35.472)x_2$$

(8) トレランス指標および VIF 指標の検討

売上高を予測する重回帰モデルを構成する 2 つの説明変量である顧客数，パンの種類を取り込んだときのトレランス指標は，0.166 であり基準値が 0.1 以上であるので，多重共線性の生じる可能性は少ない．

また，VIF 指標は，0.603 であり，基準値が 10 以下であるので同様のことがいえる．

(9) 重回帰式の分散分析の検定

分散分析の検定とは，目的変量 y と重回帰モデルを構成する P 個の説明変量の全体との間になんらかの関係があるか，どうかの検定であり分散分析表の計算例は，次のようになる．

偏回帰係数は b_1 = 0.235，b_2 = 35.472 であり，偏差平方和・積和行列 S より $S_{yy}(ST)$ = 11413215.833，S_{1y} = 21669178.583，S_{2y} = 150112.000 であるから，回帰平方和は S_R であり $S_R = b_1 S_{1y} + b_2 S_{2y}$ = 10420847.12 より回帰分散は，

$$V_R = \frac{10420847.12}{2} = 5210423.561$$

である．

残差平方和は，S_e であり $S_e = S_{yy} - b_1 S_{1y} - b_2 S_{2y}$ = 992368.712 より，残差分散は，

$$V_e = \frac{992368.712}{24 - 3} = 47255.653$$

である．

以上より，F 値を求めると，
$$F = \frac{V_R}{V_e} = \frac{5210423.561}{47255.653} = 110.26$$

となるので，重回帰式の分散分析表(表4.11)の分散比 F の検定の結果は，有意確率は 0.000 であり，これは1％の有意差あり(＊＊)となり，この重回帰式は，偏回帰係数に傾きがあり，分析に有効である．

なお，F 分布表および t 分布表については，日科技連出版社のホームページから筆者作成の統計数値表をダウンロードして参照されたい(詳しくは p.vii 参照)．

表4.11 重回帰式の分散分析表

変動	平方和	自由度	分散	分散比	有意確率
回帰の変動	10420847.12	2	5210423.561	110.26	0000
残差の変動	992368.71	21	47255.653		
総変動	11413215.83	23			

(10) 重回帰式の偏回帰係数の t 検定

重回帰式の偏回帰係数の t 検定表(表4.12)の結果の有意確率は，顧客数は 0.006，パンの種類は 0.005 であり，双方とも重回帰式の偏回帰係数の傾きは有効である．したがって，帰無仮説 H_0：は棄却され，対立仮説 H_1：を採択する．すなわち，重回帰式の直線の偏回帰係数の傾き($\beta_1 \neq 0$，$\beta_2 \neq 0$)はありとなる．

(11) 重回帰式の適合度の検討

表4.9(p.131)より，目的変量への予測式(重回帰モデル)の当てはめ指標である寄与率は 0.913 と[例4.5]の自由度調整済み寄与率は 0.905，図4.14 と良好である．ちなみに，売上高実績と売上高予測値の回帰式は，$\hat{y} = 0.080(a) + 1(b)$ のようになる．

表4.12 重回帰式の偏回帰係数の t 検定表

項目	t 値	有意確率
顧客数	3.025	0.006
パンの種類	3.155	0.005

第4章 重回帰分析

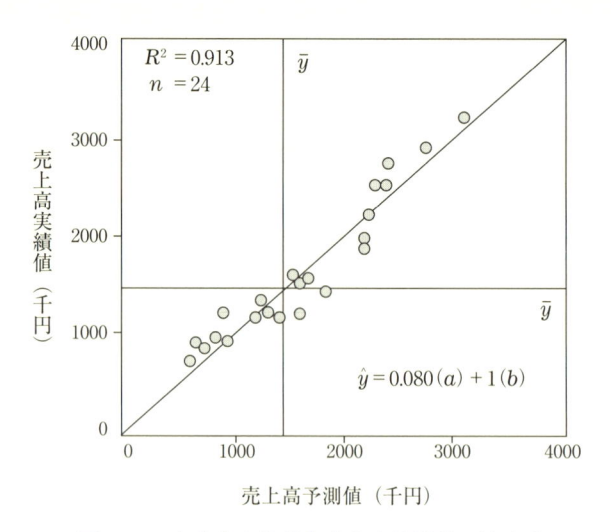

図4.14 売上高実績値と売上高予測値の適合度

(12) 残差の形状分析

図4.15より，売上高を予測するうえで残差の標準偏差の大きさ $s_e = \sqrt{\dfrac{S_e}{n-P-1}}$
= 217.383 が十分小さくなっているかをまず判断する．そのうえで，残差の正規性，偏り，独立性，説明変量との相関の有無，外れ値の有無などを見る必要がある．これは，視覚による残差の形状分析を行うものであり，残差(売上高)の状態は，グラフ上で，少し癖があるが，ほぼランダムに散らばっているようである．また，箱ヒゲ図の分析によると残差の外れ値は，ないようである．次

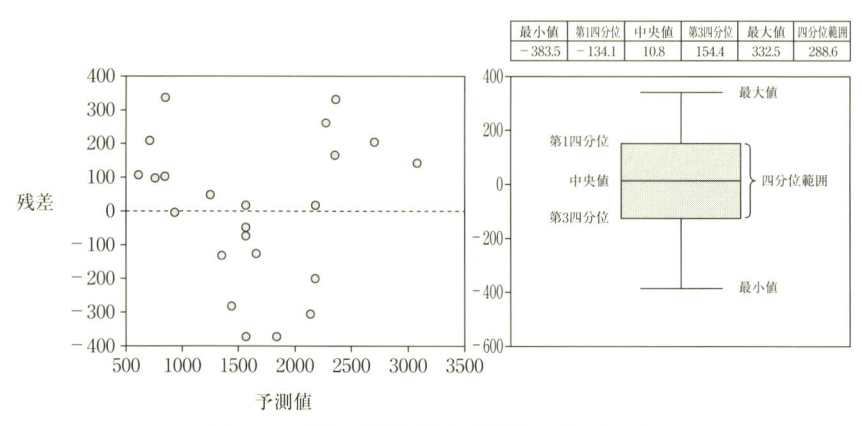

図4.15 残差の形状分析(連関図・箱ヒゲ図)

4.13 例題3：総合食料品店の売上高の予測

に，箱ヒゲ図の数値の計算例を示す．

①第1四分位(25パーセンタイル)は $Q_1 = -134.1$, ②第2四分位(50パーセンタイル：中央値)は $Q_2 = 10.8$, ③第3四分位(75パーセンタイル)は $Q_3 = 154.4$ である．したがって四分位範囲(その中にデータの中央の半数が入る範囲)は，$R_Q = Q_3 - Q_1 = 154.4 - (-134.1) = 288.6$ となる．

なお，このデータの最小値は -383.5，最大値は 332.5 である．

(13) 標準化残差のヒストグラムの分析

標準化残差(図4.16)のヒストグラムを眺め，標準化残差が正規分布の形状をしているかどうかを確認する．

(14) P－Pプロットによる残差の正規性の検討

残差が正規分布した場合の期待累積確率を基準に，残差累積確率と突き合わせて一致するかどうかを視覚グラフにより判定するものである．その双方が一致した場合，すなわち，プロット点が(図4.17)の直線上の周囲に密集すれば正規分布に従っていると思われる．この場合の残差(売上高)は，直線上の周囲に点在しているので，この残差はおおよそ正規分布している．

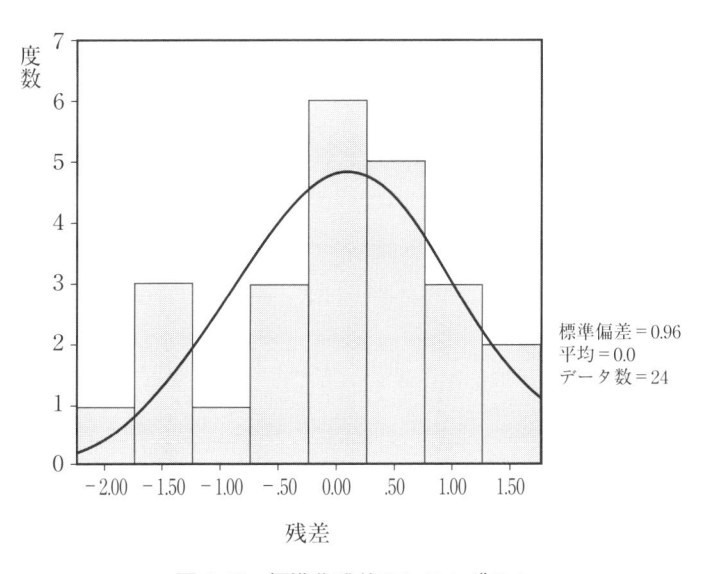

図 4.16 標準化残差のヒストグラム

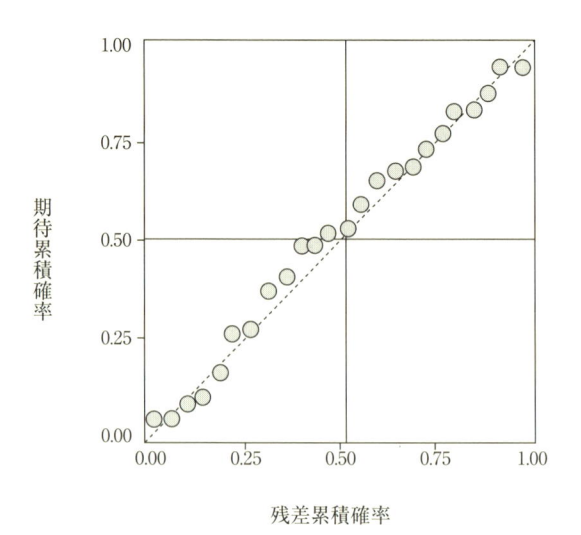

図 4.17　P－P プロットによる残差の正規性の検討

(15)　テコ比と t 値の関係

残差の検討は，一般的に t 値が大きければ重回帰式から求めた予測値と実積値の乖離から，外れ値の可能性が考えられる．ある群の中心から大きく離れ，重回帰直線の延長上にあるサンプルの場合には，重回帰直線のデータに引っ張られるため t 値は，大きくならず見逃してしまう危険性がある．このとき役立つのがテコ比である．

(16)　テコ比の計算例およびテコ比の検討

サンプル No.1 のテコ比を次の式より計算してみるとテコ比は 0.164 となる．

$$L_{mm} = \frac{1}{n} + \frac{D_1^2}{n-1} = \frac{1}{24} + \frac{2.811}{24-1} = 0.164$$

重回帰式の超平面に影響をおよぼす各サンプルのテコ比を調べてみる．テコ比の基準値は，

$$2.5 \times \frac{\sum_{i=1}^{n} L_{mm}}{n} = 2.5 \times \frac{P+1}{n} = 2.5 \times \frac{2+1}{12} = 0.625$$

であり，**表 4.7**(p.127) と散布図 (**図 4.18**) より，テコ比と残差 t 値との関係を検討してみる．

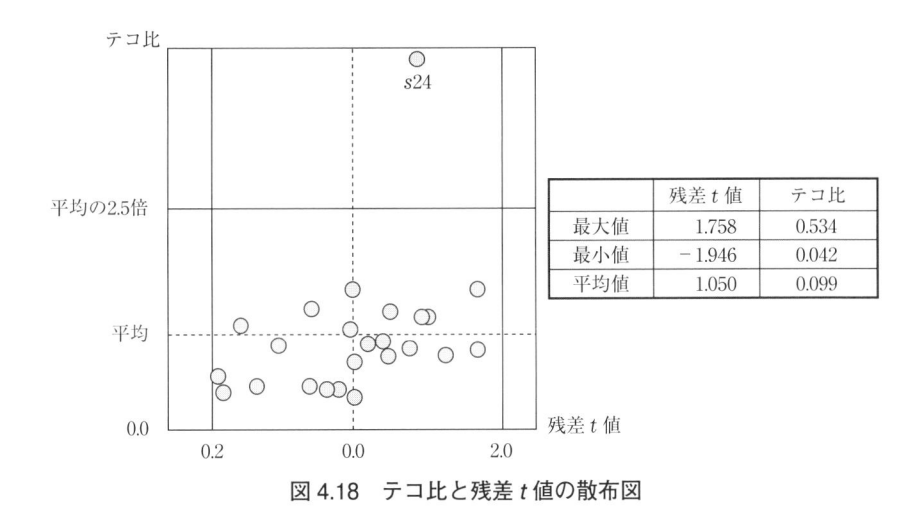

4.13 例題3：総合食料品店の売上高の予測

図4.18 テコ比と残差t値の散布図

	残差t値	テコ比
最大値	1.758	0.534
最小値	−1.946	0.042
平均値	1.050	0.099

　テコ比の基準 0.625 より大きいサンプルはなく，サンプル No.24 のテコ比は 0.534 であり，きわどいが大丈夫である．また，残差t値は，$t_{24} = 0.899$ であり，基準値 2.0 の範囲内である．

(17) ダービーンワトソンの統計指標の検定

　ダービーンワトソンの統計指標 dwr の計算 ($n = 24$) をしてみると，ダービーンワトソンの統計指標は 0.913 となる．

$$\mathrm{dwr} = \frac{\sum_{i=2}^{n}(\tilde{e}_t - \tilde{e}_{t-1})^2}{\sum_{i=1}^{n}\tilde{e}_t^2} = \frac{\sum_{t=2}^{n}(\tilde{e}_t - \tilde{e}_{t-1})^2}{S_e} = \frac{906833.067}{993073.9} = 0.913$$

　ダービーンワトソンの統計指標の検定の数値表 1%，$n = 25$，説明変数の数 2（ただし，定数項は除く），$D_L = 0.98$，$D_U = 1.30$ より，検定の結果は，dwr = 0.913 ≒ < 0.98 であり，ぎりぎりであるが検定であるので，ほぼよしとした．

(18) 偏回帰係数から標準偏回帰係数への変換例

　偏差平方和・積和行列 S の $S_{11} = 47189341.96$，$S_{yy} = 11413215.83$，$S_{22} = 2256.001$ と偏回帰係数は，$b_1 = 0.235$，$b_2 = 35.472$ であり，これより標準偏回帰係数 b_1^*，b_2^* を計算すると，次のようになる．

$$b_1^* = b_1 \sqrt{\frac{S_{11}}{S_{yy}}} = 0.235 \times \sqrt{\frac{47189341.96}{11413215.83}} = 0.478$$

$$b_2^* = b_2 \sqrt{\frac{S_{22}}{S_{yy}}} = 35.472 \times \sqrt{\frac{2256.001}{11413215.83}} = 0.499$$

$$\hat{y}^* = 0.478 x_1^* + 0.499 x_2^*$$

標準偏回帰係数の検討.目的変量である売上高 y への影響は,パンの種類 x_2 のほうが顧客数 x_1 より影響力が強い.

(19) 偏相関係数の計算例

偏相関係数 $r_{y1\cdot 2}$ は,y と x_1 の相関 x_2 を除く

$$r_{y1\cdot 2} = \frac{(r_{1y} - r_{12} r_{2y})}{\sqrt{(1-r_{2y}^2)} \sqrt{(1-r_{12}^2)}} = \frac{0.9337 - 0.8544}{0.3533 \times 0.4070} = 0.551$$

偏相関係数 $r_{y2\cdot 1}$ は,y と x_2 の相関 x_1 を除く

$$r_{y2\cdot 1} = \frac{(r_{2y} - r_{12} r_{1y})}{\sqrt{(1-r_{1y}^2)} \sqrt{(1-r_{12}^2)}} = \frac{0.9354 - 0.8528}{0.3580 \times 0.4070} = 0.567$$

y に対する x_1 および x_2 の寄与率は $r_{y1\cdot 2} = 0.551$,x_1(顧客数)より,$r_{y2\cdot 1} = 0.567$,x_2(パンの種類)であり x_1 より x_2 のほうが寄与率が高い.

4.13.5　売上高の重回帰式のモデル式および予測区間の推定値の計算例

顧客数の 7 月 17 日から 7 月 24 日までの平均値を顧客増加数 9381,パンの 78 種類(8 種類の増加)として,7 月 25 日の売上高の予測値を計算してみる.

(1)　重回帰式のモデル

重回帰式のモデル式を求めてみると,次式となった.

売上高の予測値(3246.92) = 定数項(−1724.431) + 顧客数の重み(0.235)
　　　　　　　　　× 顧客数(9381) + パンの種類の重み(35.472)
　　　　　　　　　× パンの種類(78) ± 残差の標準偏差 e_i

売上高には,顧客数とパンの種類が貢献していることがわかった.自由度二重調整済み寄与率は,90.1% である.残差の標準偏差は 217.383 だけのばらつきをもっている.ただし,データ数 24 個による重み係数である.

4.13 例題3：総合食料品店の売上高の予測

(2) マハラノビスの汎距離の2乗

マハラノビスの汎距離の2乗 D_i^2 を計算 ($n=25$) をしてみる．変量は，顧客数 x_1 とパンの種類 x_2 であり，①顧客数の平均値 $\mu_1 = 7717$，標準偏差 $\sigma_1 = 1444.431$，②パンの種類の平均値 $\mu 2 = 45$，標準偏差 $\sigma_2 = 11.842$，③サンプル No.25，$i=25(x_{i1}=9381, x_{i2}=78)$，④顧客数とパンの種類の相関 $\rho = 0.863$ である．

まず，標準化データ u_{i1}, u_{i2} の計算をしてみると，次のようになる．

$$u_{i1} = \frac{(x_{i1} - \mu_1)}{\sigma_1} = \frac{(9381-7717)}{1444.431} = 1.152$$

$$u_{i2} = \frac{(x_{i2} - \mu_2)}{\sigma_2} = \frac{(78-45)}{11.842} = 2.786$$

次に，マハラノビスの汎距離の2乗 D_i^2 を求めてみる 13.906 となる．

$$D_i^2 = \frac{u_{i1}^2 + u_{i2}^2 - 2\rho u_{i1} u_{i1}}{1-\rho^2}$$

$$= \frac{(1.152)^2 + (2.786)^2 + 2 \times 0.863 \times 1.152 \times 2.786}{1-0.863^2} = 13.906$$

(3) 予測区間の推定値

予測区間の推定値とは，目的変数を重回帰式から求めた予測値に，パラメータとしての自由度 $\phi_e = n-P-1 = 24-2-1 = 21$，残差分散 $V_e = 47255.653$，信頼度 $t(\alpha, \phi_e)$，$t(0.05, 21) = 2.080$，マハラノビスの汎距離の2乗 $D_o^2 = 13.906$ を当てはめ，信頼区間95%の上限値 u および95%の下限値 l の売上高を求め予測区間として推定するものである．なお，予測区間 $\hat{y}_l^u$ は式(4.29)となる．

$$\hat{y}_o - t(\alpha, \phi_e) \sqrt{\left(1 + \frac{1}{n} + \frac{D_o^2}{n-1}\right) V_e} < \hat{y}_l^u$$

$$< \hat{y}_o + t(\alpha, \phi_e) \sqrt{\left(1 + \frac{1}{n} + \frac{D_o^2}{n-1}\right) V_e} \qquad (4.29)$$

信頼区間95%の下限値 l の $\hat{y}_l$ は 2666.768 である．

$$266.768 = 3246.92 - 2.080 \times \sqrt{\left(1 + \frac{1}{24} + \frac{13.906}{23}\right) \times 47255.653}$$

信頼区間95%の上限値 u の $\hat{y}_u$ は 3827.071 である．

$$3827.071 = 3246.92 + 2.080 \times \sqrt{\left(1 + \frac{1}{24} + \frac{13.906}{23}\right) \times 47255.653}$$

したがって，予測値の信頼区間は，$2666.768 \leq \hat{y}_l^u \leq 3827.071$ となる．この総合食料品店では，パンの種類を増やすと予測値 3246.92 千円を中心に下限値 2666.768 〜上限値 3827.071 の範囲で売上高の増加が見込めると予想される．

4.13.6　まとめ

(1)　この分析結果から何が読み取れるか

重回帰モデルで検討した結果①〜⑤までの項目がわかった．

① 重回帰モデルを作成するための弊害である多重共線性の有無の確認として，トレランス指標は 0.166 であり，基準値 0.1 より大きいので多重共線性が生じる可能性は少ない．

② 売上高に対しての顧客数，パンの種類の関係から，重回帰モデルの当てはめ度を示す寄与率は R^2(91.3%) であり良好である．

③ 母集団からの標本データであるので母集団と標本の関係を検証する必要がある．重回帰モデルの説明変数は，顧客数 t(3.025) は，p(6%) の有意確率である．また，パンの種類 t(3.155) は，p(5%) の有意確率である．

④ テコ比の基準値 0.625 より大きいサンプルはなく，各サンプルの予測値に対する関与の度合いは良好である．

⑤ 残差は，$P-P$ プロットの分析より正規分布をしているので，母集団を標本から理論分布により信頼度の範囲を付けて推定することが可能となった．

以上より重回帰モデルを作成し，新規のデータに信頼区間をつけて母集団を予測する条件は整った．

(2)　この分析結果をどう活用して行けばよいか

今後の店舗の改装により商品の種類を増やすことによる予測売上高の増加が判明したので，目玉商品であるオリジナルパンのさらなる種類の増加が図れる．

第 5 章

主成分分析

5.1 主成分分析の体系チャートの説明

　主成分分析の体系チャートを図 5.1 に示す．主成分分析は，分析のよりどころとなる基準がない場合のモデルであり，分析対象となる現象を，複数の変量としてとらえたときに，類似する変量相互の関係により新たな主成分を求めるための総合特性値として要約している．主成分分析は，次のようになる．

① 主成分分析には 2 つの分析方法がある．1 つは，分散・共分散行列（一般データ）による方法であり，もう 1 つは相関行列（標準化データ）による方法である．一般的には，主成分の意味づけが容易な相関行列による方法を選択する．

② 主成分分析をする前に人間の視覚が容易に働く 2 次元の空間上に主成分の状況を縮約して俯瞰できるようにしたものがバイプロットである．

③ 主成分分析は，データの中から最も特徴ある主要な成分を固有値という統計指標を頼りに見つけ出している．この固有値は，その主成分のデータがもつすべての説明力を示している．しかし，1 つの固有値だけでは，すべてのデータを完全に説明することはできない．そこで固有値をいくつとれば，データ全体をよく説明できるかを検討してみる．このとき用いる指標が寄与率と呼ばれるもので，データ全体の中で取り上げた主成分の説明力を示している．

④ 固有値が示す主成分の意味を考えてみる．これは，因子負荷量と呼ばれるもので，新たに発見された主成分と変量の関係がつかめる指標である．

⑤ 主成分の尺度に，すべてのデータを当てはめてみると，そのデータ（サンプル）間の相対的な位置関係がわかる．

⑥ 主成分分析の対象となる複数の変量があるときの選択では，外的基準がとれるときには重回帰分析で説明変数を選択する．

⑦ 主成分得点を構成する特徴的なサンプル・データの比較としてレーダーチャートでは表現しにくいので，プロフィール・チャートにより表示をする．

第5章 主成分分析

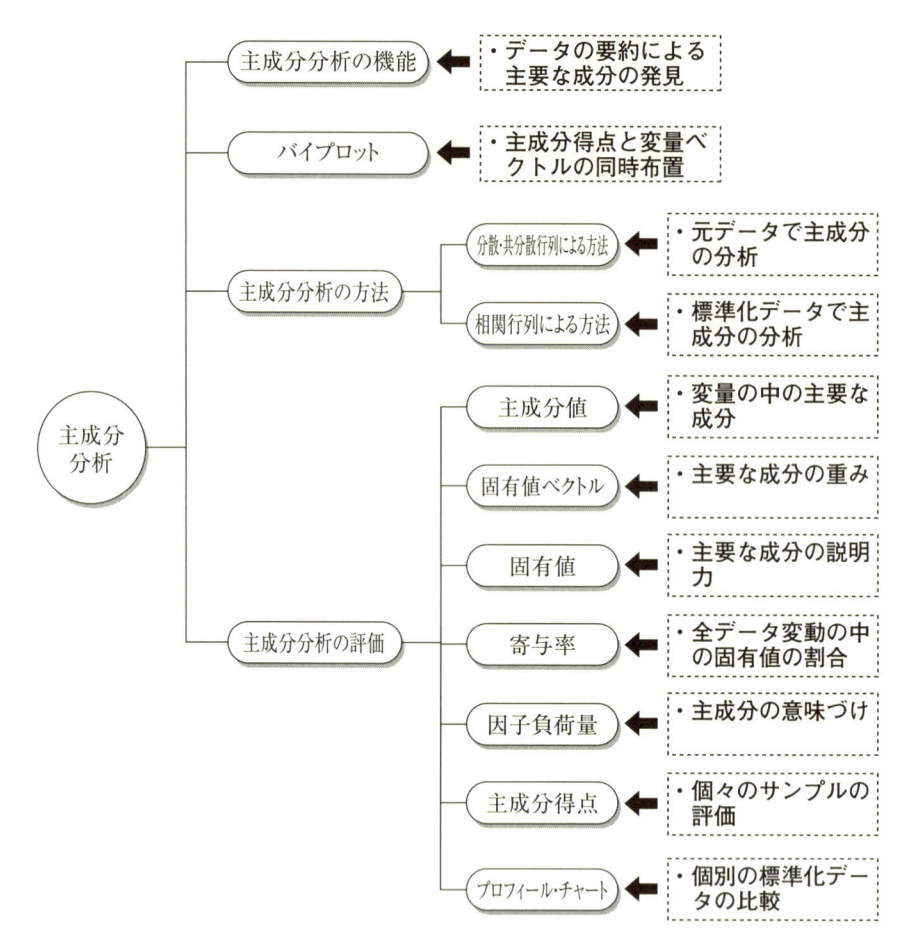

```
                    ┌─ 主成分分析の機能 ←── ・データの要約による
                    │                        主要な成分の発見
                    │
                    ├─ バイプロット ←──── ・主成分得点と変量ベ
                    │                        クトルの同時布置
                    │
                    │                   ┌─ 分散・共分散行列による方法 ←── ・元データで主成分
                    ├─ 主成分分析の方法 ┤                                     の分析
                    │                   └─ 相関行列による方法 ←── ・標準化データで主
  主成分              │                                                成分の分析
  分析   ───────────┤
                    │                   ┌─ 主成分値 ←── ・変量の中の主要な
                    │                   │                  成分
                    │                   │
                    │                   ├─ 固有値ベクトル ←── ・主要な成分の重み
                    │                   │
                    │                   ├─ 固有値 ←── ・主要な成分の説明
                    │                   │                力
                    └─ 主成分分析の評価 ┤
                                        ├─ 寄与率 ←── ・全データ変動の中
                                        │                の固有値の割合
                                        │
                                        ├─ 因子負荷量 ←── ・主成分の意味づけ
                                        │
                                        ├─ 主成分得点 ←── ・個々のサンプルの
                                        │                    評価
                                        │
                                        └─ プロフィール・チャート ←── ・個別の標準化デー
                                                                          タの比較
```

図 5.1　主成分分析の体系チャート

5.2　主成分分析の実務での活用例

5.2.1　ミニ・スーパーの分析

　食料品卸売業が主宰するボランタリー・チェーン加盟店のデータを表5.1に示す．ミニ・スーパーのタイプをその構成要因である，1人当たり売上高，坪当たり利益，商圏内世帯，人口，所得から主成分（因子）として取り出し，その意味づけと主成分得点により各加盟店を分類する．

表 5.1 ボランタリー・チェーン加盟店のデータ

店舗No.	1人当たり売上高	坪当たり利益	商圏内世帯	人口	所得
1	32512	10125	6211	17360	3211330
2	40122	13574	6256	16891	5922330
3	39213	18215	6787	18865	3000210
4	41211	18325	6982	18852	5200110
5	50211	15331	4521	12207	5700110
6	38122	15215	6781	18309	4921350
7	37543	17211	7325	19778	5223110
8	34511	9253	6211	16700	3278650
9	35223	18222	6521	16878	4221280
10	34322	16252	5251	14178	3252260
11	35871	10321	5293	10292	3005260
12	36921	13221	5621	14177	3007320
13	36211	17522	6221	16797	3215290
14	34841	13376	5822	13719	3722650
15	42355	14389	6351	17148	4965360

5.2.2 採用する主成分の数

主成分の数は，固有値の累積寄与率が 81.8% の所までの第 1 主成分，第 2 主成分までを採用している．

$$累積寄与率 : C_r = \frac{\lambda_1(2.355) + \lambda_2(1.734)}{P(5)} \times 100 = 81.8(\%)$$

5.2.3 主成分の意味づけ

因子負荷量表(表 5.2)より，図 5.2 の第 1 主成分の因子負荷量の大きさや符号を見てみると第 1 主成分は，商圏内の世帯数(0.826)，人口(0.885)が大きく，その意味づけは商圏内の需要量である．第 2 主成分は，1 人当たり売上高(0.920)，所得(0.676)が大きい．したがって，これは販売力を表している．

第 1 主成分は，商圏内の需要量であり，第 2 主成分は販売力である．そこで主成分得点の散布図(図 5.3)，主成分得点(表 5.3)と組み合わせて，その特徴を探ってみると，その相対的な位置関係から No.4 号店は，第 I 象限の右下にあることから需要量があり，販売力も高い．第 II 象限の上にある No.5 号店は，需要量は少ないが販売力は強い．また，第 III 象限の中にある No.1 号店は，需要量および販売力とも低い．第 IV 象限の中にある No.7 号店は，需要量は大きいが販売力は少し弱い．

第 5 章　主成分分析

表 5.2　因子負荷量

No.	項　目	第 1 主成分	第 2 主成分
1	1 人当たり売上高	0.252	0.920
2	坪当たり利益	0.703	0.184
3	商圏内世帯	0.826	−0.504
4	人口	0.885	−0.377
5	所得	0.575	0.676

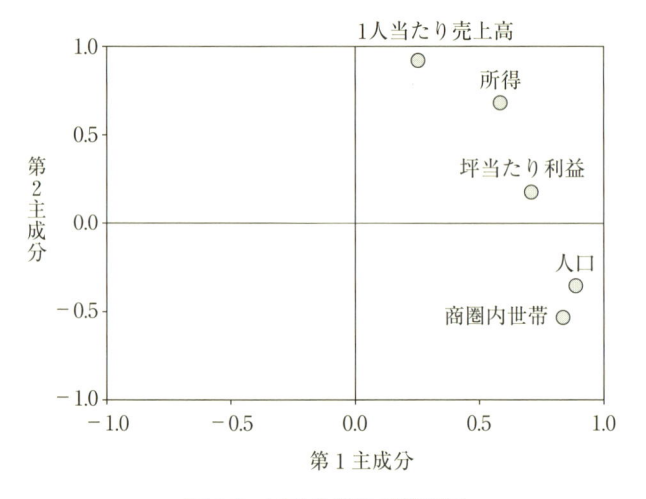

図 5.2　因子負荷量の散布図

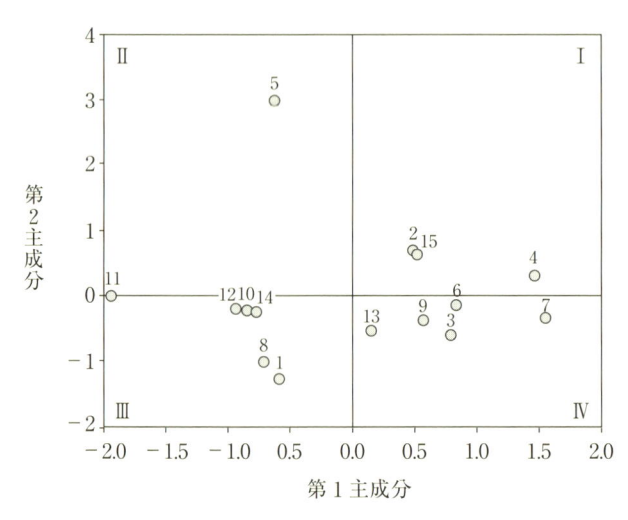

図 5.3　主成分得点の散布図

表 5.3 主成分得点

No.	第1主成分	第2主成分
1	−0.584	−1.273
2	0.506	0.767
3	0.809	−0.601
4	1.455	0.360
5	−0.606	3.036
6	0.841	−0.100
7	1.554	−0.326
8	−0.697	−0.982
9	0.582	−0.381
10	−0.833	−0.189
11	−1.957	0.003
12	−0.945	−0.212
13	0.158	−0.523
14	−0.789	−0.244
15	0.506	0.665
合計	0.000	0.000

5.3 主成分分析とは

主成分分析(principal component analysis)とは，複数の変量からなるデータを少数の総合特性値(主成分という)に要約するための手法である．総合特性値は，元の変量に係数(weight)を掛け，それらを足し合わせて作られる1次結合が，主にサンプルの特徴づけのために利用される．

一般的に，主成分分析の方法は，各変量の持つ単位を標準偏差により標準化した相関係数行列による方法を使用するもので主成分分析のデータは，次のようになる．

5.3.1 各変量を主要な成分に直交分解する

主成分分析は，相関行列の中の各変量 x_1, x_2, $(i = 1, 2, \cdots, n)$ を組み合わせた相関をベースに，多次元の空間上で，各変量を，新たな主成分 Z_{i1}, Z_{i2}, $(i = 1, 2, \cdots, n)$ として合成するものであり，これは，次式により求めることができる．各変量の直交分解を図 5.4 に示す．

第5章 主成分分析

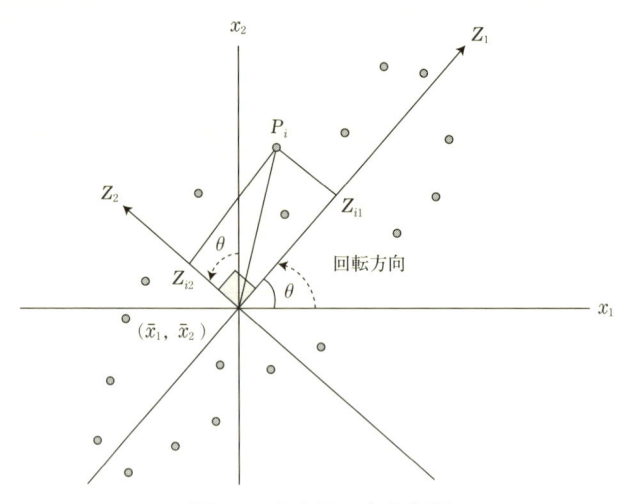

図 5.4 各変量の直交分解

$$Z_{i1} = a_1 x_{i1} + a_2 x_{i2}$$
$$Z_{i2} = b_1 x_{i1} + b_2 x_{i2} \tag{5.1}$$

ただし，求めた主成分の固有ベクトル a_1, a_2 および b_1, b_2 が大きくなり過ぎないように制約条件，次式をつけ2次元の第1主成分 Z_{i1}，第2主成分 Z_{i2} を求めている．

$$a_1^2 + a_2^2 = 1 \Leftrightarrow (a_1^2 + a_2^2 - 1 = 0)$$
$$b_1^2 + b_2^2 = 1 \Leftrightarrow (b_1^2 + b_2^2 - 1 = 0) \tag{5.2}$$

図5.4 の2つの変量は x_{i1}, x_{i2} であり，データ ($i=1, 2, 3, \cdots, n$) を式(5.2)の制約条件により，最初に求めた主成分のベクトルの長さを1に標準化し，ピタゴラスの定理(Pythagorean theorem)により，重心 $(\bar{x}_1, \bar{x}_2) \to P_i$ までを元の長さとしたときの重心 $(\bar{x}_1, \bar{x}_2)$ から Z_{i1} を大きくし，Z_{i2} を小さくするように重みをつけており直交分解は，次式のようになる．

元の長さ(1) = 第1主成分の長さ(重心 $\to Z_{i1}$)
          + 第2主成分の長さ(重心 $\to Z_{i2}$) (5.3)

この式の意味は，第1主成分 Z_{i1} の長さは，元のデータの長さ1より小さく，そのロス分は第2主成分 Z_{i2} の長さになる．

したがって，主成分分析による変量の合成とは，多次元の空間上に布置され

た各変量を，特徴をある方向ごとに主成分の方程式として求めるものであり，各主成分の間の相互の直交条件($a_1 b_1 + a_2 b_2 = 0$)のもとで，主成分と各変量の因子負荷量の2乗和が最大になる主成分ごとに固有ベクトルa_1, a_2およびb_1, b_2を求めている．

5.3.2 各変量の座標軸を回転することにより各主成分を求める

図 5.4 より，x_1, x_2座標の重心($\bar{x}_1$, $\bar{x}_2$)を軸に，制約条件$\cos^2 \theta + \sin^2 \theta = 1$をつけて主成分の分散が最大になる回転角$\theta$を見つけることで，第1主成分上の点が$Z_{i1}$，第2主成分上の点が$Z_{i2}$となる．また，回転角$\theta$は固有ベクトルを求めるのと同じであり，次式より第1主成分の重みは，$a_1 = \cos \theta$, $a_2 = \sin \theta$であり，第2主成分の重みは，$b_1 = -\sin \theta$, $b_2 = \cos \theta$となる．

$$Z_{i1} = x_{i1} \cos \theta \, (a_1) + x_{i2} \sin \theta \, (a_2)$$
$$Z_{i2} = -x_{i1} \sin \theta \, (b_1) + x_{i2} \cos \theta \, (b_2) \tag{5.4}$$

5.4 主成分分析の2変量等の理論

　主成分分析は，各変量を1個1個独立に考えるのではなく，2つの変量を組み合わせた相関係数の集合である相関行列などを用いて要約するものである．その再現性をよりどころに独立した方向に各変量を多次元の空間上に布置し，その分散が最も大きな方向から混ぜ合わせの直交条件を加味して独立に順序よく，最大の主成分から最小の主成分までを総合特性値(主成分)として要約している．

　主成分分析は，また，求めた総合特性値を評価基準に各変量間の新たな関係を合成するもので，求めた総合特性値より，新たなサンプル間の特性をつかむことができる．一般データを標準化して分散・共分散行列(variance-covariance matrix)からの主成分分析を行った場合と，相関行列(collelation matrix)による主成分分析を行ったときとでは，分析結果は異なる．［例5.1］では，一般データからの主成分分析と，標準化データからの主成分分析の両方を比較して説明している．なお，主成分分析の理論および計算例は2変量であり，39社の財務指標データである売上高総利益率x_1, 総資本経常利益率x_2(表5.8, p.175)を以下の2変量を分析で使用している．

第5章　主成分分析

[例 5.1]　分散・共分散行列と相関行列（標準化データ）を用いた主成分分析の比較

変量の標準化とは，例えば，測定単位が kg, cm と異なる変量に行うものである．単位が違うまま主成分分析をかけると，その単位の違いが主成分の中に入り込み分析結果に大きく影響する．そこで各変量のもつ単位をなくす操作が必要になる．

なお，分散・共分散行列および相関行列はともに制約条件式は $a_1^2 + a_2^2 = 1$ である．

① 分散・共分散行列の主成分分析は，第1主成分の固有値は λ_1 = 171.802，固有ベクトルは $a_1 = 0.22$, $a_2 = 0.976$，第2主成分の固有値は $\lambda_2 = 11.581$，固有ベクトルは $a_1 = 0.976$, $a_2 = -0.22$ となる．

② 相関行列の主成分分析は，第1主成分の固有値は $\lambda_1 = 1.61$，固有ベクトルは $a_1 = 0.707$, $a_2 = 0.707$，第2主成分の固有値は $\lambda_2 = 0.39$，固有ベクトルは $a_1 = 0.707$, $a_2 = -0.707$ となる．

この2つの主成分分析の違いは，分散・共分散行列の分析結果である固有値は，変量の持つ単位のばらつき情報が分析結果の中に入るので，相関行列に対する分散・共分散行列の固有値の比率は 106.7 倍（171.802/1.61）の大きさになる．また，重み係数である固有ベクトルも分散・共分散行列は，固有値が大きいぶんだけ大きくなっている．このことを避けるために各変量の標準化を行う．

5.5　一般データからの主成分分析の計算

第1主成分を分散・共分散行列 V からの導き出しを行う．

分散は，$V_{11} = \dfrac{\sum(x_{i1} - \overline{x}_1)^2}{n-1}$, $V_{22} = \dfrac{\sum(x_{i2} - \overline{x}_2)^2}{n-1}$,

共分散は，$V_{12} = \dfrac{\sum(x_{i1} - \overline{x}_1)(x_{i2} - \overline{x}_2)}{n-1}$ (5.5)

である．

[例 5.2]　分散・共分散行列の計算

表 5.8 (p.175) の売上高総利益率 x_1 と総資本経常利益率 x_2 の2つの指標より分散・共分散行列 V の計算をしてみる．式 (5.5) より，分散および共分散を求

めると，次のようになる．

$$V = \begin{pmatrix} V_{11} & V_{12} \\ V_{12} & V_{22} \end{pmatrix} = \begin{pmatrix} 164.072 & 34.334 \\ 34.334 & 19.311 \end{pmatrix} \tag{5.6}$$

5.5.1 連立方程式から固有値を求める

固有値 λ_1，λ_2 を求めてみる．

主成分の分散（合成分散）は $V(Z_1)$ であるが，これは主成分 Z_1 の値 $Z_{i1} = a_1 x_{i1} + a_2 x_{i2}$ と主成分 Z_1 の値の平均 $\overline{Z}_1 = a_1 \overline{x}_1 + a_2 \overline{x}_2$ によるものであり，$V(Z_1)$ は，次式

$$V(Z_1) = \frac{1}{n-1} \sum_{i=1}^{n} (Z_{i1} - \overline{Z}_1)^2 = \frac{1}{n-1} \sum_{i=1}^{n} [a_1(x_{i1} - \overline{x}_1) + a_2(x_{i2} - \overline{x}_2)]^2$$

であるが，この式を展開し，式(5.5)の分散および共分散により置き換えると，次式

$$\frac{1}{n-1} \sum_{i=1}^{n} [a_1^2 (x_{i1} - \overline{x}_1)^2 + 2 a_1 a_2 (x_{i1} - \overline{x}_1)(x_{i2} - \overline{x}_2) + a_2^2 (x_{i2} - \overline{x}_2)^2]$$
$$= a_1^2 V_{11} + a_2^2 V_{22} + 2 a_1 a_2 V_{12}$$

となる．

ラグランジュ未定乗数（Lagrange's method of undermined multipliers）により，最大化すべき合成変量 Q は，第1主成分 $Z_{i1} = a_1 x_{i1} + a_2 x_{i2}$ が大きくなり過ぎないように制約条件 $a_1^2 + a_2^2 = 1$ を組み合わせた次式を定義する．なお，この方程式は，a_1，a_2，λ という3つの未知数が含まれている．

$$Q(a_1, a_2, \lambda) = a_1^2 V_{11} + a_2^2 V_{22} + 2 a_1 a_2 V_{12} - \lambda (a_1^2 + a_2^2 + 1) \tag{5.7}$$

合成変量 Q を偏微分したものを0とおく，制約条件のもとで合成変量 Q を最大化する方程式を求めることができる．

式(5.7)の合成変量 Q について a_1 で，偏微分して0と置くと，次式となる．

$$\frac{\partial Q}{\partial a_1} = 2(a_1 V_{11} + a_2 V_{12} - \lambda a_1) = 2 a_1 (V_{11} - \lambda) + 2 a_2 V_{12} = 0 \tag{5.8}$$

式(5.7)の合成変量 Q について a_2 で偏微分して0と置くと，次式となる．

$$\frac{\partial Q}{\partial a_2} = 2(a_2 V_{22} + a_1 V_{12} - \lambda a_2) = 2 a_2 (V_{22} - \lambda) + 2 a_1 V_{12} = 0 \tag{5.9}$$

なお，この2つの式(5.8)，式(5.9)の両辺を $\frac{1}{2}$ して要約すると，固有値 λ を

第 5 章　主成分分析

求める連立方程式となる.

$$\begin{cases} ① & a_1(V_{11}-\lambda) + a_2 V_{12} = 0 \\ ② & a_2(V_{22}-\lambda) + a_1 V_{12} = 0 \end{cases} \quad (5.10)$$

この式 (5.10) の①, ②に, $a_1 = 0$, $a_2 = 0$ を代入すると, 両方の式は 0 であり無意味な解となる. したがって, a_1, a_2 が 0 以外の解を持つようにすればよい.

式 (5.10) の①を $V_{12} a_1$ で割ると, $\dfrac{(V_{11}-\lambda)}{V_{12}} + \dfrac{a_2}{a_1} = 0 \Leftrightarrow \dfrac{(V_{11}-\lambda)}{V_{12}} = -\dfrac{a_2}{a_1}$

式 (5.10) の②を $V_{12} a_2$ で割ると, $\dfrac{(V_{22}-\lambda)}{V_{12}} + \dfrac{a_1}{a_2} = 0 \Leftrightarrow \dfrac{(V_{22}-\lambda)}{V_{12}} = -\dfrac{a_1}{a_2}$

となる. この両方の左辺が正のときは 0 以外の解を持つ.

①, ②のうち片方をひっくり返し, 両方の式の右辺と一致させると, 次式となるが,

$$\dfrac{(V_{11}-\lambda)}{V_{12}} = \dfrac{V_{12}}{(V_{22}-\lambda)} = -\dfrac{a_1}{a_2}$$ この式の中辺を左辺に移項し 0 とおくと,

$\dfrac{(V_{11}-\lambda)}{V_{12}} - \dfrac{V_{12}}{(V_{22}-\lambda)} = 0$ となるが, この式の左辺の第 1 項および第 2 項を $V_{12}(V_{22}-\lambda)$ 倍すると,

$\dfrac{V_{12}(V_{22}-\lambda)(V_{11}-\lambda)}{V_{12}} + \dfrac{(V_{22}-\lambda)V_{12}^2}{(V_{22}-\lambda)} = 0$ は, $(V_{11}-\lambda)(V_{22}-\lambda) - V_{12}^2 = 0$ となり, この式を展開すると $V_{11}V_{22} - (V_{11}+V_{22})\lambda + \lambda^2 - V_{12}^2 = 0$ は, 次式となる.

$$\lambda^2 - (V_{11}+V_{22})\lambda + V_{11}V_{22} - V_{12}^2 = 0$$

この 2 次方程式を解いてみると, $y = ax^2 + bx + c = 0$ の根の公式 $x(\lambda) = \dfrac{-b \pm \sqrt{b^2 - 4ac}}{2a}$ より, $a = 1$, $b = -(V_{11}+V_{22})$, $c = (V_{11}V_{22} - V_{12}^2)$ から λ を求めると, 次式となる.

$$\lambda = \dfrac{(V_{11}+V_{22}) \pm \sqrt{(V_{11}-V_{22})^2 - 4(V_{11}V_{22} - V_{12}^2)}}{2}$$

分子のルートの中の $(V_{11}+V_{22})^2 - 4(V_{11}V_{22} - V_{12}^2)$ は, $V_{11}^2 + (2V_{11}V_{22} - 4V_{11}V_{22}) + V_{22}^2 + 4V_{12}^2$ となり, さらに $(V_{11}^2 - 2V_{11}V_{22} + V_{22}^2) + 4V_{12}^2$ は, $(V_{11}-V_{22})^2 + 4V_{12}^2$ であり, 次式となる.

$$\lambda = \frac{(V_{11}+V_{22}) \pm \sqrt{(V_{11}-V_{22})^2 + 4V_{12}^2}}{2} = \frac{-b \pm \sqrt{D}}{2a}$$

なお，この2つの固有値（図5.5）は $\lambda_1 \geqq \lambda_2$ の関係となる．

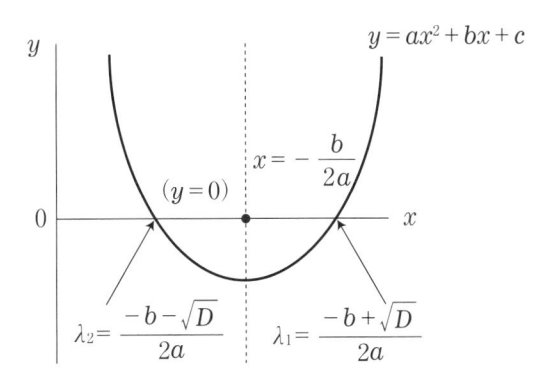

図 5.5　2次方程式と根の公式

[例 5.3]　固有値の計算

表 5.8（p.175）の売上高総利益率 x_1 と総資本経常利益率 x_2 より固有値を計算してみる．

式(5.6)の分散・共分散行列 V から固有値 λ_1，λ_2 を求めてみると，固有値 λ_1 は 171.802，固有値 λ_2 は 11.580 となる．

$$\lambda_1 = \frac{(V_{11}+V_{22}) + \sqrt{(V_{11}-V_{22})^2 + 4V_{12}^2}}{2} = \frac{343.604}{2} = 171.802$$

$$\lambda_2 = \frac{(V_{11}+V_{22}) - \sqrt{(V_{11}-V_{22})^2 + 4V_{12}^2}}{2} = \frac{23.161}{2} = 11.580$$

5.5.2　固有値から固有ベクトル求める

固有値 λ から固有ベクトル a_1，a_2 を求める計算式は，次のようになる．

式(5.10)は，行列式の記号を用いて行列式で表すと $|V - \lambda I|a = 0$ であり，第1主成分の λ_1 は，次式となる．

$$\left[\begin{pmatrix} V_{11} & V_{12} \\ V_{12} & V_{22} \end{pmatrix} - \lambda_1 \begin{pmatrix} 1 & 0 \\ 0 & 1 \end{pmatrix} \right] \begin{pmatrix} a_1 \\ a_2 \end{pmatrix} = 0 \text{ は，} \begin{pmatrix} V_{11}-\lambda_1 & V_{12} \\ V_{12} & V_{22}-\lambda_1 \end{pmatrix} \begin{pmatrix} a_1 \\ a_2 \end{pmatrix} = 0$$

$$\begin{cases} ① & (V_{11}-\lambda_1)a_1 + V_{12}a_2 = 0 \\ ② & V_{12}a_1 + (V_{22}-\lambda_1)a_2 = 0 \end{cases} \text{ 式の変形は，} \begin{cases} a_1 V_{11} + a_2 V_{12} = \lambda_1 a_1 \\ a_2 V_{22} + a_1 V_{12} = \lambda_1 a_2 \end{cases}$$

(5.11)

第5章 主成分分析

ただし，$V = \begin{pmatrix} V_{11} & V_{12} \\ V_{12} & V_{22} \end{pmatrix}$, $I = \begin{pmatrix} 1 & 0 \\ 0 & 1 \end{pmatrix}$, $a = \begin{pmatrix} a_1 \\ a_2 \end{pmatrix}$ である．

なお，直交条件である式(5.11)の①を制約条件 $a_1^2 + a_2^2 = 1$ のもとで a_1 を解く連立方程式は，次式となる．

$$\begin{cases} (V_{11} - \lambda)a_1 + V_{12}a_2 = 0 \\ a_1^2 + a_2^2 = 1 \end{cases} \tag{5.12}$$

この式は $(V_{11} - \lambda_1)a_1 + V_{12}a_2 = 0$ より，$a_2 = \dfrac{(V_{11} - \lambda_1)a_1}{V_{12}}$ を $a_1^2 = 1 - a_2^2$ に a_2 を代入すると，

$a_1^2 = 1 - \left[\dfrac{(V_{11} - \lambda_1)^2 a_1^2}{V_{12}^2}\right]$ より求める a_1 は，$a_1 = \sqrt{\dfrac{V_{12}^2}{V_{12}^2 + (V_{11} - \lambda_1)^2}}$ となる．

また，a_2 も同様に求まる．なお，第2主成分も第1主成分と同じ手順で求めることができる．

[例 5.4] 固有値から固有ベクトルを求める

表 5.8(p.175)の売上高総利益率 x_1 と総資本経常利益率 x_2 より固有値から固有ベクトルを求める計算をしてみる．

第1主成分の固有ベクトル a_1, a_2 を求めてみると

$a_1 = \sqrt{\dfrac{V_{12}^2}{V_{12}^2 + (V_{11} - \lambda_1)^2}} = \sqrt{\dfrac{1178.823}{1238.576}} = 0.976$ となる．同じように $a_2 = 0.220$ となる．

第2主成分の固有ベクトル b_1, b_2 を求める．2変量であるから同様に $b_1 = -0.220$, $b_2 = -0.976$ となる．

5.5.3 主成分軸の直交とは
(1) 第1主成分 Z_1 と第2主成分 Z_2 の直交の理論

第1主成分 Z_{i1} は，第2主成分 Z_{i2} との相関が0になるものを選ぶと，その共分散は(5.1)式をもとに考えると $COV[Z_{i1}, Z_{i2}]$ となる．

$COV[Z_{i1}, Z_{i2}] = \dfrac{1}{n-1} \sum_{i=1}^{n} (Z_{i1} - \overline{Z}_1)(Z_{i2} - \overline{Z}_2) = 0$ は，次式であるが

$COV[Z_{i1}, Z_{i2}] = \dfrac{1}{n-1} \sum_{i=1}^{n} [a_1(x_{i1} - \overline{x}_1) + a_2(x_{i2} - \overline{x}_2)][b_1(x_{i1} - \overline{x}_1) + b_2(x_{i2} - \overline{x}_2)]$

$$= 0$$
$$= \frac{1}{n-1}\sum_{i=1}^{n}\{b_1[a_1(x_{i1}-\overline{x}_1)^2 + a_2(x_{i1}-\overline{x}_1)(x_{i2}-\overline{x}_2)]$$
$$+ b_2[a_2(x_{i2}-\overline{x}_2)^2 + a_1(x_{i1}-\overline{x}_1)(x_{i2}-\overline{x}_2)]\}$$

式(5.5)の分散・共分散により置き換えると,次式となる.

$$COV[Z_{i1},\ Z_{i2}] = b_1(a_1V_{11}+a_2V_{12}) + b_2(a_2V_{22}+a_1V_{12}) = 0 \quad (5.13)$$

さらに,第1主成分の分析で求めた式(5.11)の変形を代入すると,固有値(分散)は $\lambda_1 > 0$ であるから,この式は $\lambda_1 a_1 b_1 + \lambda_1 a_2 b_2 = \lambda_1 (a_1 b_1 + a_2 b_2) = 0$ が成立するのは $(a_1 b_1 + a_2 b_2) = 0$ のときだけであるので,次式となり,Z_1 軸と Z_2 軸は直交する.

$$a_1 b_1 + a_2 b_2 = 0 \quad (5.14)$$

(2) 主成分軸の直交の意味

主成分軸の直交(無相関)とは,主成分同士が独立 $Z_1 \perp Z_2$ であり,$r_{Z_1 \cdot Z_2} = 0$,(cos90°)の状態をいう.2つの主成分の軸 Z_1 と Z_2 の関係で説明すると,Z_1 が1単位増加しても,Z_2 が増加しないか,あるいは,Z_2 が1単位増加しても Z_1 が1単位も増加しないことである.すなわち比例,および反比例の関係がないことを直交(orthogonal)という.

[例 5.5] 直交(無相関)の計算

表5.8(p.175)の売上高総利益率 x_1 と総資本経常利益率 x_2 より第1主成分 Z_1 と第2主成分 Z_2 の直交(無相関)の計算をしてみると,次のようになる.

$$a_1 b_1 + a_2 b_2 = 0.976 \times (-0.220) + 0.220 \times 0.976 = 0$$

5.5.4 分散・共分散行列から座標軸の回転角度を求める

分散・共分散行列 V から座標軸の回転角度 θ を求めてみると第1主成分と第2主成分は,座標軸の回転であり,次式となる.

$$\begin{cases} Z_1 = a_1 x_1 + a_2 x_2 \\ Z_1 = x_1 \cos\theta + x_2 \sin\theta \end{cases}, \begin{cases} Z_2 = -b_1 x_1 + b_2 x_2 \\ Z_2 = -x_1 \sin\theta + x_2 \cos\theta \end{cases} \quad (5.15)$$

以上より,この式の回転角度 θ は,$\tan\theta = \dfrac{\sin\theta}{\cos\theta} = \dfrac{a_2(x_2)}{a_1(x_1)}$,$-\tan\theta =$

$$\frac{-\sin\theta}{\cos\theta} = \frac{-b_1(x_1)}{b_2(x_2)}$$ により求めることができる.

[例 5.6] 回転角度 θ の計算

表 5.8(p.175)の売上高総利益率 x_1 と総資本経常利益率 x_2 より固有ベクトルの計算例で求めた重みを使い回転角度 θ の計算をしてみる.

第 1 主成分 Z_1 の重み係数は,$a_1 = 0.976$,$a_2 = 0.22$,第 2 主成分 Z_2 の重み係数は,$b_1 = -0.22$,$b_2 = 0.976$ となる.

第 1 主成分 Z_1 より求める回転角度 θ は,

$$\tan\theta = \frac{\sin\theta}{\cos\theta} = \frac{a_2}{a_1} = \frac{0.22}{0.976} = 0.22$$

となり,$\tan^{-1}\theta = 12.7°$ となる.

第 2 主成分 Z_2 より求める回転角度 θ は,

$$-\tan\theta = \frac{\sin\theta}{\cos\theta} = \frac{-b_1}{b_2} = \frac{-0.22}{0.976} = -0.22$$

となり,$\tan^{-1}\theta = -12.7°$ となる.

5.5.5 2つのベクトルの座標軸の回転の理論(主成分得点の算出)

2つのベクトルの座標軸の回転(**図 5.6**)は,2つのベクトル u と v をベクトルの長さを変えず原点の回りの座標回転(coordinate rotation)を行うことであ

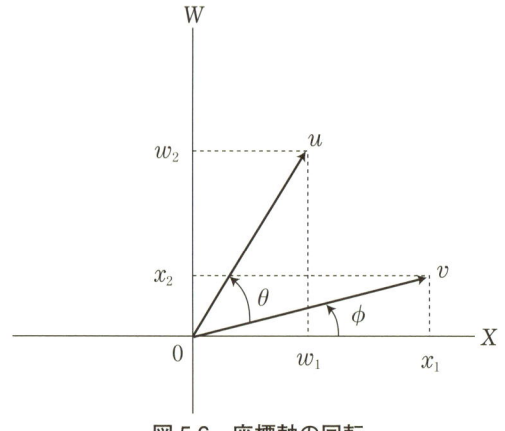

図 5.6 座標軸の回転

5.5 一般データからの主成分分析の計算

る．

いま，v を反時計方向に θ だけ回転して得られるベクトルを u とする．ベクトル v が X 軸となす角は ϕ であり，ベクトル u と v のなす角は θ である．

ただし，2つのベクトルは $v = \begin{pmatrix} x_1 \\ x_2 \end{pmatrix}$, $u = \begin{pmatrix} w_1 \\ w_2 \end{pmatrix}$ である．

ベクトル v の2つの角度を求めると $\cos\phi = x_1/\sqrt{x_1^2+x_2^2}$（斜辺）は，① $x_1 = \sqrt{x_1^2+x_2^2}\cos\phi$ となり，また，$\sin\phi = x_2/\sqrt{x_1^2+x_2^2}$（斜辺）は，② $x_2 = \sqrt{x_1^2+x_2^2}\sin\phi$ となる．三角関数角度の加法定理の公式，$\cos(\phi\pm\theta) = \cos\phi\cos\theta - \sin\phi\sin\theta$，$\sin(\phi\pm\theta) = \cos\phi\sin\theta + \sin\phi\cos\theta$ を用いてベクトル v を u へ角度 $(\theta+\phi)$ だけ回転させると，座標は $(x_1, x_2) \rightarrow (w_1, w_2)$ へと変化する．

なお，ϕ（角度）$= 0$ は，ベクトル v と X 軸が一致する．

$$w_1 = \sqrt{x_1^2+x_2^2}\cos(\phi+\theta) = [\overset{① x_1}{\sqrt{x_1^2+x_2^2}\cos\phi}]\cdot\cos\theta - [\overset{② x_2}{\sqrt{x_1^2+x_2^2}\sin\phi}]\cdot\sin\theta \tag{5.16}$$

① x_1 を[①]，② x_2 を[②]の両方を式(5.16)に代入すると，

$$w_1 = \sqrt{x_1^2+x_2^2}\cdot\cos(\phi+\theta) = x_1\cos\theta + x_2\sin\theta$$

であり，その長さは $x_1 \rightarrow w_1$ と変化する．

$$w_2 = \sqrt{x_1^2+x_2^2}\sin(\phi+\theta) = [\overset{③ x_1}{\sqrt{x_1^2+x_2^2}\cos\phi}]\cdot\sin\theta + [\overset{④ x_2}{\sqrt{x_1^2+x_2^2}\sin\phi}] \\ \cdot\cos\theta \tag{5.17}$$

③ x_1 を[③]，④ x_2 を[④]の両方を式(5.17)に代入すると，

$$w_2 = \sqrt{x_1^2+x_2^2}\cdot\sin(\phi+\theta) = x_1\sin\theta - x_2\cos\theta$$

であり，その長さは $x_2 \rightarrow w_2$ へと変化をする．

以上より w_1 と w_2 を求める方程式は，次式であり，

$$\begin{cases} w_1 = x_1\cos\theta - x_2\sin\theta \\ w_2 = x_1\sin\theta + x_2\cos\theta \end{cases} \Leftrightarrow \begin{cases} w_1 = x_1 a_1 - x_2 a_2 \\ w_2 = x_1 b_1 + x_2 b_2 \end{cases} \tag{5.18}$$

この式の左辺をベクトルと行列を用いて表せば，$u = Qv$

$$u = \begin{pmatrix} w_1 \\ w_2 \end{pmatrix}, \ Q = \begin{pmatrix} \cos\theta & -\sin\theta \\ \sin\theta & +\cos\theta \end{pmatrix}, \ v = \begin{pmatrix} x_1 \\ x_2 \end{pmatrix}$$

となるが，主成分分析により，Z は $(x_1$ が $Z_1)$，$(x_2$ が $Z_2)$ になり，左辺 v を x_1, x_2 とすると行列式は $v = QZ$ であり，次式となる．式(5.18)の右辺より Q

行列上の式は $a_1 = \cos\theta$, $a_2 = \sin\theta$, 下の式は $b_1 = \sin\theta, b_2 = \cos\theta$ となる.

$$\begin{cases} x_1 = Z_1\cos\theta - Z_2\sin\theta \\ x_2 = Z_1\sin\theta + Z_2\cos\theta \end{cases} \tag{5.19}$$

ここで式(5.19)の Z_1 と Z_2 の解を求める公式を考えてみると, 座標軸(Z_1, Z_2)から座標軸(x_1, x_2)へと θ だけ変換する2変量の場合の直交変換は $QQ' = I$ (Q に左から Q' を掛ける)となる.

なお, この直交行列は, ベクトルの長さを変えず原点のまわりの θ だけ回転を行うものである. ただし, Q' は Q の行と列を入れ替えた転置行列である.

$QQ' = I$ の Q が正則行列 $|Q| \neq 0$ のときは逆行列 Q^{-1} が存在するので $QQ' = I$ より,

$$QQ' = \begin{pmatrix} \cos\theta\ (a_1) & -\sin\theta\ (a_2) \\ \sin\theta\ (b_1) & \cos\theta\ (b_2) \end{pmatrix} \cdot \begin{pmatrix} \cos\theta\ (a_1) & \sin\theta\ (b_1) \\ -\sin\theta\ (a_2) & \cos\theta\ (b_2) \end{pmatrix}$$

$$= \begin{pmatrix} \cos^2\theta\ (a_1^2) + \sin^2\theta\ (a_2^2) = 1 & \cos\theta\ (a_1)\sin\theta\ (b_1) + (-\sin\theta\ (a_2))\cos\theta\ (b_2) = 0 \\ \cos\theta\ (a_1)\sin\theta\ (b_1) + (-\sin\theta\ (a_2))\cos\theta\ (b_2) = 0 & \sin^2\theta\ (b_1^2) + \cos^2\theta\ (b_2^2) = 1 \end{pmatrix}$$

制約条件:$a_1^2 + a_2^2 = 1$, $b_1^2 + b_2^2 = 1$, 直交条件:$a_1 b_1 + a_2 b_2 = 0$ となる.

$QQ' = \begin{pmatrix} 1 & 0 \\ 0 & 1 \end{pmatrix} = I$(単位行列)であり, I が対角行列になるので Q' を直交行列という.

いま, $Q = \begin{pmatrix} \cos\theta & -\sin\theta \\ \sin\theta & \cos\theta \end{pmatrix}$ の逆行列 Q^{-1} を求めてみると,

2×2 逆行列の解の公式 $A = \begin{pmatrix} a & b \\ c & d \end{pmatrix} = \dfrac{1}{ad-bc}\begin{pmatrix} d & -b \\ -c & a \end{pmatrix}$ より, 求める逆行列は,

$$Q^{-1} = \frac{1}{\cos^2\theta - (-\sin\theta)\sin\theta}\begin{pmatrix} \cos\theta & -(-\sin\theta) \\ -\sin\theta & \cos\theta \end{pmatrix}$$

$$= \frac{1}{\cos^2\theta + \sin^2\theta}\begin{pmatrix} \cos\theta & -(-\sin\theta) \\ -\sin\theta & \cos\theta \end{pmatrix}$$

$$= \frac{1}{1} \times \begin{pmatrix} \cos\theta & \sin\theta \\ -\sin\theta & \cos\theta \end{pmatrix}$$であり,

Q の行と列を入れ替えてた転置行列 $Q' = \begin{pmatrix} \cos\theta & \sin\theta \\ -\sin\theta & \cos\theta \end{pmatrix}$ は逆行列 Q^{-1} に等しいので $Q' = Q^{-1}$ となる.

5.5 一般データからの主成分分析の計算

したがって式(5.19)より，$v = QZ$ は，両辺に $I = QQ^{-1}$ をかけると，$vQQ^{-1} = QZ \cdot QQ^{-1}$ は，両辺の Q が約せて $vQ^{-1} = ZQQ^{-1}$ は，$vQ^{-1} = ZI$ は，$Z = Q^{-1}v$ であり，ここで v を t にかえると，求める解の行列の公式は，次式となる．

$$Z = Q^{-1}t \tag{5.20}$$

この式の左辺は，

ベクトル $Z = \begin{pmatrix} Z_1 \\ Z_2 \end{pmatrix}$ であり，$v = \begin{pmatrix} x_1 \\ x_2 \end{pmatrix}$ の右辺に平均値 $\overline{x}_1$, $\overline{x}_2$ を導入し，ベクトル $t = \begin{pmatrix} x_1 - \overline{x}_1 \\ x_2 - \overline{x}_2 \end{pmatrix}$ と置き，逆行列 $Q^{-1} = \begin{pmatrix} \cos\theta\,(a_1) & \sin\theta\,(b_1) \\ -\sin\theta\,(a_2) & \cos\theta\,(b_2) \end{pmatrix}$ の左側から t を掛ければよい．

なお，5.5.2 項の固有値から固有ベクトルを求める説明より固有ベクトルには，制約条件 $a_1^2 + a_2^2 = 1$, $b_1^2 + b_2^2 = 1$ をつけているので主成分得点を計算するとき各主成分に対応した固有値（ルート）を導入する．

式(5.20)より行列の公式は，次式となる．

$$Z_1 = (x_1 - \overline{x}_1) + \frac{\cos\theta\,(a_1)}{\sqrt{\lambda_1}} + (x_2 - \overline{x}_2) + \frac{\sin\theta\,(b_1)}{\sqrt{\lambda_1}}$$

$$Z_2 = (x_1 - \overline{x}_1) + \frac{-\sin\theta\,(a_2)}{\sqrt{\lambda_2}} + (x_2 - \overline{x}_2) + \frac{\cos\theta\,(b_2)}{\sqrt{\lambda_2}} \tag{5.21}$$

[例 5.7] 主成分得点の計算

表 5.8(p.175)の売上高総利益率 x_1 と総資本経常利益率 x_2 より主成分得点を計算してみる．サンプル No.1 の自家用自動車管理 Ea は，売上高総利益率は $x_{11} = 20.08$, $\overline{x}_1 = 24.44$, 総資本経常利益率は $x_{12} = 0.25$, $\overline{x}_2 = 4.01$ である．

また，第 1 主成分 Z_{11} の $(x_{11} - \overline{x}_1)$ の係数は $\cos\theta\,(a_1) = 0.976$, $(x_{12} - \overline{x}_2)$ の係数は $\sin\theta\,(b_1) = 0.22$, $\lambda_1 = 171.802$ であり，第 2 主成分 Z_{12} の $(x_{11} - \overline{x}_1)$ の係数は $-\sin\theta\,(a_2) = -0.22$, $(x_{12} - \overline{x}_2)$ の係数は $\cos\theta\,(b_2) = 0.976$, $\lambda_2 = 11.581$ となる．

主成分得点係数 α_{ij} は，固有ベクトル a_{ij} を固有値（ルート）$\sqrt{\lambda_i}$ で割ったものであり，以上のデータを式(5.21)に当てはめて主成分得点を計算してみると，

第 1 主成分のサンプル No.1 は，

第 5 章　主成分分析

$$Z_{11} = (20.08 - 24.44)\frac{0.976}{\sqrt{171.802}} + (0.25 - 4.01)\frac{0.22}{\sqrt{171.802}} = -0.387$$ であり，

第 2 主成分のサンプル No.1 は，次のようになる．

$$Z_{12} = (20.08 - 24.44)\frac{-0.22}{\sqrt{11.581}} + (0.25 - 4.01)\frac{0.976}{\sqrt{11.581}} = -0.795$$

5.6　標準化データからの主成分分析の計算

　この方法は，相関係数行列からの計算方法であり，各変量のもつばらつきの単位の違いを反映させたくないときの標準化データを用いる方法であり，相関行列の求め方は，各変量を平均が 0 とその分散が 1 になるように標準化した変量の分散・共分散行列 V である．主成分分析では，一般的に，この相関係数行列 R を用いることが多い．なお，標準化の公式は，以下のようになる．

$$u_{i1} = \frac{x_{i1} - \overline{x}_1}{s_1}, \quad u_{i2} = \frac{x_{i2} - \overline{x}_2}{s_2} \quad (i = 1, 2, \cdots, n)$$

[例 5.8]　相関係数行列の計算

　表 5.8（p.175）の売上高総利益率 x_1 と総資本経常利益率 x_2 より相関係数行列の計算をしてみる．分散・共分散行列を対象に標準化の式，例えば（表 5.8）のサンプル No.1 の売上高総利益率 x_1，$u_{11} = \dfrac{20.08 - 24.44}{12.809} = -0.340$，総資本経常利益率 x_{12}，$u_{12} = \dfrac{0.25 - 4.006}{4.394} = -0.855$ である．この 2 つの指標の全サンプルより求められる相関係数行列 R が出発になり，次式となる．

$$R = \begin{pmatrix} 1 & r \\ r & 1 \end{pmatrix} = \begin{pmatrix} 1 & 0.61 \\ 0.61 & 1 \end{pmatrix} \tag{5.22}$$

5.6.1　連立方程式から固有値を求める

　主成分分析での固有値 λ_1，λ_2 の求め方は，基本的には一般データからの主成分分析と同じなので説明は省略する．次に固有値 λ_1，λ_2 を求めてみる．

　主成分分析の固有値 λ を求める連立方程式，式(5.11)の左辺と式(5.6)の $V_{11} = V_{22} = 1, V_{12} = r$ より，次式となる．

5.6 標準化データからの主成分分析の計算

$$\begin{cases} ① & (1-\lambda)a_1 + ra_2 = 0 \\ ② & ra_1 + (1-\lambda)a_2 = 0 \end{cases} \tag{5.23}$$

式(5.23)①の両辺を a_1 で割り，さらに r で割ると $(1-\lambda) + r\dfrac{a_2}{a_1} = 0$ は，$\dfrac{(1-\lambda)}{r} = -\dfrac{a_2}{a_1}$ である．また，式(5.23)の②の両辺を a_2 で割り，さらに r で割ると $ra_1 + (1-\lambda)a_2 = 0$ は，$\dfrac{(1-\lambda)}{r} = -\dfrac{a_2}{a_1}$ である．

この両方の式をひっくり返すと，$\dfrac{(1-\lambda)}{r} = \dfrac{r}{(1-\lambda)} = -\dfrac{a_2}{a_1}$ となり，一致する．

したがって，右辺は，$-\dfrac{a_2}{a_1}$ となり，0以外の解は $\dfrac{(1-\lambda)}{r} = \dfrac{r}{(1-\lambda)}$ であり，求める λ は，次式である．

$$\dfrac{(1-\lambda)}{r} - \dfrac{r}{(1-\lambda)} = 0$$

この上式の両辺をそれぞれ $\dfrac{1}{(1-\lambda)}$ 倍，$\dfrac{1}{r}$ 倍すると，$\dfrac{(1-\lambda)^2 - r^2}{r(1-\lambda)} = 0$ であるが両辺を $r(1-\lambda)$ 倍し因数分解すると，式(5.23)は $(\lambda - 1 - r)(\lambda - 1 + r) = 0$ であり，結果として λ は第1主成分の固有値 $\lambda_1 = \lambda$，① $\lambda - 1 - r = 0$ は $\lambda = 1 + r$，第2主成分の固有値 $\lambda_2 = \lambda$，② $\lambda - 1 + r = 0$ は $\lambda = 1 - r$ を求めることができる．

[例 5.9] **固有値および寄与率の計算**

表5.8(p.175)の売上高総利益率 x_1 と総資本経常利益率 x_2 より固有値および寄与率の計算をしてみる．主成分分析に使用した2つの変量 x_1 と x_2 より，相関係数 r が正のとき第1主成分 Z_1 の固有値(分散) λ_1，寄与率 C_1，第2主成分 Z_2 の固有値(分散) λ_2，寄与率 C_2 を求めることができる．

第1主成分の固有値 λ_1 は，$r_{x1 \cdot x2} = 0.610$ より $\lambda_1 = 1 + r = 1 + 0.610 = 1.610$ となり，寄与率は $C_1 = \dfrac{\lambda_1}{2} \times 100 = \dfrac{1.610}{2} \times 100 = 80.5\%$ となる．

第2主成分の固有値 λ_2 は，$r_{x1 \cdot x2} = 0.610$ より $\lambda_2 = 1 - r = 1 - 0.610 = 0.39$

となり，寄与率は $C_2 = \dfrac{\lambda_2}{2} \times 100 = \dfrac{0.39}{2} \times 100 = 19.5\%$ となる．

寄与率の合計は，100% = 80.5% + 19.5%は，第1主成分には，もとの x_1 と x_2 の全情量の 80.5% の情報量が集まっている．それに対して第2主成分の情報は，19.5% だけである．

5.6.2　第1主成分の固有ベクトルを求める

固有ベクトル a_1, a_2 を求めるべく式(5.23)の①式および②式に，2つの固有値，$\lambda = 1 + r$, $\lambda = 1 - r$ を代入すると，相関が正のときと，相関が負のときの2とおりの解を得ることができる．

(1)　相関が正($r > 0$)のとき第1主成分の固有値 $\lambda = 1 + r$ より，重み a_1, a_2 を求める式(5.23)の①式および②式に $\lambda = 1 + r$ を代入すると，両方の式とも $-a_1 + a_2 = 0$ となり，$a_1 = a_2$ で同値となる．

これより，制約条件 $a_1^2 + a_2^2 = 1$ から，a_1^2 あるいは a_2^2 は1の同値より $\dfrac{1}{2}$ であり，次のようになる．

$$\left(\dfrac{1}{\sqrt{2}}\right)^2 + \left(\dfrac{1}{\sqrt{2}}\right)^2 = 1$$

したがって，$a_1 = \dfrac{1}{\sqrt{2}} = 0.707$, $a_2 = \dfrac{1}{\sqrt{2}} = 0.707$, または，$a_1 = \dfrac{-1}{\sqrt{2}} = -0.707$, $a_2 = \dfrac{-1}{\sqrt{2}} = -0.707$ となる．

(2)　相関が負($r < 0$)のとき第2主成分の固有値 $\lambda = 1 - r$ より，重み a_1, a_2 を求める式(5.23)の①式および②式に，$\lambda = 1 - r$ を代入すると，両方の式とも $a_1 + a_2 = 0$ となり，$a_1 = -a_2$ で同値となる．

$a_1 = -a_2$ は，$\dfrac{1}{\sqrt{2}} = -\left[\dfrac{1}{\sqrt{2}}\right]$. これより，制約条件から $a_1^2 + a_2^2 = 1$ は，

$$\left(\dfrac{1}{\sqrt{2}}\right)^2 + \left(\dfrac{-1}{\sqrt{2}}\right)^2 = 1$$ となる．

したがって，$a_1 = \dfrac{1}{\sqrt{2}} = 0.707$, $a_2 = \dfrac{-1}{\sqrt{2}} = -0.707$, または，$a_1 = \dfrac{-1}{\sqrt{2}} = -0.707$,

$a_2 = \dfrac{1}{\sqrt{2}} = 0.707$ となる.

5.6.3 標準化データによる座標軸の回転
(1) 座標軸の回転の理論

楕円の長い軸の方向を Z_1 とし,それと直交する方向を Z_2 とし,図5.7のように座標軸を回転させると,回転後の新座標軸上の Z_1, Z_2 では,n 個のデータのプロット点は,無相関 $r_{Z_1, Z_2} = 0$ となる.

さらに,Z_1 軸上では,分散は最大になり,Z_2 軸上では,分散は最小となる.

なお,2次元散布図上の n 個のデータ点を (u_{i1}, u_{i2}) および (Z_{i1}, Z_{i2}),$(i = 1, 2, \cdots, n)$ と表すと,平均は0になるように標準化されているので,Z_1, Z_2 の偏差平方和 S は,次式となる.

$$S = \sum_{i=1}^{n}(u_{i1}^2 + u_{i2}^2) = \sum_{i=1}^{n}(Z_{i1}^2 + Z_{i2}^2) \qquad (5.24)$$

(2) 標準化データと主成分得点データの偏差平方和の計算例

表5.8(p.175)の売上高総利益率 x_1 に総資本経常利益率 x_2 を加えた,縦の標準化データの偏差平方和である $S_{u1} = \sum_{i=1}^{n} u_{i1}^2 = 38.0$,$S_{u2} = \sum_{i=1}^{n} u_{i2}^2 = 38.0$ は加えると $S_{u1} + S_{u2} = S = 76.0$ となる.

また,主成分得点データの偏差平方和である $S_{z1} = \sum_{i=1}^{n} Z_{i1}^2 = 38.0$,$S_{z2} = \sum_{i=1}^{n} Z_{i2}^2 = 38.0$ は加えると $S_{z1} + S_{z2} = S = 76.0$ となる.なお,この関係は(図5.7,p.166)のように横の主成分得点データ $\sum_{i=1}^{n}(Z_{i1}^2 + Z_{i2}^2)$ に座標変換しただけであり偏差平方和 S の結果は変わらないので,次のようになる.

$$S = \sum_{i=1}^{n}(u_{i1}^2 + u_{i2}^2) = \sum_{i=1}^{n}(Z_{i1}^2 + Z_{i2}^2) = 76.0$$

$S = \sum_{i=1}^{n}(u_{i1}^2 + u_{i2}^2) = \sum_{i=1}^{n}(Z_{i1}^2 + Z_{i2}^2)$ の変換については,日科技連出版社のホームページから筆者作成の資料「appendix(付録)3. マハラノビスの汎距離の2乗

第5章　主成分分析

の理論」をダウンロードし参照されたい（詳しくは p.vii 参照）．

(3) 座標軸回転の実際

式(5.24)は，座標軸の角度を時計回りに回転 θ（図 5.7）させることにより，$Z_{i1}^2(Z_1)$ の最大化，$Z_{i2}^2(Z_2)$ の最小化することを意味する．

次に，実際のデータで座標軸の回転前と回転後のヒストグラム（図 5.8）を書いてみると，回転前座標（標準化データ）の散布図の相関係数は $r = 0.610$（相関あり）であるが，回転後の散布図（主成分得点）の相関係数は，$r = 0$（無相関）になる．2 変量のマハラノビスの汎距離の 2 乗と座標軸の回転の関係は（図 5.7）⇒（図 4.10, p.122）になる．

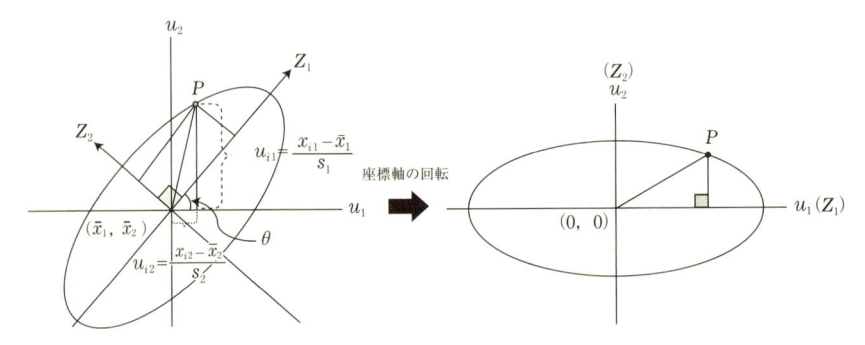

図 5.7　座標軸の回転前と回転後

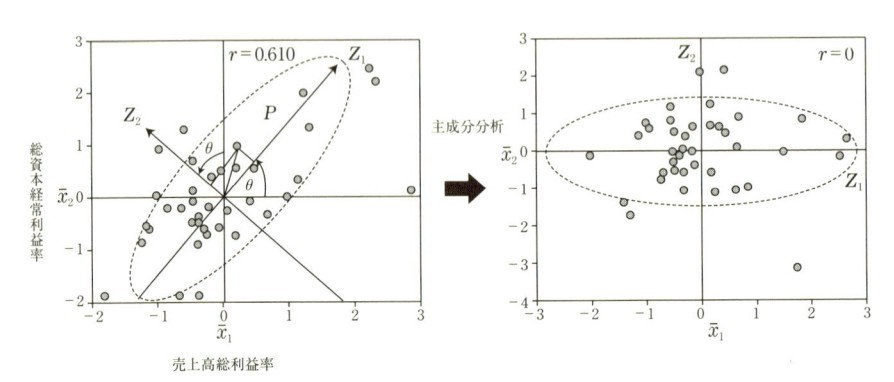

図 5.8　座標の回転前（標準化データ）と回転後（主成分得点）

5.7 主成分分析の多変量の理論

　一般的に，主成分分析では3変量以上を扱う．主成分分析の関係式について考察する．固有ベクトル a_{ij} の制約条件式は，$a_{i1}x_1+a_{i2}x_2+\cdots+a_{iP}x_P=1, (i=1, 2, 3, \cdots, n)$ であり，求める主成分 Z_i の構成は，次式となる．

$$Z_1 = a_{11}x_1 + a_{12}x_2 + \cdots + a_{1P}x_P$$
$$Z_2 = a_{21}x_1 + a_{22}x_2 + \cdots + a_{2P}x_P$$
$$\vdots \qquad \vdots \qquad \vdots \qquad \qquad \vdots$$
$$Z_i = a_{i1}x_1 + a_{i2}x_2 + \cdots + a_{iP}x_P \tag{5.25}$$

なお，主成分の性質は，以下のようになる
① 　固有ベクトル a_{ij} は制約条件により，$a_{i1}+a_{i2}+\cdots+a_{iP}=1$ となる．
② 　各主成分は直交(無相関)，$(Z_1 \perp Z_2, \cdots, Z_i)$ である．
③ 　主成分の分散 $V(Z)$ は，固有値 λ_i に等しく，$V(Z_1)=\lambda_1, V(Z_2)=\lambda_2, \cdots, V(Z_i)=\lambda_i$ は，第1主成分の固有値 λ_1 が最も大きく，次に，第2主成分の固有値 λ_2 と，次元の数が増えるにつれて固有値 $\lambda_1 \geq \lambda_2 \geq \cdots \geq \lambda_i \geq 0$ はだんだんと小さくなっていく．

5.7.1 固有ベクトル

　固有ベクトル(eigenvector)は，主成分を求める際の各変量に対する重みづけの係数であり，固有ベクトルの要素の値の正負およびその絶対値の大きさから主成分の特徴を解釈することができる．これは制約条件式(係数の合計が最大で1)にもとづき各変量を混ぜ合わせ，複数の合成変量(分散の大きい方向)を求めるもので，この混ぜ合わせの比率(重み)が固有ベクトルを示しており，これが大きいほど主成分の特徴をよく表している．

5.7.2 固有値

　固有値(eigenvalue)は，各主成分の分散が固有値であり，固有値によってその主成分がもとの変量の何個分に相当する情報をもっているかどうかを知ることができる．各変量のすべての変動の中から特徴ある変動の方向を求め，その変動の強い方向から主成分を分散として取り出した値であり，第1の固有値 λ_1 〜第 i の固有値 λ_i まで求めることができる．

　なお，固有値の数は，主成分を構成する次元(変量)の数だけ求まり，一般的

には，その大きさは次第に小さくなっていく．

5.7.3 因子負荷量

因子負荷量(factor loading)とは，主成分分析に用いた主成分と各変数との相関係数のことで，どの位の強さの相関を持っているかを示すものであり，この因子負荷量の符号や大きさにより主成分は特徴づけられる．

一般的に，各変量が標準化あるいは非標準化するかどうかにかかわらず，主成分構造の中での因子負荷量は，相関係数と同じ指標となり0～±1までの大きさを表すものである．因子負荷量 r_{ij}, $(i = 1, 2, \cdots, k)$, $(j = 1, 2, \cdots, P)$ は，固有値 $\sqrt{\lambda_i}$ に固有ベクトル a_{ij} を掛けた，次式により求めることができる．

$$r_{ij} = \sqrt{\lambda_i} \cdot a_{ij} \tag{5.26}$$

5.7.4 寄与率

寄与率(contribution ratio)とは，ある特定の固有値が持つデータ変動が，全データ変動の中で，どのくらいの割合で説明できるかを示す指標である．

5.7.5 主成分得点

主成分得点(principal component score)とは，主成分という新たに発見された総合特性値を基準とする尺度に，各サンプルを当てはめ得点として評価したものである．各主成分は独立であることからこの関係を利用して2つの異なる主成分得点を分析目的に応じて組み合わせ，座標軸上のグラフに各サンプルをプロットさせ，分析の対象となる各サンプルのクラス分けを行ったり，相対的な位置関係をつかんだりするのに役立つ．

5.7.6 主成分数の選択

(1) 主成分の数の選択とは

主成分分析では，変量の数だけ主成分が求まる．しかし，すべての主成分を採用していたのでは次元の縮約にはならない．したがって，重要な主成分のみに絞り込むことが必要である．主成分数の選択とは，どの程度の変量の損失で，主要な主成分をいくつくらいとれば変量全体の主要な構造を，つかむことができるのかを知ることである．

少数の主成分で変量全体の変動の大部分を，つかむことが理想的であり，主

5.8 バイプロットの理論

(2) 主成分数の採用基準

主成分数の選択の一番目の方法は，スクリープロット(scree plot)を基準とする方法である．求めた固有値を大きさの順番に並べてみたとき，その落差が急激に落ち込んで止まっている所，すなわち，スクリー(なだれ石)の手前までが説明力の最も強い主成分が含まれている所であり，そこまでを固有値として取り上げる方法である．

二番目の方法は，主成分分析により求めた固有値 λ_1，λ_2，$\cdots$，λ_i と変量の合計数 P により，累積寄与率(cumulative contribution ratio)を求めるものであり，全データ変動の中で，どのくらいの割合で固有値が含まれているのかを知る指標が累積寄与率 C_r である．

その考え方は，あくまで経験的な目安であるが2個～3個の小数の固有値の累積が全体の70％～80％あればよいとする．そこまでに求めた主成分の数を採用するもので，次式により求めることができる．

$$C_r = \frac{\lambda_1 + \lambda_2 + \cdots + \lambda_i}{P} \times 100 \tag{5.27}$$

5.7.7 主成分の解釈

主成分を解釈する際は，主成分分析の結果から求めた因子負荷量や主成分得点により，仮説を検証し，因子負荷量の正負および絶対値を，実際の現象をよくながめ観察しながら解釈を行う．

5.8 バイプロットの理論

5.8.1 バイプロットとは

バイプロット(biplot)は，ガブリエル(Gabriel)が提唱したものであり多次元の縮約を行う主成分分析と同様の手法である．バイプロットにおいては，人間の視覚が最もよく働く2次元のユークリッド空間上に個体(各主成分スコア)と変量(因子ベクトル)を主成分分析により同時に布置し，データの大まかな構造をつかむ．

5.8.2 バイプロットの原理

(1) バイプロットでは,データ行列に主成分分析を行い,複数の変量(x_1, x_2, …, x_n)を寄与度の高いほう上位から2次元に圧縮する.

なお,この処理は,特異値分解 $X = \sum_{i=1}^{n} \lambda_i^{1/2} p_i q'_i$ により計算されるものであり,標準化データ XX'(偏差平方和)の第1主成分と第2主成分までに限定した固有値($\lambda_1 + \lambda_2$)の合計表示である.

このバイプロットは,1つの変量を支える2つの固有ベクトルで表し,新ベクトル(因子ベクトル)とするものである.また,1つの点を2つの主成分スコアで表すものであり,その各点間の関係は,主成分分析を行っているのでマハラノビスの汎距離の2乗を示す.

(2) 例えば,横軸(第1主成分)と縦軸(第2主成分)の固有値ベクトルで支えられた,2つのベクトルAとベクトルBの固有ベクトルが近ければ近いほど,横軸と縦軸を支える固有ベクトルが似ているので,ある意味の相関を示す.

(3) 因子ベクトルと主成分スコアの接近度は,内積(相関)に分解してからの表示であり,データが標準化してあるので,その関係は相関 $\cos\theta$ を示す.さらに因子ベクトルと主成分スコアの内積が鋭角のときには正(+)関係がある.また,鈍角のときには負(-)無関係を示す.

5.8.3 主成分分析からバイプロットの値を求める計算プロセス
(1) バイプロット計算の固有値を求める

表5.4の右側の標準化データの偏差平方和(主成分の寄与率は分散)合計 $4(S_T) = 2(S_1) + 2(S_1)$ を,主成分分析の寄与率(分散)により求めた第1主成分の寄与率0.978,第2主成分の寄与率0.022で按分すると,次のようになる.

$\lambda_1 = 4 \times 0.9785 = 3.914$, $\lambda_2 = 4 \times 0.0215 = 0.086$ であるので,
$S_T = \lambda_1 + \lambda_2 = 3.914 + 0.086 = 4$ となる.

表5.4 バイプロットのデータ(右は標準化)

No.	y	x	$\acute{y}$	$\acute{x}$
1	38	21.60	-0.832	-1.029
2	40	32.40	-0.277	0.061
3	45	41.40	1.109	0.968
		S	2.000	2.000

5.8 バイプロットの理論

(2) バイプロット計算の固有ベクトルを求める

主成分分析の固有ベクトル×√バイプロットの個有値 は，バイプロットの固有ベクトル(表 5.5)は，次のようになる．

$$a_{11} = 0.707 \times \sqrt{3.914} = 1.399, \quad a_{12} = 0.707 \times \sqrt{0.086} = 0.208$$
$$a_{21} = 0.707 \times \sqrt{3.914} = 1.399, \quad a_{22} = -0.707 \times \sqrt{0.086} = -0.208$$

表 5.5 主成分固有ベクトル(バイプロットの固有ベクトル)

変量名	主成分固有ベクトル		バイプロット固有ベクトル	
y	0.707	0.707	1.399	0.208
x	0.707	-0.707	1.399	-0.208

(3) バイプロットの第 1 主成分 (y) の固有ベクトルの修正計算をする

主成分分析の重みの仮定は，$a^2 + b^2 = 1$ と直交であるので固有ベクトル a_{11}, a_{12} に対して固有値 λ_1, λ_2 を導入するとバイプロットの修正固有ベクトルは表 5.6 のようになる．

$$\check{a}_{11}(y) = \frac{1.399 (a_{11})}{\sqrt{3.914}(\lambda_1)} = 0.707$$

$$\check{a}_{12}(y) = \frac{0.208 (a_{12})}{\sqrt{0.086}(\lambda_1)} = 0.709$$

表 5.6 バイプロットの修正固有ベクトル

変量名	バイプロット修正固有ベクトル	
y	0.707	0.709
x	0.677	-0.679

(4) バイプロットの第 2 主成分 (x) の固有値ベクトルの修正計算をする

因子分解により主成分得点と固有ベクトル(符号付)は内積(相関)の関係にあるので，y と x の相関係数の絶対値 $|r_{y \cdot x} = 0.957|$ を加味する．すなわち因子ベクトルの軸に対する主成分得点の関係は，内積 $|r_{y \cdot x}|$ を含め計算する必要があり表 5.6 の x は，次のようになる．

$$\acute{a}_{21}(x) = 1.399 \times 0.957 (|r_{y \cdot x}|) = 1.338 \text{ より} \Rightarrow \check{a}_{21} = \frac{1.338 (\acute{a}_{21})}{1.9783 (\sqrt{\lambda_1})} = 0.677$$

第 5 章　主成分分析

$$\acute{a}_{22}(x) = -0.208 \times 0.957(|r_{y \cdot x}|) = -0.199 \text{ より} \Rightarrow \check{a}_{22} = \frac{-0.199(\acute{a}_{22})}{0.293(\sqrt{\lambda_2})} = -0.679$$

(5) バイプロットの主成分得点の計算をする

No.1 ～ No.3 までの第 1 主成分得点，第 2 主成分得点（**表 5.7**）を計算し，グラフ（**図 5.9**）を表示する．

表 5.7　バイプロットの主成分得点

No.	第 1 主成分	第 2 主成分	第 2 主成分(調整)
1	−1.318	0.135	0.035
2	−0.153	−0.229	−0.058
3	1.471	0.093	0.024
合計	0.000	0.000	0.000

$Z_{11} = \check{a}_{11}(0.707) \times \acute{y}_1(-0.832) + \check{a}_{12}(0.709) \times \acute{x}_1(-1.029) = -1.318$

$Z_{12} = \check{a}_{21}(0.677) \times \acute{y}_1(-0.832) + \check{a}_{22}(-0.678) \times \acute{x}_1(-1.029) = 0.135$

$Z_{21} = \check{a}_{11}(0.707) \times \acute{y}_2(-0.277) + \check{a}_{12}(0.709) \times \acute{x}_2(0.061) = -0.153$

$Z_{22} = \check{a}_{21}(0.677) \times \acute{y}_2(-0.277) + \check{a}_{22}(-0.678) \times \acute{x}_2(0.061) = -0.229$

$Z_{31} = \check{a}_{11}(0.707) \times \acute{y}_3(1.109) + \check{a}_{12}(0.709) \times \acute{x}_3(0.968) = 1.471$

$Z_{32} = \check{a}_{21}(0.676) \times \acute{y}_3(1.109) + \check{a}_{22}(-0.678) \times \acute{x}_3(0.968) = 0.093$

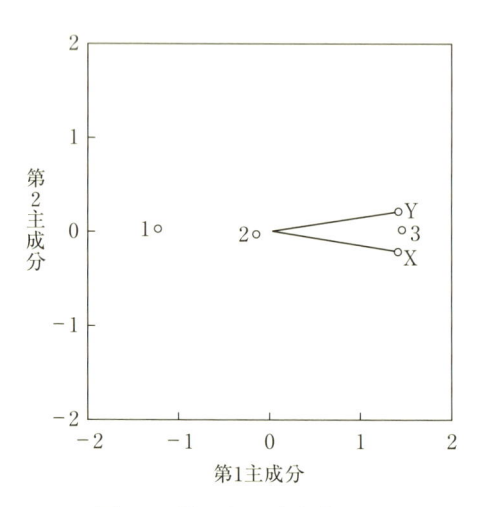

図 5.9　データのバイプロット

(6) 主成分得点の調整

主成分得点 No.1 ～ No.3 までを第 1 主成分の固有値 $\lambda_1 = 3.912$ でそれぞれ割ると，大きい値は小さく，マイナス値（-0.229 は -0.058 であり）は大きくなりグラフ上で調整ができる．

$$\acute{Z}_{12} = \frac{0.135\,(Z_{12})}{3.914\,(\lambda_1)} = 0.035, \quad \acute{Z}_{22} = \frac{-0.229\,(Z_{12})}{3.914\,(\lambda_1)} = -0.058, \quad \acute{Z}_{32} = \frac{0.093\,(Z_{32})}{3.914\,(\lambda_1)} = 0.024,$$

5.9　例題 4：優良企業の財務データによる主成分分析

5.9.1　例題 4 の概要

全国の優良企業の 39 社を対象に財務データを相関係数行列による方法で主成分分析を行ったものである．この分析の狙いは，優良企業の主な財務特徴をつかむことである．

5.9.2　主成分分析の実務での活用法と結果の見方

(1)　相関行列に相関があるかの検討

主成分分析のベースとなる相関行列に相関があるかがポイントとなるので，相関行列を眺め相関があるかどうかを確認する．なお，主成分分析の結果が，はっきりと出ないときにはサンプル数を増やして対応する．

(2)　主成分分析で採用する主成分数の決定

採用する主成分の数は，スクリープロットで見て累積寄与率の落下が急激に落ち込んでいる所までの主成分を採用する．

(3)　主成分スコアの分析の注意点

主成分スコアの分析は，各主成分スコアの分散がすべて 1 に標準化してあるので，因子負荷量の散布図で特徴あるものを探し，オリジナルデータに戻って検討する．

5.9.3　主成分分析の実施

(1)　予備的なデータの解析

主成分分析に用いるのは 39 社の財務指標データ（**表 5.8**）であり，ヒストグ

第 5 章 主成分分析

ラムを見ながら各データを対数(log)に変換し直し，1人当たり売上高の対数変換(**図 5.10**)の例を示す．この変換により，左端の中心が中央に移動し，かつ，標準偏差(32951.83 ⇒ 0.65)も圧縮している．なお，対数(log)変換後の評価は，平均 $\bar{x}$ とメディアン $\tilde{x}$ の一致度を見ればよい．このケースでは，$\tilde{x}$ は 10.67 ≒ $\bar{x}$ は 10.7 であり，ほぼ一致している．

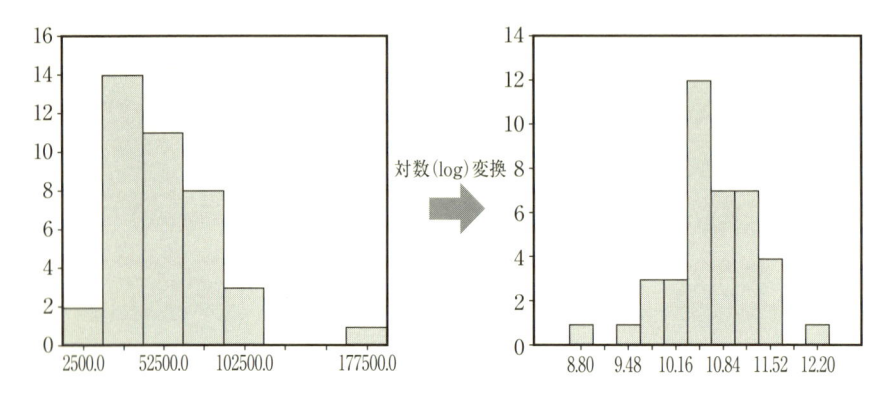

図 5.10　1 人当たり売上高の変換前と変換後

5.9　例題 4：優良企業の財務データによる主成分分析

表 5.8　財務指標 39 社のデータ

No.	社名	売上高総利益率	総資本経常利益率	売上高営業利益率	総資本回転率	流動比率	固定長期適合率	自己資本比率	借入依存	売上高伸び率	営業利益伸び率	資産合計伸び率	1人当たり経常利益率	営業C/F対流動負債比率	log1人当り売上高
1	自家用自動車管理 Ea	20.08	0.25	3.84	0.68	91.5	101.90	11.5	78.70	-6.26	-29.00	-3.80	22.5	17.13	8.73
2	婚礼 Eb	53.28	14.85	13.94	1.17	154.0	79.86	83.2	34.50	117.00	222.30	171.21	6058.5	55.41	10.78
3	ホテル・宴会 Ec	9.96	1.36	3.91	0.54	38.8	132.80	20.2	51.60	-8.82	-32.40	-5.27	1117.8	-6.97	10.70
4	建設・環境・不動産 Ed	13.58	3.24	3.70	1.02	101.0	97.69	22.7	40.70	6.85	52.27	13.52	969.1	5.05	10.33
5	菓子の製造販売 Ee	39.11	5.31	4.22	1.57	119.0	91.06	49.7	8.58	-0.41	0.21	9.69	782.5	32.21	10.05
6	家具の製造小売 Ef	54.18	13.63	8.61	1.53	244.0	58.22	74.3	0.97	6.21	8.28	18.38	3768.3	38.53	10.66
7	繊維 Eg	37.05	4.27	7.66	0.54	258.0	57.99	32.7	4.41	-3.90	-9.78	4.39	2694.2	19.77	10.43
8	不動産 Eh	18.90	7.06	5.94	1.30	124.0	48.14	15.6	59.20	-31.30	90.97	-18.75	1687.5	2.83	10.34
9	繊維製造 Ei	33.24	2.71	17.67	0.18	43.6	114.20	33.6	34.10	-0.22	32.96	-0.41	14751.0	15.97	11.51
10	不動産 Ej	20.08	2.50	6.36	0.57	74.7	118.10	9.2	49.20	-0.06	3.83	-0.07	1566.5	12.11	10.48
11	建設 Ek	9.57	1.47	2.48	0.80	189.0	85.72	19.3	29.70	-12.10	19.69	-2.82	1581.0	3.98	11.36
12	無線通信機製造 El	29.87	3.62	6.18	1.12	185.0	59.45	35.8	35.50	7.65	26.44	4.39	842.0	22.88	10.17
13	繊維製品製造 Em	18.47	4.50	12.37	0.27	646.0	79.19	76.4	0.00	-9.09	7.68	5.78	3122.3	153.84	9.82
14	自動計測器の製造販売 En	40.59	12.82	16.61	1.02	187.0	48.80	42.9	25.20	22.53	112.50	9.33	3901.1	18.59	10.34
15	ゴム樹脂製品の販売 Eo	11.83	4.23	3.07	1.45	81.0	243.10	34.4	24.90	10.22	6.70	0.38	1922.4	6.88	11.10
16	電気製造 Ep	20.19	0.03	-2.84	0.81	409.0	52.78	83.9	2.66	7.51	-12.00	7.13	16.9	6.34	10.65
17	家電小売 Eq	19.80	1.91	1.00	1.78	111.0	92.60	43.2	15.70	0.17	3.99	-4.87	761.2	15.01	11.17
18	製鉄 Er	1.74	-4.27	-7.61	0.46	43.6	138.10	20.0	37.00	-15.90	106.10	-16.34	-2817.0	3.94	10.31
19	小売スーパー Es	21.47	1.04	1.08	1.97	42.2	133.40	35.5	40.20	-1.46	-0.30	-6.58	413.1	16.74	11.27
20	電子機器等の加工輸出 Et	12.10	7.98	4.43	2.01	164.0	40.21	48.2	4.40	19.88	45.24	24.56	2592.7	-0.57	11.09
21	パン・菓子等販売 Eu	31.04	6.55	8.79	0.74	634.0	89.56	37.1	0.00	0.41	1.84	1.71	3646.3	70.84	10.63
22	飲食 Ev	61.3	4.57	1.65	1.74	136.0	87.80	42.0	40.10	3.58	-15.10	17.57	1065.1	26.41	10.61
23	建材総合商社 Ew	23.83	6.31	5.24	1.20	159.0	64.07	56.2	0.00	3.94	-1.50	6.09	2541.8	15.85	10.79
24	鉄鋼製品の製造販売 Ex	16.91	9.87	8.51	0.58	299.0	62.70	72.9	8.51	149.00	-954.00	0.70	9992.6	61.26	10.98
25	家電小売 Ey	16.02	-4.23	-3.76	1.60	32.6	416.00	4.49	40.30	97.68	-3.64	-14.65	-2391.0	0.29	11.41
26	自動車・一般船舶の製造販売 Ez	25.44	2.94	4.92	0.75	188.0	71.95	34.6	2.69	4.84	-4.40	3.53	682.1	21.59	9.77
27	インターホーンの製造販売 Fa	41.47	9.79	11.54	0.88	544.0	31.58	81.0	0.00	4.58	14.48	4.71	3840.3	47.45	10.45
28	クレジット Fb	22.40	5.84	22.40	0.27	359.0	7.91	35.8	43.70	8.28	27.58	2.59	16512	1.05	11.24
29	コンプレッサの製造販売 Fc	20.79	1.33	2.25	1.09	154.0	61.09	42.0	18.20	-1.63	792.30	-3.75	423.0	19.20	10.45
30	小売スーパー Fd	26.68	6.46	2.38	2.33	56.3	118.40	50.9	17.10	8.85	4.83	8.85	2839.5	18.71	11.54
31	家電製品の販売 Fe	19.03	1.78	1.08	2.17	121.0	86.48	29.3	36.60	9.57	137.50	1.20	678.0	6.94	11.32
32	地盤改良 Ff	16.40	2.94	1.94	1.59	91.8	113.70	31.3	27.00	-0.28	-2.45	3.83	1367.5	15.13	11.21
33	農産物買い付け卸 Fg	9.02	0.41	-0.06	2.98	278.0	13.24	60.2	0.00	-0.05	-114.00	-17.31	254.4	-5.68	12.13
34	倉庫・運送業 Fh	22.90	3.11	9.31	0.40	32.3	122.80	43.0	43.00	-4.00	-28.40	-0.78	3918.6	7.97	10.82
35	建設・情報システム事業 Fi	19.50	-4.24	-4.65	1.18	133.0	83.72	51.4	6.62	8.69	10.64	6.68	-661.1	-16.66	9.69
36	発酵・化成製品 Fj	18.88	3.77	5.07	0.89	128.0	79.86	40.0	26.80	-10.30	7.55	-19.91	2019.8	38.46	10.78
37	ガス製品製造販売 Fk	26.80	0.79	-0.13	1.51	64.0	236.70	15.6	48.30	1.19	-134.00	-0.45	280.5	1.14	10.89
38	超鋼関連 Fl	26.87	8.32	9.41	0.82	254.0	66.33	61.7	9.51	9.59	30.84	3.65	1315.0	66.29	9.46
39	電子部品の組立て Fm	23.62	1.41	1.90	0.64	390.0	40.63	70.1	13.80	43.17	-112.00	8.94	800.5	-9.49	10.50

(2)　39 社の財務指標バイプロットのグラフ表示をする

バイプロットの適合度は，全部の固有値（偏差平方和）を 2 次元までの固有値で評価したものであり 1 が最適であるが適合度 ρ は 0.457 となる．

$$\rho = \frac{\lambda_1 + \lambda_2}{\sum_{i=1}^{14} \lambda_i} = \frac{243.004}{532} = 0.457$$

第5章　主成分分析

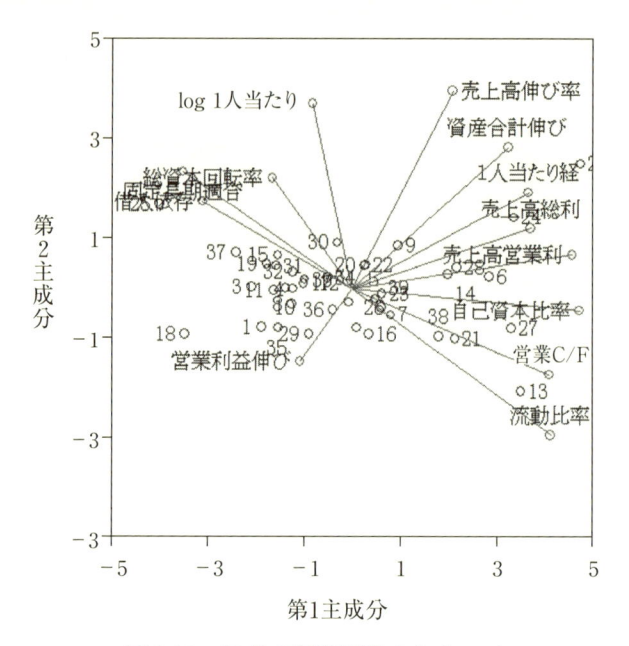

図5.11　39社の財務指標バイプロット

図 5.11 は優良企業の 39 社のバイプロットであり，以下のことが読みとれる．

① 第1主成分が強く(＋)，第2主成分が弱く(−)出るのは，自己資本比率，営業 C/F 比率，流動比率に相関があるグループ[27(インターホーン製造)，13(繊維製品製造)など]．

② 第1主成分が強く(＋)，第2主成分が強く(＋)出るのは，売上高営業利益率，1人当たり経常利益率，売上高総利益率，資産合計伸び率に相関があるグループ[24(鉄鋼製品製造)，6(家具の製造小売)など]．

③ 第1主成分が弱く(−)，第2主成分が少し強く(＋)出るのは，総資本回転率，固定長期適合率，借入依存に相関があるグループ[15(ゴム樹脂製品の販売)，37(ガス製品の製造販売)など]．

④ 第1主成分，第2主成分ともに弱く(−)出るのは，営業利益伸び率のグループ[1(自家用自動車管理)，29(コンプレッサ製造販売)，35(建設・情報システム)など]に分かれる．

⑤ 相関が弱く直交的な関係は，売上高伸び率に対する流動比率および営業 C/F である．

5.9 例題4:優良企業の財務データによる主成分分析

表 5.9 相関係数行列

	売上高総利益率	総資本経常利益率	売上高営業利益率	総資本回転率	流動比率	固定長期適合率	自己資本比率	借入依存	売上高伸び率	営業利益伸び率	資産合計伸び率	1人当たり経常利益率	営流C/F対流動負債比率	log1人当り売上高
売上高総利益率	1	0.610	0.432	0.024	0.187	−0.205	0.385	−0.151	0.154	0.095	0.510	0.248	0.298	−0.159
総資本経常利益率	0.610	1	0.697	0.002	0.308	−0.427	0.508	−0.263	0.288	−0.099	0.527	0.470	0.454	−0.023
売上高営業利益率	0.432	0.697	1	−0.426	0.352	−0.386	0.250	−0.023	0.112	−0.028	0.301	0.828	0.427	−0.036
総資本回転率	0.024	0.002	−0.426	1	−0.266	0.112	0.026	−0.122	0.008	0.076	0.018	−0.375	−0.260	0.477
流動比率	0.187	0.308	0.352	−0.266	1	−0.447	0.599	−0.582	0.058	−0.139	0.045	0.223	0.612	−0.178
固定長期適合率	−0.205	−0.427	−0.386	0.112	−0.447	1	−0.506	0.354	0.216	−0.032	−0.133	−0.306	−0.164	0.185
自己資本比率	0.385	0.508	0.250	0.026	0.599	−0.506	1	−0.704	0.324	−0.159	0.428	0.222	0.465	−0.018
借入依存	−0.151	−0.263	−0.023	−0.122	−0.582	0.354	−0.704	1	−0.104	0.103	−0.047	−0.013	−0.354	−0.075
売上高伸び率	0.151	0.263	0.112	0.008	0.058	0.216	0.324	−0.104	1	−0.449	0.498	0.241	0.146	0.17
営業利益伸び率	0.095	−0.099	−0.028	0.076	−0.139	−0.032	−0.159	0.103	−0.449	1	0.145	−0.237	−0.114	−0.113
資産合計伸び率	0.510	0.527	0.301	0.018	0.045	−0.133	0.428	−0.047	0.498	0.145	1	0.201	0.222	−0.033
1人当たり経常利益率	0.248	0.470	0.828	−0.375	0.223	−0.306	0.222	−0.013	0.241	−0.237	0.203	1	0.194	0.263
営流C/F対流動負債比率	0.298	0.454	0.427	−0.260	0.612	−0.164	0.465	−0.354	0.146	−0.114	0.222	0.194	1	−0.299
log1人当り売上高	−0.159	−0.023	−0.036	0.477	−0.178	0.185	−0.018	−0.075	0.170	−0.113	−0.033	0.263	−0.299	1

相関係数行列(表 5.9)中の相関係数を眺めてみると,相関はある.

(3) 採用する主成分の数

固有値のスクリープロットと図 5.12 の主成分の数より表 5.10 の固有値の累積寄与率が 59.0%の所までの第1主成分～第3主成分までを採用している.

第 5 章　主成分分析

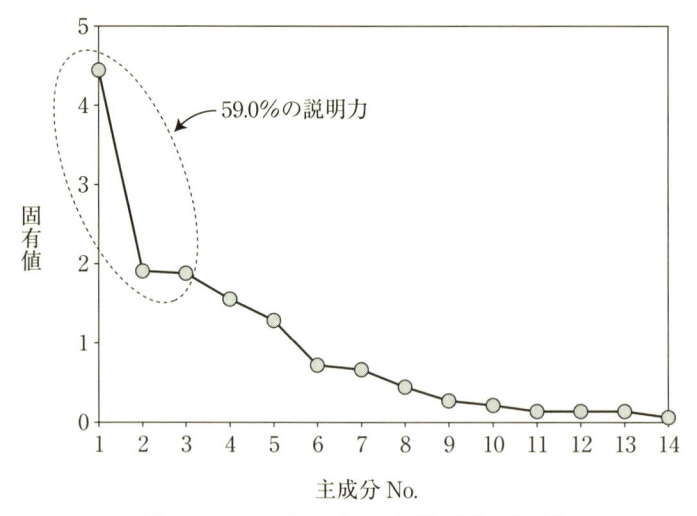

図 5.12　スクリープロット（主成分の決定）

表 5.10　固有値と累積寄与率

主成分 No.	固有値	寄与率(%)	累積寄与率(%)
1	4.475	32.0	32.0
2	1.920	13.7	45.7
3	1.870	13.4	59.0
4	1.546	11.0	70.1
5	1.304	9.3	79.4
6	0.734	5.2	84.6
7	0.669	4.8	89.4
8	0.447	3.2	92.6
9	0.302	2.2	94.8
10	0.249	1.8	96.5
11	0.176	1.3	97.8
12	0.143	1.0	98.8
13	0.118	0.8	99.7
14	0.048	0.3	100.0

(4)　主成分の意味づけ

　因子負荷量表（表 5.11）と因子負荷量の散布図（図 5.13），因子負荷量寄与率グラフ（図 5.14）より，第 1 主成分の因子負荷量の大きさや符号を見てみると第 1 主成分は，売上高総利益率（0.602），総資本経常利益率（0.813），売上高営業利益率（0.742），自己資本比率（0.767），営業 C/F 対流動負債比率（0.665）が大きく，その意味づけは，収益性および安全性を表す指標と解釈される．

5.9 例題 4：優良企業の財務データによる主成分分析

第 2 主成分の因子負荷量を見てみると，売上高伸び率(0.643)，log 1 人当たり売上高(0.602)が高く，流動比率(−0.478)が負で大きい．したがって，その意味づけは成長性を表している．また，第 3 主成分は，借入依存 0.676 であり企業の資金力の強弱を示している．

表 5.11　因子負荷量表

No.	項　目	第 1 主成分	第 2 主成分	第 3 主成分
1	売上高総利益率	0.602	0.195	0.062
2	総資本経常利益率	0.813	0.252	0.062
3	売上高営業利益率	0.742	0.109	0.555
4	総資本回転率	−0.264	0.360	−0.658
5	流動比率	0.669	−0.478	−0.217
6	固定長期適合率	−0.563	0.379	0.026
7	自己資本比率	0.767	−0.073	−0.499
8	借入依存	−0.497	0.282	0.676
9	売上高伸び率	0.340	0.643	−0.192
10	営業利益伸び率	−0.170	−0.239	0.140
11	資産合計伸び率	0.526	0.459	−0.017
12	1 人当たり経常利益率	0.595	0.313	0.469
13	営業 C/F 対流動負債比率	0.665	−0.282	−0.023
14	log1 人当たり売上高	−0.130	0.602	−0.300

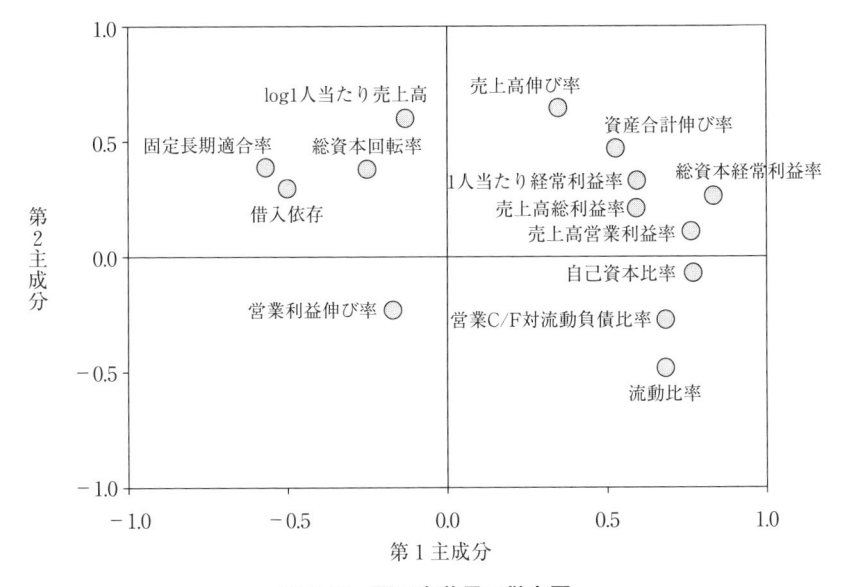

図 5.13　因子負荷量の散布図

第5章 主成分分析

売上高総利益率 0.602 0.195
総資本経常利益率 0.843 0.252
売上高営業利益率 0.742 0.109
総資本回転率 −0.264 0.360
流動比率 0.478 0.669
固定長期適合率 −0.563 0.379
自己資本比率 0.073 0.767
借入依存 −0.497 0.282
売上高伸び率 0.340 0.643
営業利益伸び率 −0.239 −0.170
資産合計伸び率 0.526 0.459
1人当たり経常利益率 0.595 0.343
営業C/F対流動負債比率 0.282 0.665
log1人当たり売上高 −0.130 0.602

■ 第1主成分
■ 第2主成分
□ 第3主成分

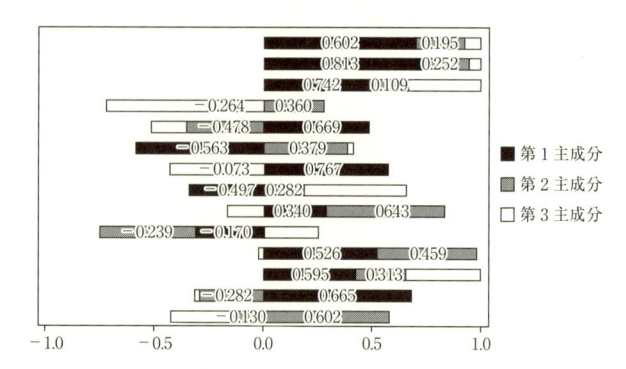

図5.14　因子負荷量寄与率グラフ

(5) 主成分分析の主な評価指標の計算例

固有値と累積寄与率（**表5.10**，p.178），固有ベクトル表（**表5.12**）より主成分 No.1 の $\sqrt{固有値} \times 固有ベクトル$（売上高総利益率）より因子負荷量を求めると 0.602 となる．

$$因子負荷量：r_{11} = \sqrt{\lambda_1} \cdot a_{11} = \sqrt{4.475} \times 0.284 = 0.602$$

表5.11 の第1主成分から固有値を求めると 4.475 となる．

表5.12　固有ベクトル表

No.	項　目	第1主成分	第2主成分	第3主成分
1	売上高総利益率	0.284	0.141	0.046
2	総資本経常利益率	0.384	0.182	0.045
3	売上高営業利益率	0.351	0.079	0.406
4	総資本回転率	−0.125	0.260	−0.481
5	流動比率	0.316	−0.345	−0.159
6	固定長期適合率	−0.266	0.274	0.019
7	自己資本比率	0.362	−0.053	−0.365
8	借入依存	−0.235	0.203	0.494
9	売上高伸び率	0.161	0.464	−0.141
10	営業利益伸び率	−0.080	−0.172	0.102
11	資産合計伸び率	0.249	0.331	−0.012
12	1人当たり経常利益率	0.281	0.226	0.343
13	営業C/F対流動負債比率	0.314	−0.203	−0.017
14	log1人当たり売上高	−0.061	0.434	−0.219

5.9 例題 4：優良企業の財務データによる主成分分析

第 1 主成分の固有値： $\lambda_1 = \sum_{i=1}^{14} r_{ij}^2 = 4.475$

表 5.11 より，第 1 主成分〜第 3 主成分までの累積寄与率を求めると 59.0% となる．

累積寄与率： $C_r = \dfrac{\lambda_1 + \lambda_2 +, \cdots, + \lambda_m}{P} \times 100 = \dfrac{4.475 + 1.920 + 1.870}{14} \times 100 = 59.0$

第 1 主成分のサンプル単位の主成分得点 Z_1 の計算は，次のようになる．

$$\begin{aligned}
Z_{11} &= a_{11}x_{11}^* + a_{12}x_{12}^* + \cdots + a_{1P}x_{1P}^* \\
Z_{21} &= a_{21}x_{21}^* + a_{22}x_{22}^* + \cdots + a_{2P}x_{2P}^* \\
&\vdots \quad\quad \vdots \quad\quad \vdots \quad\quad \vdots \\
Z_{n1} &= a_{n1}x_{n1}^* + a_{n2}x_{n2}^* + \cdots + a_{nP}x_{nP}^*
\end{aligned} \tag{5.28}$$

サンプル No.1 の主成分得点 Z_{11} を求める．この分析は，まず，はじめに相関行列の分析であるから，各変量すべて $(P = 14)$ を $x_{ij}^* = \dfrac{(x_{ij} - \bar{x}_j)}{\sigma_j}$ により標準化 $(x_{ij}^* = 0, \ \sigma x_{ij}^* = 1)$ する必要がある．

$$x_{11}^* = \dfrac{(x_{11} - \bar{x}_1)}{\sigma_1} = \dfrac{(20.08 - 24.44)}{12.809} = -0.340$$

$$x_{12}^* = \dfrac{(x_{12} - \bar{x}_2)}{\sigma_2} = \dfrac{(0.25 - 4.01)}{4.394} = -0.855$$

$$\vdots$$

$$x_{1P}^* = \dfrac{(x_{1P} - \bar{x}_P)}{\sigma_P} = \dfrac{(8.73 - 10.665)}{0.646} = -2.995$$

主成分得点係数 a_{ij} は，固有ベクトル a_{ij} を固有値の平方根 $\sqrt{\lambda_i}$ で割ったものであり，次式より，

$$a_{ij} = \dfrac{a_{ij}}{\sqrt{\lambda_i}}$$

$a_{11} = \dfrac{0.284}{\sqrt{4.475}} = 0.134, \ a_{12} = \dfrac{0.384}{\sqrt{4.475}} = 0.181, \ \cdots, \ a_{1P} = \dfrac{-0.061}{\sqrt{4.478}} = -0.028$ となり，

求める，第 1 主成分のサンプル No.1 の主成分得点（**表 5.13**）は，−0.933 となる．
$Z_{11} = -0.340 \times 0.134 - 0.855 \times 0.181 +, \cdots, \ -2.995 \times -0.028 = -0.933$

第5章 主成分分析

表5.13 主成分得点

No.	社　名	第1主成分	第2主成分	第3主成分
1	自家用自動車管理 Ea	−0.933	−0.921	1.948
2	婚礼 Eb	2.411	2.961	0.164
3	ホテル・宴会 Ec	−1.042	0.030	1.056
4	建設・環境・不動産 Ed	−0.608	−0.013	0.575
5	菓子の製造販売 Ee	0.249	−0.258	−0.504
6	家具の製造小売 Ef	1.453	0.267	−0.702
7	繊維 Eg	0.414	−0.637	0.295
8	不動産 Eh	−0.619	−0.389	1.152
9	繊維製造 Ei	0.489	1.016	2.195
10	不動産 Ej	−0.686	0.007	1.321
11	建設 Ek	−0.807	−0.060	0.287
12	無線通信機製造 El	−0.023	−0.341	0.375
13	繊維製品製造 Em	1.782	−2.459	−0.132
14	自動計測器の製造販売 En	1.014	0.332	0.904
15	ゴム樹脂製品の販売 Eo	−0.768	0.780	−0.230
16	電気製造 Ep	0.188	−1.080	−1.485
17	家電小売 Eq	−0.498	0.109	−0.907
18	製鉄 Er	−1.744	−1.087	0.118
19	小売スーパー Es	−0.885	0.568	−0.457
20	電子機器などの加工輸出 Et	0.136	0.534	−1.063
21	パン・菓子等販売 Eu	1.091	−1.192	−0.180
22	飲食 Ev	0.150	0.558	−0.156
23	建材総合商社 Ew	0.321	−0.136	−0.625
24	鉄鋼製品の製造販売 Ex	1.708	1.678	−0.609
25	家電小売 Ey	−2.014	1.989	−0.598
26	自動車・一般船舶の製造販売 Ez	0.058	−0.938	0.011
27	インターホーンの製造販売 Fa	1.679	−0.953	−0.505
28	クレジット Fb	1.108	0.494	2.425
29	コンプレッサの製造販売 Fc	−0.440	−1.086	−0.002
30	小売スーパー Fd	−0.146	1.078	−1.103
31	家電製品の販売 Fe	−0.780	0.532	−0.603
32	地盤改良 Ff	−0.606	0.375	−0.357
33	農産物買い付け卸 Fg	−0.485	0.206	−2.601
34	倉庫・運送業 Fh	−0.247	0.253	1.141
35	建設・情報システム事業 Fi	−0.762	−0.943	−0.836
36	発酵・化成事業 Fj	−0.192	−0.521	0.232
37	ガス製品製造販売 Fk	−1.206	0.843	0.186
38	超鋼関連 Fl	0.925	−1.138	0.070
39	電子部品の組立て Fm	0.317	−0.458	−0.800
合計		0.000	0.000	0.000

(6) 主成分得点の計算結果の表示

第1主成分は，収益性および安全性，第2主成分は，成長性であり，因子負荷量の散布図(**図 5.13**)と組み合わせて，主成分得点の散布図(**図 5.15**)からその特徴を探ってみると，その相対的な位置関係から No.2 の婚礼 Eb は，第Ⅰ象限の右上にあることから収益性があり成長性も高い．第Ⅱ象限の中間にある No.25 の家電小売業 Ey は，収益性は劣るが成長性は少し高い．

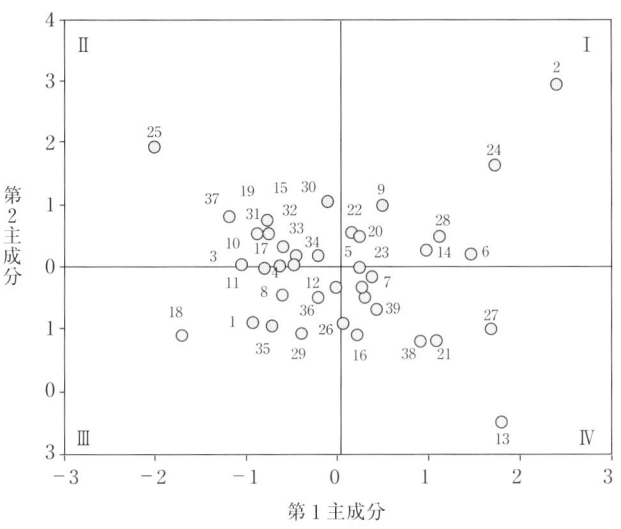

図 5.15　主成分得点の散布図

第Ⅰ象限の下のほうにある No.9 の繊維製造 Ei は，やや収益性が高く，また，成長性も高い．

第Ⅲ象限の中にある No.18 の製鉄 Er は，収益性および成長性とも低い．第Ⅳ象限の中にある No.13 の繊維製品製造 Em は，収益性は高いが成長性は低い．

以上を要約すると，39 社の財務指標データの主成分分析により，第1主成分の収益性や第2主成分の成長性あるいは，第3主成分の資金力の強弱で企業を分類し，特徴付けすることが有効であることがわかる．

(7) 主成分得点の検討

図 5.13(p.182)の主成分得点の散布図の中で特徴的な第Ⅰ象限である No.2 の婚礼 Eb と第Ⅲ象限の No.18 の製鉄 Er をもとに，オリジナルデータに戻って財務指標の標準化データ(**表 5.14**)によりプロフィール・チャート(**図 5.16**)を

第 5 章　主成分分析

表 5.14　財務の標準化データ

財務指標	婚礼 Eb	製鉄 Er
売上高総利益率	2.25	−1.77
総資本経常利益率	2.47	−1.88
売上高営業利益率	1.44	−2.09
総資本回転率	0.07	−1.06
流動比率	−0.21	−0.91
固定長期適合率	−0.22	0.60
自己資本比率	1.91	−1.04
借入依存	0.50	0.62
売上高伸び率	3.05	−0.79
営業利益伸び率	1.02	0.47
資産合計伸び率	5.73	−0.76
1人当たり経常利益率	0.96	−1.38
営業 C/F 対流動負債比率	1.14	−0.58
log1 人当たり売上高	0.18	−0.55

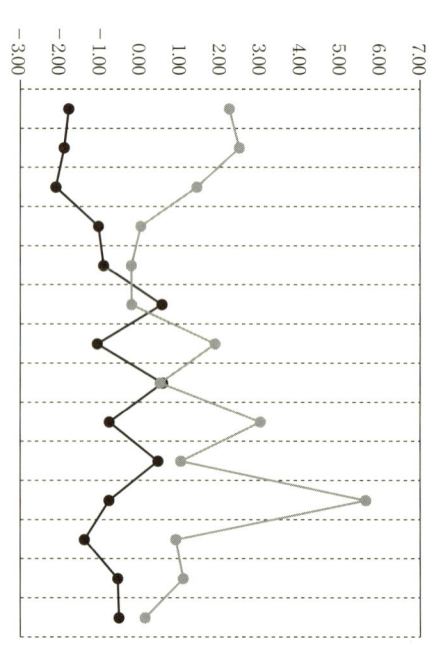

図 5.16　プロフィール・チャート

5.9 例題4：優良企業の財務データによる主成分分析

作成し比較してみると，固定長期適合および借入依存を除く，すべての財務指標で婚礼 Eb は，製鉄 Er を上回っているのがわかる．

レーダーチャートでは，多くのサンプルの同時比較はできないので，ここではプロフィール・チャートを使用した．

5.9.4 まとめ
(1) この分析結果から何が読み取れるか

優良企業の 14 の財務指標と，39 社のデータをもとに主要な成分を抽出する指標は重回帰モデルを確定するために必要な次の①～⑤ののの項目が判明した．

① **採用する主成分の数**

主成分の数は，固有値の累積寄与率が 59.0% の所までの第 1 主成分～第 3 主成分までを採用している．

② **主成分の意味づけ**

(a) 第 1 主成分の因子負荷量は，売上高総利益率 (0.602)，総資本経常利益率 (0.813)，売上高営業利益率 (0.742)，自己資本比率 (0.767)，営業 C/F 対流動負債比率 (0.665) が大きく，その意味づけは，収益性および安全性を表す指標として解釈できる．

(b) 第 2 主成分の因子負荷量は，売上高伸び率 (0.634)，log 1 人当たり売上高 (0.643) が高く，流動比率 (−0.478) がマイナスで大きいので，その意味づけは成長性を表していると解釈できる．

(c) 第 3 主成分は，借入依存 (0.676) であり企業の資金力の強弱を示している．

(d) 2 次元のポジショニング（主成分得点）分析により，第 1 主成分（収益性・安全性），第 2 主成分（成長性）により 39 社の個別企業の位置づけがわかる．

以上を要約すると，主成分分析により，第 1 主成分の収益性や第 2 主成分の成長性あるいは，第 3 主成分の資金力で企業を分類し特徴づけすることが有効であることがわかる．詳しくは**図 5.15**(p.183) を参照されたい．

(2) この分析結果をどう活用して行けばよいか

優良企業である 14 の財務指標と，39 社のデータ分析を通じて主要な成分（財

務指標)が判明した．今後この指標をもとに各タイプ別(個別企業)の特性を考慮し，新規出店の目安，各既存店の目標を設定する．また，これにより金融機関の資金融資の際の検討すべき事項などがわかる．

第6章

クラスター分析

6.1 クラスター分析の体系チャートの説明

　クラスター分析の体系チャートを図 6.1 に示す．クラスター分析は，分析対象となるデータを 2 つの基準である距離と分け方にもとづいて分類するものである．ここでは，クラスターの生成の仕方であり，分類過程が明らかになるものとして階層的な方法を取り上げる．この方法には，2 つの分析方法がある．1 つはサンプルを分類するクラスター分析であり，非類似度(ユークリッドの距離など)が用いられる．もう 1 つの方法は変量を分類するクラスター分析であり類似度(相関係数など)が用いられる．

① 　クラスター分析は，分類の距離を決めることから始める．この分析で用いる代表的な距離は，ユークリッドの距離である．これは多次元の空間上における直線の距離である．

　　また，ユークリッドの距離を 2 乗した平方ユークリッドの距離を用いることもある．

② 　分け方の基準であるが，一般的に，データは多次元の空間上で多種多様なパターンを示している．これを 1 つの分類方法だけでとらえることは難しく，あるクラスターが別のクラスターを吸収する方法として，多くの分類の手法が考案されている．最短距離法，最長距離法，群平均法，ウォード法があり，いずれかの方法を選択する．

③ 　クラスター分析は，コンピュータのアルゴリズムを駆使して分析を繰り返し，分類結果であるデンドログラム(樹形図)を形成していく．ここでは最短距離法と比較的分類の精度がよいとされるウォード法を中心に説明している．

④ 　異なる単位をもつデータを適用する場合には標準化を施す．標準化データは，該当する次元の尺度に拡大，縮小が生じるので元のデータから生成される距離行列とは，異なった距離行列が生成される．したがって，生成されるクラスターも異なる．

第6章 クラスター分析

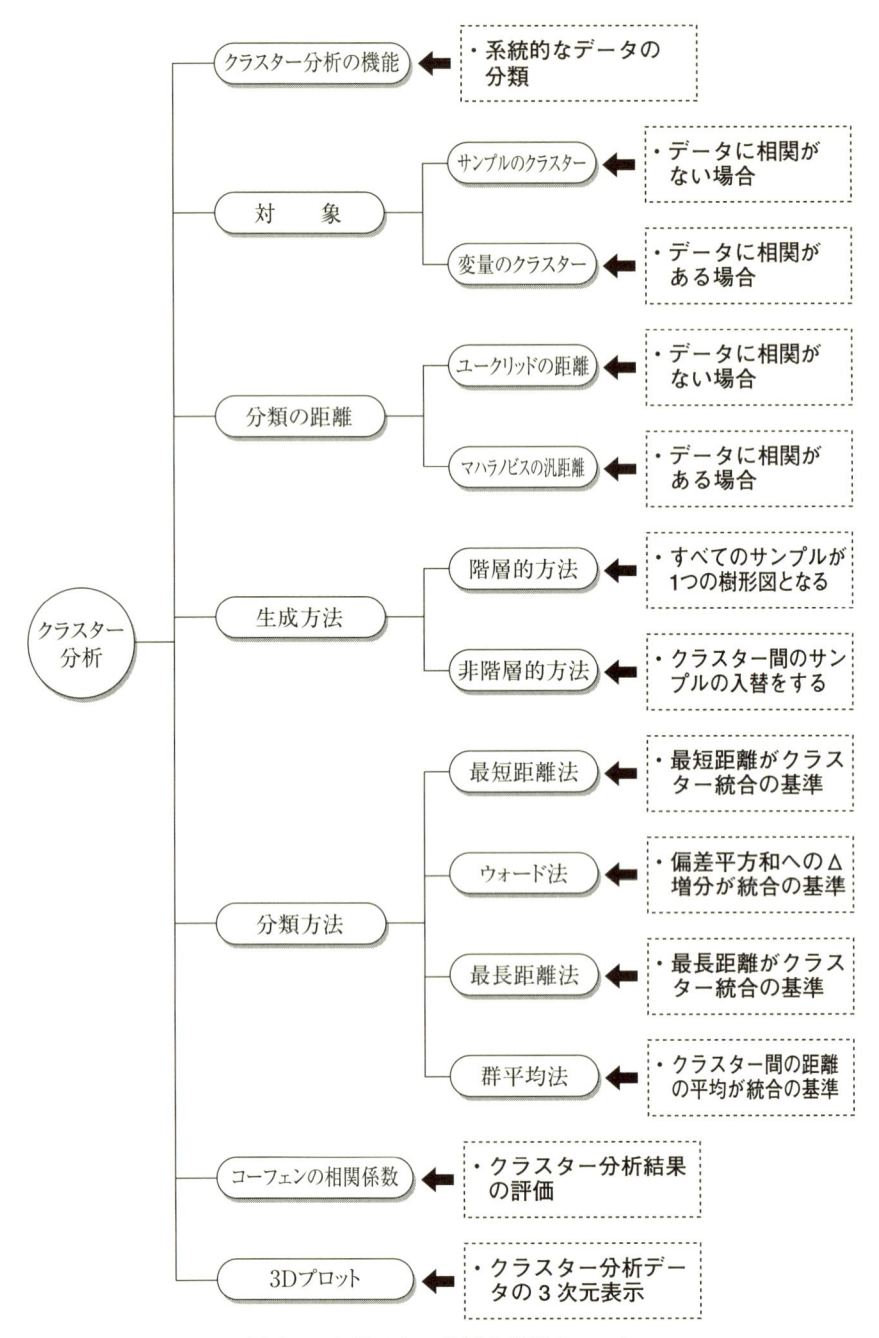

```
                        ┌─ クラスター分析の機能 ← ・系統的なデータの分類
                        │
                        │                   ┌─ サンプルのクラスター ← ・データに相関がない場合
                        ├─ 対　　象 ────────┤
                        │                   └─ 変量のクラスター ← ・データに相関がある場合
                        │
                        │                   ┌─ ユークリッドの距離 ← ・データに相関がない場合
                        ├─ 分類の距離 ──────┤
                        │                   └─ マハラノビスの汎距離 ← ・データに相関がある場合
                        │
                        │                   ┌─ 階層的方法 ← ・すべてのサンプルが1つの樹形図となる
クラスター分析 ─────────┼─ 生成方法 ────────┤
                        │                   └─ 非階層的方法 ← ・クラスター間のサンプルの入替をする
                        │
                        │                   ┌─ 最短距離法 ← ・最短距離がクラスター統合の基準
                        │                   │
                        │                   ├─ ウォード法 ← ・偏差平方和への△増分が統合の基準
                        ├─ 分類方法 ────────┤
                        │                   ├─ 最長距離法 ← ・最長距離がクラスター統合の基準
                        │                   │
                        │                   └─ 群平均法 ← ・クラスター間の距離の平均が統合の基準
                        │
                        ├─ コーフェンの相関係数 ← ・クラスター分析結果の評価
                        │
                        └─ 3Dプロット ← ・クラスター分析データの3次元表示
```

図 6.1　クラスター分析の体系チャート

6.2 クラスター分析の実務の活用例

　東京都内にあるK衣料品店は，カジュアル紳士・婦人服を取り扱う店であり，K店の顧客カードのデータ(**表6.1**)より顧客のお住まいを類似度で分類する．

　つぎに，アルゴリズムを選択する．ここでは4つの手法の中で最も分類精度が良いと，いわれているウォード法により分析をした．

　また，分類基準だが，クラスター分析は，各サンプルを非類似度(距離)で融合化するものであり，近さと遠さの関係を示すものである．ここでは平方ユークリッドの距離を用いて分析している．

表6.1　衣料品店に来店する顧客データ

ケース番号	お住まい	年　齢	ご来店回数	お買い上げ金額	距　離
1	世田谷区	49	131	157	0.52
2	目黒区	58	98	136	1.19
3	世田谷区	52	87	167	0.74
4	杉並区	56	72	104	0.85
5	世田谷区	76	37	90	1.77
6	世田谷区	65	30	101	0.76
7	調布市	51	156	138	1.02
8	府中市	41	168	113	0.62
9	港区	52	156	127	0.81

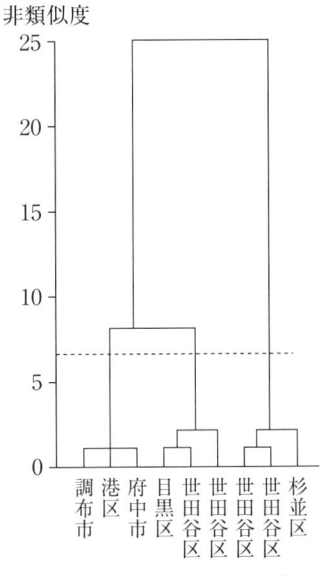

図6.2　来店する顧客の分析

第6章 クラスター分析

　また，ここでは衣料品店に来店する顧客データの一部を分析の対象とした．このお店に来店する顧客(図6.2)は，3つの地域からの来店となる．すなわち第1グループは，調布市，港区，府中市である．第2グループは，目黒区，世田谷区である．第3グループは，世田谷区，杉並区である．

6.3　クラスター分析とは

　クラスター分析(claster anaiysis)とは，各サンプルを多次元の空間上に並べて布置して，その布置の仕方により，サンプル間の距離の近いものから融合し，その構造を評価するものである．この手法は，因子分析の結果の変量を減らすために開発された手法である．この方法によるクラスター分析のアルゴリズム(algorithm)は，多変量の距離を計算した分類距離行列を基準に，サンプル間を統合処理するもので，クラスター分析された分類結果，およびその過程を樹形図により表示している．

　クラスターとは，集落という意味であり，ある特定のデータの集まりをいい，各変量に属するサンプルを類似基準により融合化するもので，各変量および各サンプルの似ているものを類似度(similarity measure)を相関という．また，各サンプルが似ていないものを非類似度(dissimilarity measure)を距離といい，近さと遠さの関係を表す．この考えにより分けたサンプルのグループがクラスターとなる．

　クラスター分析と主成分分析の分類の違い．主成分分析の主成分得点によるサンプルの分類は2次元の組合わせであるが，クラスター分析は，多次元のサンプルの分類である．

6.4　クラスター分析の距離

　クラスター分析で使用するデータが数量の場合のサンプル間の距離の代表的なものに，まず，ユークリッドの距離があり，最短距離法などで使用されている．次に，ユークリッドの平方距離があり，ウォード法などで使用されている．その他には，相関を考慮するものにマハラノビスの汎距離の2乗などがある．

6.4.1 ユークリッド距離とは

ユークリッド距離(Euclidian distance)とは，データ(**表6.2**)より，例えば，2点間で説明すると，変量 x_1 におけるサンプル間の距離 $(x_{11}-x_{12})^2$ に，変量 x_2 におけるサンプル間の距離 $(x_{21}-x_{22})^2$ を加え平方根をとったものであり，サンプルNo.1とサンプルNo.2の2点間のユークリッド距離(**図6.3**)は，この式より，$d_{12} = \sqrt{(x_{11}-x_{12})^2 + (x_{21}-x_{22})^2}$ のようになる．

$$d_{ij} = \sum_{i=1}^{P} \sqrt{(x_{ki}-x_{kj})^2} \tag{6.1}$$

表6.2 データの構造

サンプル No.	x_1	x_2
1	x_{11}	x_{21}
2	x_{12}	x_{22}
⋮	⋮	⋮
i	x_{1i}	x_{2i}
⋮	⋮	⋮
j	x_{1j}	x_{2j}
⋮	⋮	⋮
n	x_{1n}	x_{2n}

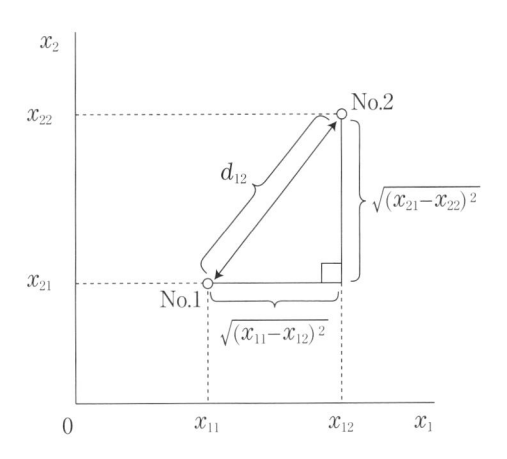

図6.3 2点間のユークリッド距離

第6章 クラスター分析

[例 6.1] ユークリッド距離を計算してみる

表 6.3 より，サンプル No.1 〜サンプル No.2 のユークリッド距離の計算は**表 6.5**(p.200)のラベル($a \longleftrightarrow b$)は 2 となる．

$$d_{12} = \sqrt{(1-3)^2 + (4-4)^2} = 2$$

表 6.3 データ表

サンプル No.	ラベル	x_1	x_2
1	a	1	4
2	b	3	4
3	c	3	1
4	d	4	1

6.4.2 平方ユークリッド距離とは

サンプル No.i 〜サンプル No.j，変量 k の平方ユークリッド距離 d_{ij} とは，式 (6.1) を 2 乗したものであり，次式となる．

$$d_{ij} = \sum_{i=1}^{P} (x_{ki} - x_{kj})^2 \tag{6.2}$$

[例 6.2] 平方ユークリッド距離を計算してみる

表 6.3 より，サンプル No.1 〜サンプル No.2 の平方ユークリッド距離を計算すると計算例は**表 6.9**(p.202)のラベル($a \longleftrightarrow b$)は 4 となる．

$$d_{ab} = (1-3)^2 + (4-4)^2 = 4$$

6.5 階層的な方法による分類

クラスター分析には，階層的方法(hierarchial method)と非階層的方法(non-hierarchial method)があり，前者はデンドログラムと呼ばれる階層的な樹形図(dendorogram)を作成することができるので，最も親しまれている方法である．

この方法は，クラスター間の距離の定義，手法の選択などの結合過程を左右する基準により分類されるものであり，結果として形成されるクラスターの間に差異が生じる．

また，階層的な方法を生成するには，凝集型と分岐型の 2 進木解析法

6.5 階層的な方法による分類

(CART)などあるが，ここでは前者を扱うことにする．

① 各サンプルの構造を自然的な集まりとして，体系的にとらえる方法であり，組織図のように階層的な構造を樹形図で表示することができる．

② この方法の特徴は，一度，ある1つのクラスターに統合されたものは，2度と他のクラスターに所属することはできないという考えにもとづいている．

この方法は，1つのサンプルから出発するもので，はじめにデータ全体の現象を1つの構造としてつかみ，その中を順次，階層的に細分化し，分類していく方法である．

6.5.1 階層的な方法の問題点

階層的な方法には，それぞれさまざまな問題点があり完全な分類手法は，存在しない．以下にそれぞれの手法の問題点を述べる．

① 最短距離法は，多数のサンプルからなるクラスターが，他のサンプルを併合した，大きなクラスターを生成する連鎖効果と呼ばれる傾向が生じる．

② 最長距離法は，同じ直径のクラスターを生成する傾向がある．

③ ウォード法では，分類された各グループに同じ数のクラスターのサンプルが含まれる傾向がある．

6.5.2 階層的な方法の長所

① 各サンプル間の相互関連をビジュアルな樹形図に表示するもので，クラスターの形成過程が明らかになる．

② 最終的には，分類されたすべてのサンプルを1つのクラスターに所属させる必要がある場合にはよい方法である．

6.5.3 階層的な方法の短所

① 分類されたすべてのサンプルを1つのクラスターに所属させる必要がない場合には適さない．その理由は，すべてのサンプルを，ある1つの基準により強引に結びつけるので，本来のデータ構造を歪める恐れがある．

② 鎖効果(chain effect)が生じやすい．これは主に最短距離法により生じやすい効果で，クラスター同士を，そのクラスター間の距離で結合するの

第 6 章　クラスター分析

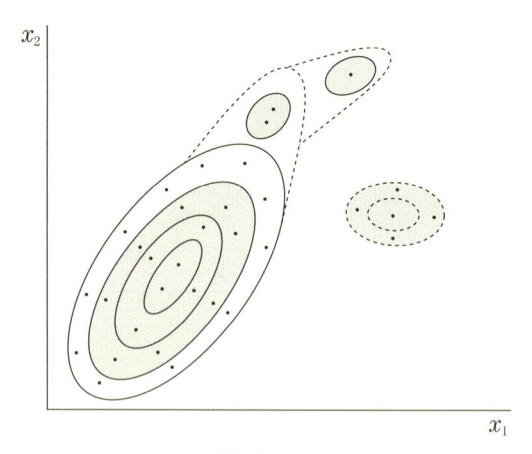

図 6.4　鎖効果のクラスター

ではなく，他のクラスターのサンプルが1つでも近くに位置していれば，そのクラスター全体の位置や効果に関係なく，そのグループを吸収するものであり，次々に近くのクラスターが吸収され，関連するクラスターが雪だるま式に膨れ上がり，結果として鎖状（図 6.4）に形成されたクラスターの連結ができる．

6.6　クラスター分析の方法

　複数のサンプルを順次，クラスター化する方法は，クラスター間の距離の定義の仕方によって，クラスターの凝集型のデンドログラムが異なってくる．
　サンプル間の分類距離行列（表 6.4）より，一般的にクラスターの統合は，最も近いクラスターから統合していくものであるが統合の仕方は，その距離のとり方によりさまざまな方法がある．以下に，その統合の基準方法を示す．

表 6.4　サンプル間の分類距離行列

サンプル No.	a	b	c	d
a	h_{11}	h_{21}	h_{31}	h_{41}
b	h_{12}	h_{22}	h_{32}	h_{42}
c	h_{13}	h_{23}	h_{33}	h_{43}
d	h_{14}	h_{24}	h_{34}	h_{44}

6.6.1 最短距離法

図 6.5 の最短距離法と(nearest neighbor methods)は，統合しようとする 2 つのクラスターに属する各サンプル間を，最も短い距離で結んでクラスターを形成させようとする方法である．この方法は，分類距離行列の中から最短の距離を選択したものをクラスターの距離として定義する．補足説明として記号 cl はクラスターを意味する．

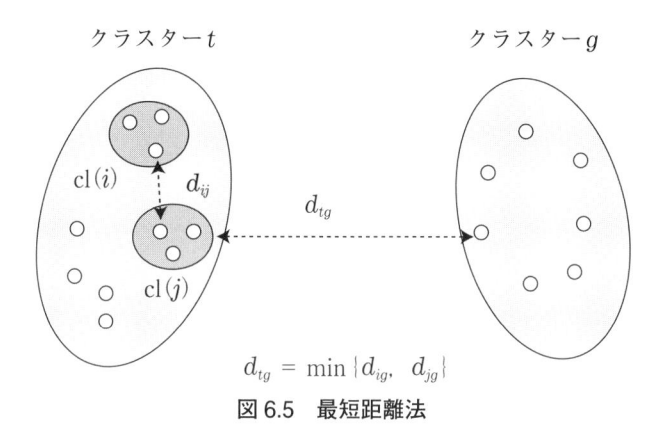

$$d_{tg} = \min \{d_{ig}, d_{jg}\}$$

図 6.5 最短距離法

6.6.2 ウォード法とは

ウォード法(Ward method)とは，例えば，クラスター S_A，クラスター S_B としたとき，2 つの異なるクラスターを，クラスター S_C として統合したとき，クラスター S_C は，元のクラスターのメンバー S_A，クラスター S_B に比較して，そのデータのばらつきは大きくなる．

すなわち，情報ロス(△)が生じる．ウォード法では，この情報ロスの増分(偏差平方和)をクラスターの距離として扱うもので，他のクラスターと統合する場合は，残り全部のクラスターとの距離を計算して，情報ロスが最小の 2 つのクラスターを統合する．

(1) ウォード法の概要

ウォード法(図 6.6)とは，統合しようとする他のクラスター間のそれぞれに属するすべてのサンプル間の距離を 2 つのクラスターとして統合させたときに生じるのが偏差平方和の増分によってクラスター間の距離を定義する方法であ

第6章 クラスター分析

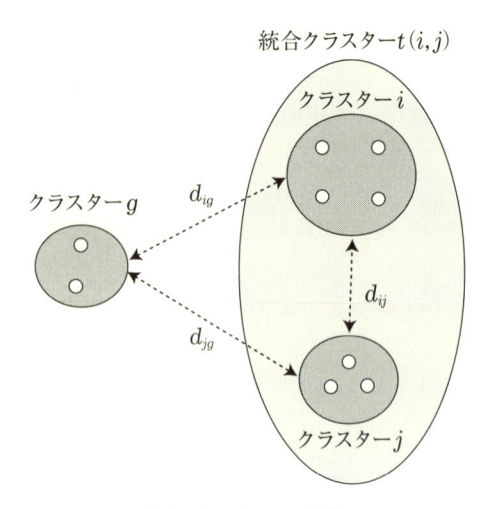

図6.6 ウォード法

る．この増分 S_{tg} は，統合のクラスター t と他のクラスター g の距離となるものであり，この増分 S_{tg} を基準に，新たなクラスターと統合するのがウォードによる方法である．なお，データ数は，クラスター i とクラスター j の統合前のクラスター数は n_i と n_j であり，統合後のクラスター数は n_t, 他のクラスター数は n_g となる．

また，クラスター間の距離は，①統合前のクラスター i と他クラスター g の距離 S_{ig}, ②統合前クラスター j と他クラスター g の距離 S_{jg}, ③統合クラスター i とクラスター j の距離 S_{ij} である．なお，このウォード法は，式(6.2)の平方ユークリッド距離 d_{ij} を使用する．

(2) ウォード法の留意点

この方法は，素データの平方ユークリッドの距離のみの使用である．その理由は，分散(ばらつき)を扱うのでデータを標準化した，①標準ユークリッドの距離，②マハラノビスの汎距離，③ピアソンの相関係数，④一致係数など，ばらつきのないものは使用できない．

(3) ウォード法の基本となる距離の理論式

ウォード法の目的は，2つのクラスターを統合することで，群内誤差の平方和の合計が最小に増加するようなクラスターを各統合の段階で見つけることで

6.6 クラスター分析の方法

ある.

2つのクラスターiとjを選択し統合することによるクラスターをtとすると$\triangle S_{ij}$の増加は,次のようになる.

まず,クラスターiとクラスターjを統合して新クラスターtを作ったときのクラスター内の総平方和(変動)S_tは,次のようになる.

$$S_t = S_{Mi} + S_{Mj} + \triangle S_{ij}$$

次に,クラスターiの偏差平方和S_{Mi},クラスターjの偏差平方和S_{Mj}統合クラスターをtの偏差平方和S_tより,増分偏差平方和$\triangle S_{ij}$を求めることができる.

$$\triangle S_{ij} = S_t - S_{Mi} - S_{Mj}$$

(4) ウォード法の基本となる増分距離の公式

$\triangle S_{ij} = \dfrac{n_i n_j}{n_i + n_j} \sum_{i=1}^{n} (\overline{x}_{ui} - \overline{x}_{uj})^2$ の公式より,2変量($n=2$)より,次式となる.

$$= \frac{n_i n_j}{n_i + n_j} \left[(\overline{x}_{1i} - \overline{x}_{1j})^2 + (\overline{x}_{2i} - \overline{x}_{2j})^2 \right] \tag{6.3}$$

ウォード法は,すべてのクラスターを組み合わせたときに,その増分距離$\triangle S_{ij}$が最小とする2つのクラスターを統合する.したがって次に述べる2変量についてのウォード法の理論の式(6.3)を各クラスターごとに計算してゆけば,樹形図が完成する.

[例6.3] ウォード法の基本となる公式により距離を計算してみる

クラスターcとdを統合後,クラスターaを統合したときの統合距離の増分を偏差平方和の計算によるものと式(6.3)によるものと両方により計算したものである.

表6.3(p.192)より,クラスターcとクラスターd,およびクラスターaを統合したときの距離(偏差平方和)$S_{acd} = \sum_{i=1}^{n}(x_i - \overline{x})^2$の計算は,$\overline{x}_1 = 2.666 = (1+3+4)/3$,$\overline{x}_2 = 2 = (4+1+1)/3$より,次のようになる.

$S_{acd} = (1-2.666)^2 + (3-2.666)^2 + (4-2.666)^2 + (4-2)^2 + (1-2)^2 + (1-2)^2$
$\quad = 10.666$

また,統合元のクラスターcとクラスターdの距離(偏差平方和)S_{cd}の計算は,$\overline{x}_1 = 3.5$,$\overline{x}_2 = 1$より,次のようになる.

$$S_{cd} = (3-3.5)^2 + (4-3.5)^2 + (1-1)^2 + (1-1)^2 = 0.5$$

さらに，統合先のクラスター a の距離（偏差平方和）S_a の計算は，$\overline{x}_1 = 1$，$\overline{x}_2 = 4$ より，次のようになる

$$S_a = (1-1)^2 + (4-4)^2 = 0$$

総平方和（変動）$S_t = S_{Mi} + S_{Mj} + \triangle S_{ij}$ の式の変形は，$\triangle S_{ij} = S_t - S_{Mi} - S_{Mj}$ より，クラスター (c, d) に対してクラスター a を統合したときの増分距離 $\triangle S_{(c,d),a}$ は，次のようになる．

$$\triangle S_{(c,d),a} = S_{acd} - S_{cd} - S_a = 10.666 - 0.5 - 0 = 10.166$$

これに対して式(6.3)による増分距離 $\triangle S_{ij}$ の計算は，クラスター (c, d) の平均は，i より $\overline{x}_{1i} = 3.5, \overline{x}_{2i} = 1$ であり，クラスター a の平均は，j より $\overline{x}_{1j} = 1$，$\overline{x}_{2j} = 4$ であり，次のようになる．

$$\triangle S_{ij} = \frac{n_i n_j}{n_i + n_j} \left[(\overline{x}_{1i} - \overline{x}_{1j})^2 + (\overline{x}_{2i} - \overline{x}_{2j})^2 \right] = \frac{2 \times 1}{2+1} \times \left[(3.5-1)^2 + (1-4)^2 \right]$$
$$= 10.166$$

以上より，①の計算による偏差平方和の増分は $\triangle S_{(c,d),a} = 10.166$，②の上式による増分距離の計算は $\triangle S_{ij} = 10.166$ となり，一致する．

(5) 2変量についてのウォード法の理論

ウォード法（図6.6, p.196）の基本となる距離の計算，式(6.4)は，統合したクラスターのステップごとに新しい座標軸（$\overline{x}_1$, $\overline{x}_2$）を計算しなければならない．そこで2変量についてのウォード法の改良された理論式は，統合クラスターと他のクラスターの距離を統合前のクラスターにより計算するものであり，次式となる．

$$S_{tg} = \frac{n_i n_g}{n_t + n_g} S_{ig} + \frac{n_i n_g}{n_t + n_g} S_{jg} - \frac{n_g}{n_t + n_g} S_{ij} \tag{6.4}$$

なお，2変量についてのウォード法の理論の説明については日科技連出版社ホームページ内の筆者作成の資料をダウンロードして参照されたい．

6.6.3 最長距離法

図6.7の最長距離法(fartrest neighborhood method)とは，統合しようとする2つのクラスターに属する各サンプル間を最も長い距離で結んでクラスターを形成させようとする方法である．この方法は，分類距離行列の中から最長の

図6.7 最長距離法

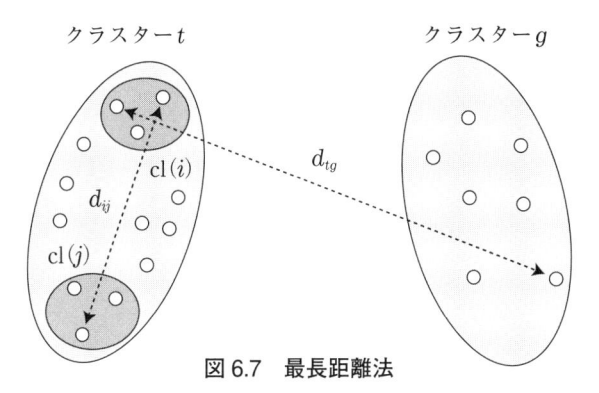

距離を選択したものをクラスターの距離として定義する．また，この方法は，分類感度が高いが，反面では，グループの中の一点のみでクラスターを形成していくので，新しく作られるクラスターは，遠ざかっていく拡散現象が生じる可能性がある．補足説明として記号 cl はクラスターを意味する．

$$d_{tg} = \max\{d_{ig},\ d_{jg}\}$$

6.6.4 群平均法

図6.8の群平均法(group average method)とは，統合しようとする他のクラスター間のそれぞれに属するすべてのサンプル間の距離の平均を基準に，他のクラスターを，次々に統合して行く方法である．この方法は，すべてのサンプル間について距離を求め，その平均を計算するものであり，クラスター t とクラスター g の各サンプル間の求める距離は，次式となる．

$$d_{(a,b,c),(de)} = \frac{d_{ad}+d_{ae}+d_{bd}+d_{be}+d_{cd}+d_{ce}}{6}$$

また，この方法は，鎖効果および拡散現象が生じることがなく比較的よく使用される方法である．

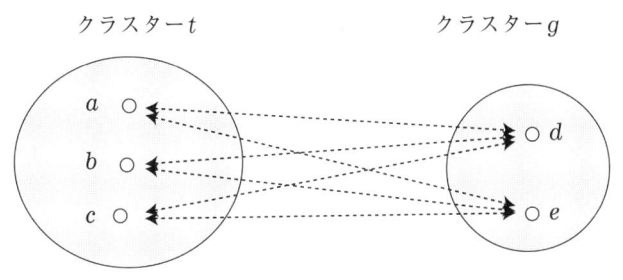

図6.8 群平均法

6.6.5 クラスター分析の各方法の特徴

クラスター分析は，統合しようとする他のクラスターの関連を非類似度（距離）などにより，すべてを組み合わせる探索的なデータ分類法である．

しかし，すべてのデータ構造を完璧に分類する最良の方法は存在しない．したがって，クラスターごとに分類されたデータの特徴を変量ごとに箱ヒゲ図などで比較し，クラスターの特徴を分析する必要がある．

最短距離法は，データの汚れに敏感であり分類基準が明らかな場合に用いる方法である．分類精度が比較的良く，広い範囲で用いられているのがウォード法と群平均法である．

6.7 樹形図

樹形図とは，クラスター分析の結果と，その過程を視覚表示して眺めるものであり，内部に形成されるクラスター間の相互比較を通じてデータ構造をつかむものである．これは，デンドログラムとも呼ばれている（**図 6.9**，p.202）．

クラスター分析の結果は，樹形図に表示されるが，その読み取り方は，恣意的で有り，分類結果により形成された樹形図を，どこで，どう切るかがポイントであるが，一般的には，クラス分けしやすいところで切ることが望ましい．

6.8 最短距離法のアルゴリズム

表 6.3（p.190）のデータより，最短距離法によるクラスター分析の例であり，［ステップ 1］〜［ステップ 4］までの分析の過程を分類距離行列より眺めてみる．

［ステップ 1］：**表 6.5** のサンプル間のクラスターの距離より，$C_{1M} = \{a\}, C_{2M} = \{b\}, C_{3M} = \{c\}, C_{4M} = \{d\}$ となる．

表 6.5　サンプル間の分類距離行列

サンプル No.	a	b	c	d
a				
b	2.00			
c	3.61	3.00		
d	4.24	3.16	1.00	

[ステップ2]：表6.5のサンプル間の分類距離行列のうち，最短の距離1.00で統合すると，表6.6より，$C_{1M} = \{a\}, C_{2M} = \{b\}, C_{3M} = \{c, d\}$ となる．

表6.6 サンプル間の分類距離行列

サンプル No.	a	b	$c(d)$
a			
b	2.00		
c	3.61	3.00	
$c(d)$			

[ステップ3]：表6.6のサンプル間の分類距離行列のうち，最短の距離2.00で統合すると，表6.7より，$C_{1M} = \{a, b\}$，$C_{2M} = \{c, d\}$ となる．

表6.7 サンプル間の分類距離行列

サンプル No.	$a(b)$	b	$c(d)$
$a(b)$			
c	3.61	3.00	
$c(d)$			

[ステップ4]：表6.7のサンプル間の分類距離行列のうち，最短の距離3.00で統合すると，表6.8より，$C_{1M} = \{a, b, c, d\}$ となり(図6.9)の樹形図およびクラスターの統合結果が完成する．

表6.8 サンプル間の分類距離行列

サンプル No.	a, b, c, d
a, b, c, d	3.00

なお，このクラスターの統合結果は(表6.5)の距離行列の要約であり，図6.9に示されるように，$d_{ab}=2$, $d_{ac}=3.61$, $d_{ad}=4.24$, $d_{bc}=3$, $d_{bd}=3.16$, $d_{cd}=1$ となる．また，分析結果の統計指標による評価として，コーフェンの相関係数は $r = 0.925$ である．

第6章 クラスター分析

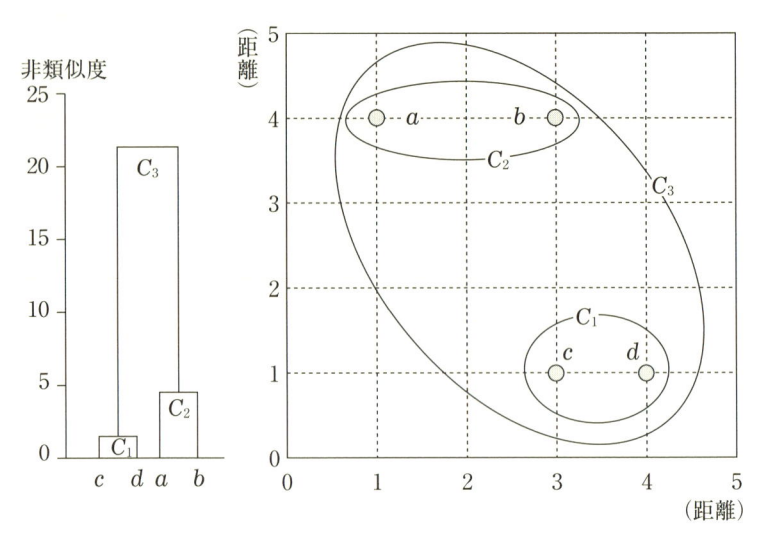

図6.9 最短距離法の樹形図とクラスターの統合結果

6.9 ウォード法のアルゴリズム

表6.3(p.192)のデータより，ウォード法によるクラスター分析の例であり，[ステップ1]～[ステップ3]までの分析(非標準化)の過程を分類距離行列(平方ユークリッド距離)より分析を進めてみる．

[ステップ1]：表6.9のサンプル間の分類距離行列より，$C_{1M} = \{a\}, C_{2M} = \{b\}, C_{3M} = \{c\}, C_{4M} = \{d\}$ となる

[ステップ2]：表6.9のサンプル間の分類距離行列のうち，最短の距離1.00に着目する．

式(6.4)より，クラスター $t = (c, d)$ と他のクラスター $g = (a)$ を統合してみると，その距離の計算例，式(6.2)は，次のようになる．

表6.9 サンプル間の分類距離行列

サンプル No.	a	b	c	d
a				
b	4.00			
c	13.00	9.00		
d	18.00	10.00	1.00	

① $S_{ca} = (\overline{x}_{1c} - \overline{x}_{1a})^2 + (\overline{x}_{2c} - \overline{x}_{2a})^2 + (3-1)^2 + (1-4)^2 = 13$
② $S_{da} = (\overline{x}_{1d} - \overline{x}_{1a})^2 + (\overline{x}_{2d} - \overline{x}_{2a})^2 + (4-1)^2 + (1-4)^2 = 18$
③ $S_{cd} = (\overline{x}_{1c} - \overline{x}_{1d})^2 + (\overline{x}_{2c} - \overline{x}_{2d})^2 + (3-4)^2 + (1-1)^2 = 1$

であり，各距離にかかる係数は，次のようになる．

クラスター $i = 1$，クラスター $j = 1$，クラスター $t = 2$，クラスター $a = 1$ より，

$$S_{ta} = \frac{n_i + n_a(1+1)}{n_t + n_a(2+1)} \cdot S_{ca}(13) + \frac{n_j + n_a(1+1)}{n_t + n_a(2+1)} \cdot S_{da}(18) - \frac{n_a(1)}{n_t + n_a(2+1)} \cdot S_{cd}(1)$$
$$= 20.33$$

となる．

式(6.4)より，新たな統合としてクラスター $t = (c, d)$ と他のクラスター $g = (b)$ を統合してみると，その距離は，

$$S_{tb} = \frac{1+1}{2+1} \cdot S_{cb}(9) + \frac{1+1}{2+1} \cdot S_{db}(10) - \frac{1}{2+1} \cdot S_{cb}(1) = 12.33$$

となる．

これは**表 6.10** より，$C_{1M} = \{a\}, C_{2M} = \{b\}, C_{3M} = \{c, d\}$ となる．

表 6.10 サンプル間の分類距離行列

サンプル No.	a	d
(c, d)	20.33	12.33
a		4.00

[**ステップ 3**]：**表 6.10** のサンプル間の分類距離行列のうち，最短の距離 4.00 に着目する．

式(6.4)より，クラスター $t = (a, b)$ と他のクラスター $g = (c, d)$ を統合してみると，その距離は，

$$S_{t(c,d)} = \frac{1+2}{2+2} \cdot S_{a(c,d)}(20.33) + \frac{1+2}{2+2} \cdot S_{b(c,d)}(12.33) - \frac{2}{2+2} \cdot S_{ab}(4) = 22.5$$ となる．

表 6.11 は，$C_{1M} = \{a, b\}, C_{2M} = \{c, d\}$ より，$C_{3M} = \{a, b(c, d)\}$ となり（**図 6.10**）の樹系図が完成する．

第6章 クラスター分析

表6.11 サンプル間の分類距離行列

サンプル No.	$a, b(c, d)$
$a, b(c, d)$	22.5

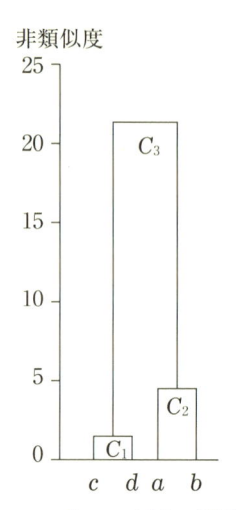

図6.10 ウォード法の樹形図

6.9.1 コーフェンの相関係数による分析結果の評価

図6.11より階層的分類法を用いたとき，その結果を評価する指標がコーフェンの相関係数(cophnetic correlation coefficient)である．この相関係数は，元のサンプル間の分類距離行列(表6.9, p.202)とクラスター分析の結果により求まるコーフェン行列(表6.11)の行列内の展開との相関を測定する指標であり，普通の相関係数と同じである．

なお，この2つの相関行列は，それぞれ4サンプルで2通り $_4C_2 = 6$ の組合わせがあり，相関係数 r を求めると 0.855 になる．したがって分類の適合度は良好である．

$$r = \frac{S_{xy}}{\sqrt{S_{xx}}\sqrt{S_{yy}}} = \frac{271.166}{13.668 \times 23.191} = 0.855$$

サンプル No.	a	b	c	d
a				
b	4.00			
c	13.00	9.00		
d	18.00	10.00	1.00	

サンプル No.	a	b	c	d
a				
b	4.0			
c	22.5	22.5		
d	22.5	22.5	1	

No.	サンプル間の分類距離	統合時の距離
1	4	4.0
2	13	22.5
3	18	22.5
4	9	22.5
5	10	22.5
6	1	1.0

図 6.11　サンプル間の分類距離行列（左側）とコーフェン行列（右側）

6.10　例題 5：主成分得点のクラスター分析による検討

6.10.1　例題 5 の概要

14 の財務指標は，多すぎるので主成分分析により主要な成分（因子負荷量）に絞り，主成分得点（表 5.13，p.182）をウォード法によりクラスター分析を実施している．

6.10.2　クラスター分析の実務での活用法と結果の見方

(1)　コーフェン相関係数による分類感度の確認

クラスター分析の手法ごとにクラスターの分類感度が異なるので，考えられるさまざまな手法で分析をしてみて，その結果をコーフェン相関係数により，適合度の判定を行う．

(2)　樹形図の分割

樹形図を見て最もよくクラス分けされる箇所でグループ分けを行う．

(3)　視覚表示による分類結果

クラスター分析の分類結果の最終的な確認は，2 変量の散布図，あるいは 3 変量の散布図などにより人間の視覚を利用して，そのデータの分類の結果を評

価する.

6.10.3 クラスター分析の実施
(1) 仮説の設定
　全国の優良企業である 39 社の財務指標をいくつかのグループに分類することができる.

(2) データの採取
　このクラスター分析で扱うデータは 2 種類ある. まず, 間隔尺度とは, 測定された数値間の差を示す目盛に意味のある尺度である. もう一つの順序尺度 (ordinal scale) は, データに対する好みの順に意味がある尺度である. クラスター分析では, どちらの尺度も処理ができる. ここでは, 間隔尺度を扱う.

(3) アルゴリズムの選択
　ここでは 4 つの手法の中で, 最も分類精度が良いといわれているウォード法を使用した.

(4) 分類基準
　クラスター分析は, 各サンプルおよび変量を類似基準で融合化するものであり, 2 つの分類基準がある. まず, 相関(変量間)の強さ, および弱さの関係を示す. 次は, 非類似度(距離)であり, 近さと遠さの関係を示す. ここではサンプル間の関係であるので, 平方ユークリッドの距離を分析に使用している.

(5) 分析結果の統計指標による評価
　コーフェンの相関係数は $r = 0.382$ であり, 主成分分析の主成分得点を分類したものなので少し低い.

(6) 3D プロット・グラフによる分類感度の確認
　3D プロット・グラフによる分類感度の確認を行う.

(7) 樹形図の検討
　このクラスター分析は, 最も分類効率の良いウォード法により分析を行って

6.10 例題5：主成分得点のクラスター分析による検討

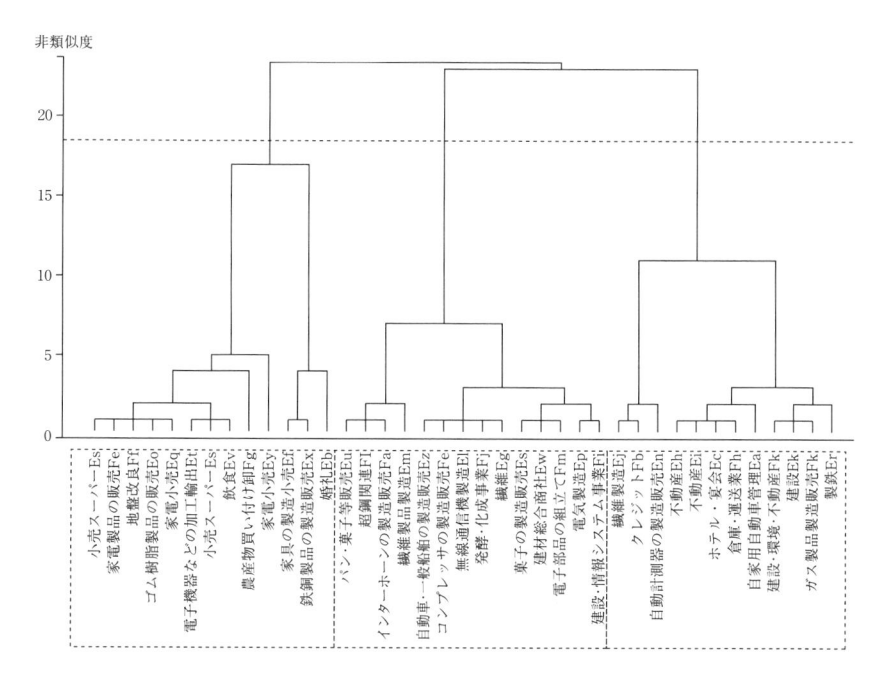

図6.12 クラスター分析の樹形図（ウォード法による）

みた．

図6.12より，この樹形図を検討する．この点線で示された切断ポイントは，最もよくクラス分けされている箇所であり，これは左から第1グループ，第2グループ，第3グループの3つのクラスターに分けることができる．

(8) クラスターの形状の確認

クラスター分析は，データの形状，距離の定義の仕方，分類手法の選択により，その分析結果は異なる．したがって，クラスター分析から離れて各属性間の3Dプロット・グラフ（**図6.13**）を描いて検討してみる必要がある．

第1グループは，主として小売業などであり，小売スーパーEs(19)，家電製品の販売Fe(31)，地盤改良Ff(32)，ゴム樹脂製品の販売Eo(15)，家電小売Eq(17)，電子機器などの加工輸出Et(20)，小売スーパーEs(30)，飲食Ev(22)，農産物買い付け卸Fg(33)，家電小売Ey(25)，家具の製造小売Ef(6)，鉄鋼製品の製造販売Ex(24)，婚礼Eb(2)．

第2グループは，基幹産業であり，パン菓子等販売Eu(21)，超鋼関連Fl

(38),インターホーンの製造販売 Fa(27),繊維製品製造 Em(13),自動車・一般船舶の製造販売 Ez(26),コンプレッサの製造販売 Fc(29),無線通信機製造 El(12),発酵・化成事業 Fj(36),繊維 Eg(7),菓子の製造販売 Ee(5),建材総合商社 Ew(23),電子部品の組立て Fm(39),電気製造 Ep(16),建設・情報システム事業 Fi(35).

第3グループは,主としてサービス業であり,繊維製品製造 Ej(9),クレジット Fb(28),自動計測器の製造販売 En(14),不動産 Eh(8),不動産 Ei(10),ホテル・宴会 Ec(3),倉庫・運送業 Fh(34),自家用自動車管理 Ea(1),建設・環境・不動産 Ed(4),建設 Ek(11),ガス製品製造販売 Fk(37),製鉄 Er(18)でほぼ分類されている.

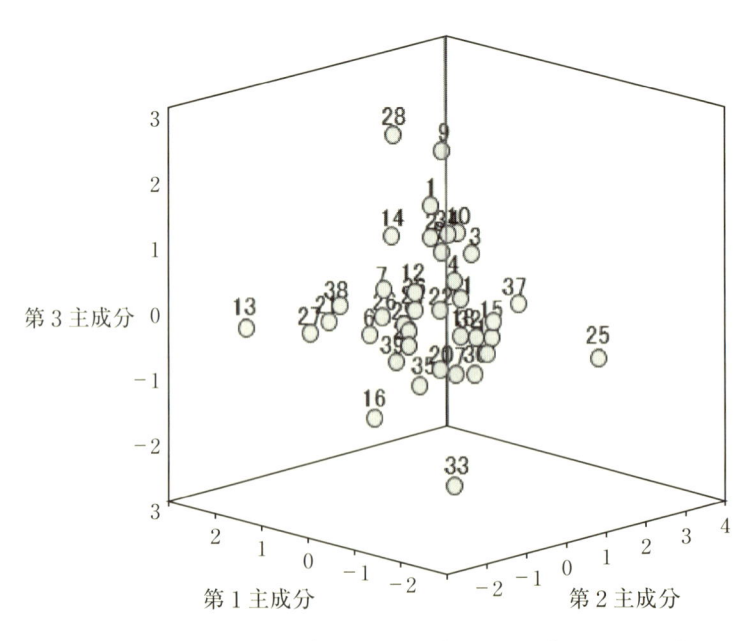

図 6.13 クラスター分析データの 3D プロット・グラフによる表示

6.10 例題5:主成分得点のクラスター分析による検討

表6.12 第1グループの主成分の財務指標

No.	社 名	第1主成分 売上高総利益率	総資本経常利益率	自己資本比率	営業C/F対流動負債比率	第2主成分 売上高伸び率	log1人当り売上高	第3主成分 借入依存
19	小売スーパー Es	21.47	1.04	35.54	16.74	−1.46	11.27	40.23
31	家電製品の販売 Fe	19.03	1.78	29.33	6.94	9.57	11.32	36.55
32	地盤改良 Ff	16.40	2.94	31.25	15.13	−0.28	11.21	27.04
15	ゴム樹脂製品の販売 Eo	11.83	4.23	34.40	6.88	10.22	11.10	24.92
17	家電小売 Eq	19.80	1.91	43.17	15.01	0.17	11.17	15.67
20	電子機器などの加工輸出 Et	12.10	7.98	48.21	−0.57	19.88	11.09	4.40
30	小売スーパー Es	26.68	6.46	50.87	18.71	8.85	11.54	17.12
22	飲食 Ev	61.30	4.57	42.00	26.41	3.58	10.61	40.12
33	農産物買い付け卸 Fg	9.02	0.41	60.19	−5.68	−0.05	12.13	0.00
25	家電小売 Ey	16.02	−4.23	4.49	0.29	97.68	11.41	40.27
6	家具の製造小売 Ef	54.18	13.63	74.28	38.53	6.21	10.66	0.00
24	鉄鋼製品の製造販売 Ex	16.91	9.87	72.86	61.26	149.02	10.98	8.51
2	婚礼 Eb	53.28	14.85	83.22	55.41	116.95	10.78	34.45
	平均	26.00	5.03	46.91	19.62	32.33	11.17	22.25
	標準偏差	17.21	5.21	20.78	20.03	50.04	0.38	14.98

表6.13 第2グループの主成分の財務指標

No.	社 名	第1主成分 売上高総利益率	総資本経常利益率	自己資本比率	営業C/F対流動負債比率	第2主成分 売上高伸び率	log1人当り売上高	第3主成分 借入依存
21	パン・菓子等販売 Eu	31.04	6.55	37.11	70.84	0.41	10.63	0.00
38	超鋼関連 Fl	26.87	8.32	61.71	66.29	9.59	9.46	9.51
27	インターホーンの製造販売 Fa	41.47	9.79	60.99	47.45	4.58	10.45	0.00
13	繊維製品製造 Em	18.47	4.50	76.41	153.84	−9.09	9.82	0.00
26	自動車・一般船舶の製造販売 Ez	25.44	2.94	34.63	21.59	4.84	9.77	2.69
29	コンプレッサの製造販売 Fc	20.79	1.33	41.98	19.20	−1.63	10.45	18.15
12	無線通信機製造 El	29.87	3.62	35.83	22.88	7.65	10.17	35.48
36	発酵・化成事業 Fj	18.88	3.77	40.04	38.46	−10.27	10.78	26.83
7	繊維 Eg	37.05	4.27	32.73	19.77	−3.90	10.43	4.41
5	菓子の製造販売 Ee	39.11	5.31	49.69	32.21	−0.41	10.05	8.58
23	建材総合商社 Ew	23.83	6.31	56.15	15.86	3.94	10.79	0.00
39	電子部品の組立て Fm	23.62	1.41	70.13	−5.49	43.17	10.50	13.84
16	電気製造 Ep	20.19	0.03	83.94	6.34	7.51	10.65	2.66
35	建設・情報システム事業 Fi	19.50	−4.24	51.44	−16.66	8.69	9.69	6.62
	平均	6.32	2.59	15.24	28.91	7.65	0.37	8.26
	標準偏差	7.49	3.43	17.44	40.71	12.28	0.42	10.55

表6.14 第3グループの主成分の財務指標

No.	社 名	第1主成分 売上高総利益率	総資本経常利益率	自己資本比率	営業C/F対流動負債比率	第2主成分 売上高伸び率	log1人当り売上高	第3主成分 借入依存
9	繊維製造 Ei	33.24	2.71	33.59	15.97	−0.22	11.51	34.08
28	クレジット Fb	22.40	5.84	35.82	1.05	8.28	11.24	43.74
14	自動計測器の製造販売 En	40.59	12.82	42.94	18.59	22.53	10.34	25.22
8	不動産 Eh	18.90	7.06	15.57	2.83	−31.32	10.34	59.17
10	不動産 Ei	20.08	2.50	9.17	12.11	−0.06	10.48	49.23
3	ホテル・宴会 Ec	9.96	1.36	20.18	−6.97	8.82	10.70	51.55
34	倉庫・運送業 Fh	22.07	3.11	42.95	7.97	−4.00	10.82	42.99
1	自家用自動車管理 Ea	20.08	0.25	11.47	17.13	−6.26	8.73	78.71
4	建設・環境・不動産 Ed	13.58	3.24	22.72	5.05	6.85	10.33	40.65
11	建設 Ek	9.57	1.47	19.34	3.98	−12.07	11.36	29.74
37	ガス製品製造販売 Fk	26.80	0.79	15.57	1.14	1.19	10.89	48.31
18	製鉄 Er	1.74	−4.27	20.01	3.94	−15.92	10.31	37.00
	平均	19.92	3.07	24.11	6.90	−3.32	10.59	45.03
	標準偏差	10.17	4.00	11.26	7.35	12.93	0.69	13.67

第6章　クラスター分析

(9) 仮説の検証

図6.14，表6.15より，オリジナルデータを3グループにクラス分けした場合，

① 第1グループ(表6.12)は，小売業であり，自己資本比率，売上高伸び率，売上高総利益率も少し高い．これらの分類に入る業態は，小売スーパーEs，家電製品の販売Fe，地盤改良Ff，ゴム樹脂製品の販売Eoなどが入る．

② 第2グループ(表6.13)は，基幹産業であり，営業C/F対流動負債比率が高く，自己資本比率も少し高い．これらの業態に入る分類は，パン・菓子等販売Eu，超鋼関連Fl，インターホーンの製造販売Fa，繊維製品製造Em，自動車・一般船舶の製造販売Ez，コンプレッサの製造販売Fcなどが入る．

③ 第3グループ(表6.14)は，サービス業であり，売上高総利益率も高く，自己資本比率も高いが，反面では，借入依存が高い．これらの分類に入る

表6.15　財務指標データの各グループの平均値

グループ名	売上高総利益率	総資本経常利益率	自己資本比率	営業C/F対流動負債比率	売上高伸び率	log1人当たり売上高	借入依存
第1グループ	26.00	5.03	46.91	19.62	32.33	11.17	22.25
第2グループ	6.32	2.59	15.24	28.91	7.65	0.37	8.26
第3グループ	19.92	3.07	24.11	6.90	−3.32	10.59	45.03

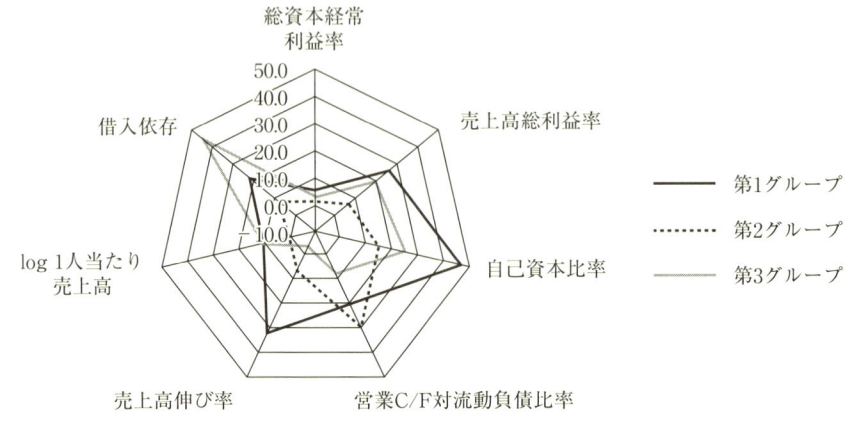

図6.14　各グループ別の財務指標の平均値の比較(レーダーチャート)

業態は，繊維製造 Ei，クレジット Fb，自動計測器の製造販売 En，不動産 Eh などが含まれる．

6.10.4　まとめ
(1)　この分析結果から何が読み取れるか
　14の財務指標と，39社のデータをもとにグループ分類するものは樹形図であり，3つのクラスターに分類できることが判明した．さらに，レーダーチャートの分析より，①第1グループは，小売業であり自己資本比率，売上高伸び率も高い，売上高総利益率も少し高い，②第2グループは，基幹産業であり，営業 C/F 対流動負債比率が高く，自己資本比率も少し高い，③第3グループは，サービス業であり売上高利益率，自己資本比率も高いが，反面では，借入依存度が高い．

(2)　この分析結果をどう活用して行けばよいか
　主成分分析と併せて，類似企業の14の財務指標による3つの主要な主成分によるタイプ分けができるので，分類したグループ間同士のウィークポイントの優劣の比較ができるほか，同一グループ内のそれぞれの企業関係の近接性もわかるので金融機関などの資金融資の際の検討資料になる．また，同じグループに属する既存店は，分類された指標に比較して自社の強みおよび弱みがわかるので財務の改善目標になる．

参考文献

[多変量解析]
- [1] 林知己夫編:『データ解析の考え方』, 東洋経済新報社, 1977.
- [2] 奥野忠一, 他:『多変量解析法(改訂版)』, 日科技連出版社, 1980.
- [3] 奥野忠一, 他:『多変量解析法』, 日科技連出版社, 1971.
- [4] 奥野忠一, 他:『続多変量解析法』, 日科技連出版社, 1983.
- [5] 奥野忠一, 他:『工業における多変量データの解析』, 日科技連出版社, 1986.
- [6] 奥野忠一, 山田文道:『情報化時代の経営分析』, 東京大学出版会, 1979.
- [7] 石原辰雄, 長谷川勝也, 川口輝久:『Lotus1-2-3活用 多変量解析』, 共立出版, 1990.
- [8] 渡部洋編著:『心理・教育のための多変量解析法入門』, 福村出版, 1988.
- [9] 岡太彬訓:『基礎数学』, 新曜社, 1977.
- [10] M. R. Anderberg著, 西田英郎訳:『クラスター分析とその応用』, 内田老鶴圃, 1988.
- [11] 渡部洋編著:『教育・心理のための多変量解析法入門事例編』, 福村出版, 1992.

[統計解析全般]
- [12] 市原清志:『バイオサイエンスの統計学』, 南江堂, 1990.
- [13] 住田幸次郎:『初歩の心理・教育統計法』, ナカニシヤ出版, 1988.
- [14] 芝祐順, 渡辺洋:『統計的方法II』, 新曜社, 1979.
- [15] 国沢清典:『数学セミナー(初歩統計学7, 8)』, 日本評論社, 1974.
- [16] 池田央, 芝裕順:『統計的方法I基礎』, 新曜社, 1976.
- [17] 堀内徳高:『統計調査の理論と方法』, 財団法人 農林統計協会, 1983.
- [18] 吉田忠:『現代統計学を学ぶ人のために』, 世界思想社, 1995.

[統計分析]
- [19] T.H.ウォナコット, R.J.ウォナコット著, 国府田恒夫訳:『統計学序説』, 培風館, 1978.
- [20] 岩崎学, 中西寛子, 時岡規夫:『実用統計用語辞典』, オーム社, 2004.
- [21] 海保博之:『心理・教育データの解法10講応用偏』, 福村出版, 1985.
- [22] 東京大学教養学部統計学教室編:『統計学入門』, 東京大学出版会, 1991.
- [23] 内田治:『すぐわかるSPSSによるアンケートの調査・集計・解析』, 東京図書, 2013.
- [24] 服部環, 海保博之:『心理データ解析』, 福村出版, 1996.

[回帰分析]
- [25] T.H.ウォナコット著, 田畑吉雄, 太田拓男訳:『回帰分析とその応用』, 現代数学社, 1998.
- [26] 久米均, 飯塚悦功:『回帰分析』, 岩波書店, 1987.
- [27] N.R.ドレーパー, H.スミス著, 中村慶一訳:『応用回帰分析』, 森北出版, 1968.

[AICなど]
- [28] 赤池弘次:「情報量規準とは何か, その意味と将来の展望」,『数理科学』, No.153, 51-57, 1976.

参考文献

[29] 海保博之編著：『心理・教育データの解析10講基礎編』，福村出版，1986.
[30] 海保博之編著：『心理・教育データの解析10講応用編』，福村出版，1986.

[非線形の回帰分析]
[31] 円山由次郎：『新版需要予測と経済時系列分析』，日本生産性本部，1974.
[32] 小林龍一：『需要予測の数学』，至文堂，1967.
[33] 仮谷太一：『予測の知識』，森北出版，1971.
[34] 芳賀敏郎：『医薬品開発のための統計解析（第3部非線形モデル）』，サイエンティスト社，2010.
[35] 上田太一郎監修：『Excelで学ぶ時系列解析』，オーム社，2006.
[36] 佐藤郁郎：『最小2乗法の理論と実際（観測データの非線形解析）』，山海堂，1997.
[37] 石村園子：『すぐわかる微分方程式』，東京図書，1995.

[ブートストラップ法とジャックナイフ法]
[38] 小西貞則：「ブートストラップ法と信頼区間の構成」，『応用統計学』，Vol.19，No.3，pp.137-162，1990.
[39] 村上征勝，田村義保編：『パソコンによるデータ解析』，朝倉書店，1988.
[40] 松原望：「コンピュータが開く新しい統計学」，『サイエンス』13(7)，日経サイエンス社，1983.
[41] 奥村晴彦：『パソコンによるデータ解析入門（数理とプログラミング）』，技術評論社，1986.
[42] 松原望：『入門統計解析—医学・自然科学編』，東京図書，2007.
[43] 内田治：『統計解析入門（Mathcadを使った早わかり統計学）』，東京図書，1994.
[44] 脇本和昌：『乱数の知識』，森北出版，1970.
[45] 海保博之編著：『心理・教育データの解析10講応用編』，福村出版，1986.

[リッジ回帰]
[46] S.チャタジー，B.プライス著，佐和隆光訳：『回帰分析の実際』，新曜社，1981.
[47] T.H.ウォナコット著，田畑吉雄，太田拓男訳：『回帰分析とその応用』，現代数学社，1988.
[48] N.R.ドレーパー，H.スミス著，中村慶一郎訳：『応用回帰分析』，森北出版，1968.

[統計量]
[49] 奥野忠一，他：『工業における多変量データの解析』，日科技連出版社，1986.
[50] S.チャタジー，B.プライス著，佐和隆光訳：『回帰分析の実際』，新曜社，1981.

[バイプロット]
[51] 繁桝算男，他：『Q&Aで知る統計解析』，サイエンス社，1999.
[52] 田中豊，垂水共之，脇本和昌編：『パソコン統計解析ハンドブックⅡ多変量解析編』，共立出版，1984.
[53] 奥村晴彦：『パソコンによるデータ解析入門』，技術評論社，1986.

索引

【数字】
2次曲線　79, 80
3Dプロット・グラフ　207, 208

【A-Z】
AIC統計量　105
C_p統計量　109
dwr　19, 121, 141
Excelソルバー関数　91
F検定　95
$K-L$情報量規準　107
MLL　30, 107
MOD　48
MSE　56, 109
$P-P$プロット　70
t検定　10, 41, 95, 103
VIF指標　111
Z変換　14

【あ行】
赤池の情報量規準　105
アルゴリズム　189, 190
一様乱数　10, 12, 52
因子負荷量　145, 168
ウォード法　187, 195, 196

【か行】
回帰係数　34
回帰残差　39, 40
回帰式　12
回帰直線　23, 24, 68
回帰分析　66
階層的方法　192
擬似値　55, 57, 58
期待累積確率　71
基本統計量　130
逆双曲線関数　14, 15
共分散　6
寄与率　118, 168
クラスター分析　187, 188, 190
クロスセクションデータ　79
群平均法　187, 199
経験分布関数　51, 52
決定係数　21, 95
コーフェン行列　204, 205
コーフェンの相関係数　204
固有値　153, 167
固有ベクトル　167

【さ行】
最小二乗法　21, 24, 30
最大対数尤度　31, 33
最短距離法　187, 195
最長距離法　187, 198, 199
最尤推定法　29, 30
残差　35, 51, 100

索引

残差分析　　21, 35, 95, 123
残差累積確率　　71
ジグモイド曲線　　89
時系列データ　　79
指数曲線　　84, 85
ジャックナイフ法　　21, 55, 56, 57
重回帰分析　　95, 96, 98, 145
重相関係数　　118
樹形図　　187, 192, 200, 207
主成分得点　　168, 182
主成分分析　　145, 146, 149
乗算型合同法　　48
信頼区間　　21
ステップワイズ法　　103
成長曲線　　89
正の相関　　16
説明変量　　34
線形回帰分析　　21, 22, 24
潜在情報量　　105
尖度　　130
相関　　12
相関行列　　145, 151
相関係数　　3
　　──の強さ　　9
相関係数行列　　112, 129
相関散布図　　4, 5
相関分析　　1
総合特性値　　149

【た行】
ダービーンワトソンの統計指標　　121,
　　141
多重共線性　　110
多変量連関図　　129
ダミー変量　　125
逐次変量選択法　　102
中心極限定理　　11, 53
定数項　　34, 100
テコ比　　36, 95, 119
デンドログラム　　187, 192, 200
特性要因図　　129
トレランス指標　　111

【は行】
パーセンタイル　　139
バイプロット　　145, 169, 171
ピアソンの積率相関係数　　3
非階層的方法　　192
非線形回帰分析　　79
標準化　　187
標準化データ　　183
標準誤差　　41
標準正規分布　　10, 12
標準偏差　　39, 40
標本相関係数　　4
非類似度　　187, 190
ブートストラップ法　　21, 46
負の相関　　16
プロフィール・チャート　　145, 183,
　　184
分散・共分散行列　　151
分散距離行列　　190

分散分析　37
偏回帰係数　100
偏相関係数　5, 120
ホテリングの最小二乗法　91
母標本相関係数　4

【ま行】
マハラノビスの汎距離の2乗　122
無相関　16
目的変量　34
モンテカルロ近似　48

【や行】
ユークリッドの距離　187, 188, 191
尤度　106
予測　79
予測誤差　95

【ら行】
ラグランジュ未定乗数　153
リサンプリング方式　21
リッジ回帰　114, 128
リッジの軌跡　116
類似度　190
累積寄与率　167
ロジスティック曲線　88, 89

【わ行】
歪度　130

著者略歴

清水功次（しみず　こうじ）

1949 年 3 月生まれ
埼玉大学大学院経済科学研究科修了
経済産業大臣登録中小企業診断士
株式会社ブリヂストンを 2013 年 3 月に退職．
著書に，『やさしい マーケティングのための多変量解析』（産業能率大学出版部，1998 年 12 月），『理論と経営データでわかる 使える！多変量解析』（日刊工業新聞社，2009 年 12 月）がある．

実務に役立つ 多変量解析の理論と実践

2015 年 6 月28日　第 1 刷発行

著　者　清　水　功　次
発行人　田　中　　　健

発行所　株式会社 日科技連出版社
〒151-0051　東京都渋谷区千駄ヶ谷 5-15-5
　　　　　　DSビル
　　　電　話　出版　03-5379-1244
　　　　　　　営業　03-5379-1238

検印省略

印刷・製本　河北印刷株式会社

Printed in Japan

Ⓒ Kohji Shimizu 2015
ISBN 978-4-8171-9549-4
URL http://www.juse-p.co.jp/

本書の全部または一部を無断で複写複製（コピー）することは，著作権法上での例外を除き，禁じられています．